农业部"十一五"规划教材

畜牧兽医法规与监督执法

徐长顺　吴宝军　主编

中国农业科学技术出版社

图书在版编目（CIP）数据

畜牧兽医法规与监督执法/徐长顺，吴宝军主编．—北京：中国农业科学技术出版社，2010.9（2022.1重印）

ISBN 978-7-5116-0276-3

Ⅰ.①畜… Ⅱ.①徐…②吴… Ⅲ.①畜牧业-农业法-中国②兽医学-医药卫生管理-法规-中国 Ⅳ.①D922.4

中国版本图书馆CIP数据核字（2010）第171899号

责任编辑　崔改泵
责任校对　贾晓红

出 版 者	中国农业科学技术出版社
	北京市中关村南大街12号　邮编：100081
电　　话	（010）82106626（编辑室）　　（010）82109704（发行部）
	（010）82109703（读者服务部）
传　　真	（010）82106624
网　　址	http://www.castp.cn
经 销 者	新华书店北京发行所
印 刷 者	北京建宏印刷有限公司
开　　本	787 mm×1 092 mm　1/16
印　　张	16
字　　数	376千字
版　　次	2010年9月第1版　2022年1月第7次印刷
定　　价	30.00元

版权所有·翻印必究

《畜牧兽医法规与监督执法》编写人员

主　　编　徐长顺　吴宝军

副 主 编　刘永华　王铁良　张玉科

编写人员　（以姓氏笔画为序）

　　　　　王文娟　王铁良　孙凤云
　　　　　刘永华　吴宝军　张玉科
　　　　　赵连臣　徐长顺

主　　审　刘孝刚

前　言

畜牧兽医法规与监督执法是以我国现行的法律、法规及国际公约、法典等知识与畜牧兽医专业知识相结合的一门新兴学科。《中华人民共和国动物防疫法》等法规的出台是畜牧业管理及动物防疫工作走上法制轨道的重要体现，也是我国加强法制建设的重要标志。特别是我国加入WTO后，畜牧业的发展从管理到技术都受到很大的影响。编写本教材既有利于畜牧兽医行政管理部门、畜牧兽医企业规范管理、依法行政的要求，也是增强我国畜牧业执法监督力度，加强公共卫生安全和动物性食品安全，提高我国动物性产品的国际竞争力和国际声誉，促进畜牧业健康、稳定、有秩序发展的必然要求。

本书具有较强的理论性和实践性，阐述了法律的基本知识、畜牧业法律法规、有关国际公约、法典及先进的管理制度，并始终注重让学员看得懂、记得住、用得上的原则，不仅有前瞻性，也有较好的可操作性。本书既可以作为本科教材，也可以作为畜牧兽医管理部门工作人员参考用书。共十一章，其中第一章畜牧兽医法规概述、第十章国际动物卫生法及官方兽医制度由王铁良编写，第二章畜牧兽医行政立法、第十一章世界动物卫生组织由徐长顺编写，第三章畜牧兽医行政执法由吴宝军编写，第四章畜牧兽医行政司法由王文娟编写，第五章畜牧兽医行政诉讼赔偿、第六章动物防疫监督管理由刘永华编写，第七章动物检疫监督管理由赵连臣编写，第八章动物生产监督管理由张玉科编写，第九章动物及动物产品国际贸易监督管理由孙凤云编写。

本书由刘孝刚教授主审，在此一并表示感谢！

由于法律法规不断发展变化，如果书中涉及法律法规与新的法律法规不一致的，请按有关新法律法规执行。

由于我们的水平有限，加之编写时间仓促，书中错误之处在所难免，恳切希望读者批评指正。

编　者
2010年6月

目 录

第一章 畜牧兽医法规概述 (1)
第一节 法律的基本知识 (1)
一、法律的概念 (1)
二、法律关系 (1)
三、法律形式 (1)
四、法律效力 (2)
五、法律责任 (3)

第二节 畜牧兽医行政法规的概念及内容 (3)
一、畜牧兽医行政法规的概念 (3)
二、畜牧兽医行政法规的特征 (3)
三、畜牧兽医法规的主要内容 (4)
四、畜牧兽医法规的性质和任务 (4)
五、学习本课程的重要意义 (4)

第三节 畜牧兽医行政法规的基本原则和调整范围 (6)
一、畜牧兽医行政法规的基本原则 (6)
二、畜牧兽医行政法规的作用 (7)
三、畜牧兽医行政法规的效力等级 (8)
四、畜牧兽医行政法规调整的范围 (9)

第四节 畜牧兽医行政法律关系 (9)
一、畜牧兽医行政法律关系的概念 (9)
二、畜牧兽医行政法律关系的特征 (10)
三、畜牧兽医行政法律关系的内容 (11)
四、畜牧兽医行政法律关系的产生、变更与消灭 (12)

思考题 (14)

第二章 畜牧兽医行政立法 (15)
第一节 畜牧兽医行政立法概述 (15)
一、行政立法的概念 (15)
二、畜牧兽医行政立法的概念 (16)
三、畜牧兽医行政立法的必要性 (16)

  四、畜牧兽医行政立法的基本原则和要求 …………………………………… (18)
 第二节 畜牧兽医行政立法体制 ………………………………………………… (20)
  一、行政立法体制概念 …………………………………………………………… (20)
  二、行政立法权限 ………………………………………………………………… (20)
  三、我国行政立法体制 …………………………………………………………… (21)
 第三节 畜牧兽医行政立法程序 ………………………………………………… (23)
  一、畜牧兽医行政立法程序的概念 ……………………………………………… (23)
  二、畜牧兽医行政立法程序的主要内容 ………………………………………… (23)
  三、行政立法的效力 ……………………………………………………………… (29)
  四、对行政立法的监督 …………………………………………………………… (29)
 第四节 行政立法的监控 ………………………………………………………… (32)
  一、行政立法的合法性要件 ……………………………………………………… (32)
  二、行政立法的监控机制 ………………………………………………………… (32)
 第五节 畜牧兽医行政立法技术 ………………………………………………… (35)
  一、畜牧兽医行政立法技术的概念 ……………………………………………… (35)
  二、畜牧兽医行政法的结构 ……………………………………………………… (35)
  三、畜牧兽医行政法的整理 ……………………………………………………… (36)
 思考题 ………………………………………………………………………………… (37)

第三章 畜牧兽医行政执法 ……………………………………………………… (38)
 第一节 畜牧兽医行政执法概述 ………………………………………………… (38)
  一、畜牧兽医行政执法的概念及特点 …………………………………………… (38)
  二、畜牧兽医行政执法的生效要件 ……………………………………………… (39)
  三、畜牧兽医行政执法决定的效力 ……………………………………………… (39)
  四、畜牧兽医行政执法的意义和作用 …………………………………………… (40)
 第二节 畜牧兽医行政处理 ……………………………………………………… (41)
  一、畜牧兽医行政处理的概念 …………………………………………………… (41)
  二、畜牧兽医行政处理的特征 …………………………………………………… (41)
  三、畜牧兽医行政处理的内容 …………………………………………………… (41)
  四、畜牧兽医行政处理的表现形式 ……………………………………………… (42)
  五、畜牧兽医行政处理的效力 …………………………………………………… (43)
 第三节 畜牧兽医行政处罚 ……………………………………………………… (43)
  一、畜牧兽医行政处罚概述 ……………………………………………………… (43)
  二、违法行为的构成 ……………………………………………………………… (46)
  三、畜牧兽医行政处罚的管辖与适用 …………………………………………… (46)
  四、畜牧兽医行政处罚的种类 …………………………………………………… (48)
  五、畜牧兽医行政处罚的程序 …………………………………………………… (49)

第四节　畜牧兽医行政强制执行 (57)
 一、畜牧兽医行政强制执行概述 (57)
 二、畜牧兽医行政强制执行的种类 (57)
 三、畜牧兽医行政强制执行的程序 (58)

第五节　畜牧兽医行政法制监督 (59)
 一、畜牧兽医行政法制监督的概念、特点和意义 (59)
 二、畜牧兽医行政法制监督种类方式 (60)
 三、法律责任 (61)

思考题 (62)

第四章　畜牧兽医行政司法 (63)

第一节　畜牧兽医行政司法概述 (63)
 一、畜牧兽医行政司法的概念 (63)
 二、畜牧兽医行政司法的特征 (63)
 三、畜牧兽医行政司法的作用 (64)
 四、畜牧兽医行政司法与畜牧兽医行政的区别 (64)
 五、畜牧兽医行政司法与普通司法的区别 (64)
 六、畜牧兽医行政司法的原则 (65)
 七、我国的行政司法体制 (65)

第二节　畜牧兽医行政救济 (66)
 一、畜牧兽医行政救济概述 (66)
 二、畜牧兽医行政争议 (67)
 三、畜牧兽医行政救济途径 (68)

第三节　畜牧兽医行政调解 (69)
 一、畜牧兽医行政调解的概念与特征 (69)
 二、行政调解的程序 (70)
 三、畜牧兽医行政调解的法律效果 (70)

第四节　畜牧兽医行政裁决 (70)
 一、畜牧兽医行政裁决的概念与特征 (70)
 二、畜牧兽医行政裁决的种类与构成要件 (71)
 三、畜牧兽医行政裁决程序 (71)

第五节　畜牧兽医行政复议 (71)
 一、畜牧兽医行政复议的概述 (71)
 二、畜牧兽医行政复议的目的、原则 (72)
 三、畜牧兽医行政复议的基本制度 (73)
 四、畜牧兽医行政复议的范围与管辖 (74)
 五、畜牧兽医行政复议的机构与复议参加人 (75)

    六、畜牧兽医行政复议程序 …………………………………………… (76)
    七、畜牧兽医行政复议法律责任 ………………………………………… (80)
  思考题 ……………………………………………………………………… (81)
第五章 畜牧兽医行政诉讼赔偿 ……………………………………………… (82)
  第一节 畜牧兽医行政诉讼的概念 ………………………………………… (82)
    一、相关概念 ………………………………………………………………… (82)
    二、产生原因 ………………………………………………………………… (82)
    三、基本原则 ………………………………………………………………… (82)
  第二节 畜牧兽医行政诉讼的受理及管辖 ………………………………… (83)
    一、受案范围 ………………………………………………………………… (83)
    二、行政诉讼管辖 …………………………………………………………… (83)
  第三节 畜牧兽医行政诉讼参加人及证据 ………………………………… (84)
    一、诉讼参加人 ……………………………………………………………… (84)
    二、证据 ……………………………………………………………………… (85)
  第四节 畜牧兽医行政诉讼审理、判决与执行 …………………………… (87)
    一、畜牧兽医行政诉讼审理、判决 ……………………………………… (87)
    二、执行 ……………………………………………………………………… (90)
  第五节 畜牧兽医行政责任及侵权赔偿 …………………………………… (90)
    一、畜牧兽医行政责任 ……………………………………………………… (90)
    二、畜牧兽医侵权赔偿 ……………………………………………………… (91)
  思考题 ……………………………………………………………………… (93)
第六章 动物防疫监督管理 …………………………………………………… (94)
  第一节 《中华人民共和国动物防疫法》概述 …………………………… (94)
    一、《动物防疫法》的主要内容 …………………………………………… (94)
    二、《动物防疫法》的立法宗旨 …………………………………………… (95)
    三、制定颁布《动物防疫法》的意义、目的 …………………………… (96)
    四、《动物防疫法》的调整对象和范围 …………………………………… (97)
  第二节 动物疫病的预防 …………………………………………………… (98)
    一、动物疫病预防的概念 …………………………………………………… (98)
    二、动物疫病的分类 ………………………………………………………… (99)
    三、《动物防疫法》对动物疫病预防的有关规定 ……………………… (101)
    四、动物防疫工作的基本原则和内容 …………………………………… (103)
    五、动物免疫标识管理 ……………………………………………………… (103)
    六、动物防疫证章标志管理 ………………………………………………… (105)
  第三节 动物疫病的控制和扑灭 …………………………………………… (107)
    一、动物疫病监控和认证体系 …………………………………………… (107)

二、疫病监测 …………………………………………………………… (107)
　　三、动物疫病控制和扑灭的法律规定 …………………………………… (112)
　　四、隔离 …………………………………………………………………… (114)
　　五、封锁 …………………………………………………………………… (115)
　　六、重大动物疫情反应体系 ……………………………………………… (116)
　第四节　动物防疫监督 …………………………………………………… (118)
　　一、动物防疫监督的概念 ………………………………………………… (118)
　　二、监督主体 ……………………………………………………………… (118)
　　三、动物防疫监督机构的职权 …………………………………………… (118)
　　四、动物防疫监督员条件和职责 ………………………………………… (120)
　　五、动物防疫监督的对象 ………………………………………………… (121)
　　六、动物防疫监督的方式及措施 ………………………………………… (121)
　　七、法律责任 ……………………………………………………………… (122)
　思考题 ………………………………………………………………………… (123)
第七章　动物检疫监督管理 ………………………………………………… (125)
　第一节　动物检疫的范围、对象、分类和方法 ………………………… (125)
　　一、动物检疫概述 ………………………………………………………… (125)
　　二、动物检疫的范围 ……………………………………………………… (125)
　　三、动物检疫的对象 ……………………………………………………… (126)
　　四、动物检疫分类 ………………………………………………………… (127)
　　五、动物检疫的方式 ……………………………………………………… (128)
　　六、动物检疫的方法 ……………………………………………………… (128)
　　七、动物检疫管理 ………………………………………………………… (131)
　第二节　产地检疫 ………………………………………………………… (131)
　　一、产地检疫的概念、意义 ……………………………………………… (131)
　　二、产地检疫的分类、要求 ……………………………………………… (132)
　　三、动物产地售前检疫的程序和内容 …………………………………… (133)
　　四、产地检疫的出证 ……………………………………………………… (134)
　第三节　运输检疫 ………………………………………………………… (135)
　　一、运输检疫的概念、意义 ……………………………………………… (135)
　　二、运输检疫的分类、要求 ……………………………………………… (135)
　　三、种用动物的运输检疫 ………………………………………………… (136)
　　四、运输检疫的出证和运输检疫注意事项 ……………………………… (137)
　第四节　屠宰检疫 ………………………………………………………… (138)
　　一、宰前检疫 ……………………………………………………………… (138)
　　二、宰后检验 ……………………………………………………………… (139)

三、动物病害胴体及其产品无害化处理 ………………………………… (142)
　　四、市场检疫监督 ………………………………………………………… (142)
 第五节　进出境检疫 ……………………………………………………………… (144)
　　一、进出境检疫的目的和任务 …………………………………………… (144)
　　二、进境动物和动物产品检疫 …………………………………………… (145)
　　三、出境动物和动物产品检疫 …………………………………………… (147)
　　四、过境检疫 ……………………………………………………………… (149)
　　五、携带、邮寄动物检疫 ………………………………………………… (150)
　　六、出入境动物检疫监督管理 …………………………………………… (151)
　　七、法律责任 ……………………………………………………………… (153)
 思考题 ……………………………………………………………………………… (153)

第八章　动物生产监督管理 …………………………………………………………… (155)
 第一节　种畜禽管理 ……………………………………………………………… (155)
　　一、种畜禽管理的概述 …………………………………………………… (155)
　　二、种畜禽进出口管理 …………………………………………………… (155)
　　三、畜禽品种的培育和审定 ……………………………………………… (156)
　　四、种畜禽生产经营管理 ………………………………………………… (157)
 第二节　兽药管理 ………………………………………………………………… (162)
　　一、兽药概述 ……………………………………………………………… (162)
　　二、新兽药管理 …………………………………………………………… (163)
　　三、兽药生产管理 ………………………………………………………… (166)
　　四、兽药经营管理 ………………………………………………………… (170)
　　五、兽药进出口管理 ……………………………………………………… (170)
　　六、兽药使用管理 ………………………………………………………… (172)
 第三节　饲料和饲料添加剂管理 ………………………………………………… (174)
　　一、饲料及饲料添加剂概述 ……………………………………………… (174)
　　二、饲料及饲料添加剂的审定与进口管理 ……………………………… (176)
　　三、饲料及饲料添加剂生产、经营和使用管理 ………………………… (179)
 思考题 ……………………………………………………………………………… (186)

第九章　动物及动物产品国际贸易监督管理 ………………………………………… (187)
 第一节　农业协议与SPS协议 …………………………………………………… (187)
　　一、农业协议的主要内容 ………………………………………………… (187)
　　二、卫生与植物卫生措施实施协议 ……………………………………… (190)
 第二节　法定动物疫病及相关规范 ……………………………………………… (198)
　　一、A类和B类疫病 ……………………………………………………… (198)
　　二、相关规范 ……………………………………………………………… (199)

第三节　进出口程序 ·· (205)
　　　一、离港前和离港时适用的动物卫生措施 ··· (205)
　　　二、过境时适用的动物卫生措施 ·· (206)
　　　三、进口国的过境口岸和检查站 ·· (206)
　　　四、到达时的动物卫生措施 ··· (207)
　　　五、动物病原的国际交流和实验室控制 ·· (208)
　　思考题 ··· (211)

第十章　国际动物卫生法及官方兽医制度 ·· (212)
　　第一节　国际动物卫生法典 ·· (212)
　　　一、法典简介 ·· (212)
　　　二、术语定义 ·· (212)
　　　三、信息通报 ·· (213)
　　　四、兽医道德及国际贸易出证 ·· (214)
　　第二节　进口风险分析 ··· (216)
　　　一、总论 ··· (216)
　　　二、风险分析准则 ··· (217)
　　　三、兽医机构评价 ··· (220)
　　　四、地区区划和区域区划 ··· (220)
　　　五、动物卫生监督和监测 ··· (222)
　　　六、兽用生物制品的风险分析 ·· (223)
　　第三节　官方兽医制度简介 ·· (226)
　　　一、官方兽医制度概述 ·· (226)
　　　二、官方兽医制度的主要类型 ·· (226)
　　　三、官方兽医制度的特征 ··· (227)
　　　四、我国实行官方兽医制度的必要性 ·· (230)
　　思考题 ··· (230)

第十一章　世界动物卫生组织 ··· (232)
　　第一节　世界动物卫生组织概况 ··· (232)
　　　一、世界动物卫生组织（OIE）简介 ·· (232)
　　　二、OIE 的发展简史 ··· (232)
　　　三、OIE 的任务及发展目标 ··· (233)
　　第二节　OIE 组织结构 ··· (233)
　　　一、国际委员会 ··· (233)
　　　二、行政委员会 ··· (235)
　　　三、OIE 专业委员会 ··· (236)
　　　四、地区委员会 ··· (236)

五、OIE 中央局 …………………………………………………………（237）
第三节　OIE 工作组与地区代办处 ……………………………………（238）
　　一、OIE 工作组 …………………………………………………………（238）
　　二、地区代办处 …………………………………………………………（239）
第四节　OIE 协作中心与参考实验室 …………………………………（240）
　　一、OIE 协作中心 ………………………………………………………（240）
　　二、OIE 参考实验室 ……………………………………………………（240）
第五节　OIE 成员国与成员国代表 ……………………………………（241）
　　一、OIE 成员国 …………………………………………………………（241）
　　二、成员国代表的权利和义务 …………………………………………（241）

第一章

畜牧兽医法规概述

第一节 法律的基本知识

一、法律的概念

法律是国家制定或认可并由国家强制力保证实施的，体现统治阶级意志的各种行为规范的总称。其目的在于确认、维护和发展有利于统治阶级的社会关系和社会秩序。"法律"一词有广义和狭义两种用法。广义的法律指法律的整体，包括宪法、法律、行政法规和地方性法规等；狭义的法律仅指全国人大及其常委会所制定的法律。

二、法律关系

法律规范所调整的社会关系称法律关系，即被法律规定形成的权力、义务关系。法律关系由法律关系主体、法律关系内容和法律关系客体三部分构成。

（1）法律关系主体是指法律关系的参加者，即在法律关系中享有权利或承担义务的人，通常又称为权利主体、义务主体或权义主体。

（2）法律关系客体是指法律关系主体的权利和义务指向的对象，包括物、行为和精神财富等。

（3）法律关系内容是指主体的权利和义务。

三、法律形式

法律形式又称法律渊源，是指法律规范的创制方式和外部表现形式。法律的各种规范性文件是社会主义国家最高权力机关和其他有权的国家机关制定的。由于制定法律的国家机关不同，因此分为不同的类别。我国法律形式有如下几种：

（1）宪法　宪法是中国最高权力机关——全国人民代表大会通过的具有最高法律效力的根本大法，是国家的总章程，是我国社会主义法律的重要渊源。它规定了我国的国家性质、国家形式、国家机构以及公民的基本权利和义务。它的制定、修改都必须经过特殊的法律程序。它是一切法律的立法依据，违反宪法的法律、法规一律无效。

（2）法律　此处所讲的法律是狭义的概念。是由行使国家立法权力的全国人民代表大会及其常务委员会制定的规范性文件。它规定国家某个方面的制度。其制定一般要经过法律草案的拟定和提出、法律草案的审查和讨论、法律草案的通过和法律的公布4个阶段。其法律地位和效力仅次于宪法，其他法规均不得与法律相抵触，否则无效。

（3）行政法规　它是我国最高行政机关——国务院根据宪法、法律和最高国家权力机关的决议、命令而制定的规范性文件。国务院的行政法规范围广、数量多、对于贯彻执行宪法和法律，完成国家的组织和管理活动，起着重要作用。国务院所属各部、各委员会根据法律和国务院的行政法规决定、命令，在本部门的权限内，可以发布命令、指示和规章，其中具有规范性的文件统称行政规章，也是法律形式之一。

(4) 地方性法规 它是省、自治区、直辖市等地方权力机关，依据宪法、法律和行政法规的规定，结合本地区情况制定和发布的规范性文件。这些法规只在本辖区内具有法律效力。民族自治地方的权力机关依据当地民族的政治经济和文化特点，制定自治条例。县级以上地方各级人民政府有权发布决定和命令，其中带有规范性的法律文件也是法律形式之一。

(5) 特别行政区法 我国宪法第三十一条规定："国家在必要时得设立特别行政区。在特别行政区内实行的制度按照具体情况由全国人民代表大会以法律规定。"

(6) 签订的国际条约 它是我国以国家为主体与外国经过协议而签订的国家之间权利和义务的法律文件，它具有法律效力，是我国的法律形式之一。以上不同法律形式，由于制定的机关不同，法律效力也不同。正确认识宪法、法律与其他法律形式之间的关系，防止相互抵触，有利于保证社会主义法制的统一性和权威性。

四、法律效力

法律的制定与实施均需经由国家机构，即立法机构和司法机构及行政机构。法律已由国家制定发布，取得法律形式，它就具备了在一定范围的特殊效力，称为法律效力。法律效力即法律的约束力，包括对人的效力、对事的效力、空间效力和时间效力。

(1) 法律对人的效力 法律对人的效力，指法律对谁有效力、适用于哪些人，我国法律规定对人效力有以下四种情况：第一，我国公民在我国领域内，一律适用我国法律。第二，外国人（包括无国籍人）在我国境内除法律有特别规定的（如享有外交特权和豁免权的人）以外，都适用我国法律。第三，我国公民在我国领域外，原则上也应该适用我国法律。但法律有特别规定的按照法律规定。第四，外国人在我国领域外，如果侵害了我国国家或公民的权益或者与我国公民、法人发生法律交往关系，也可以适用我国法律。

(2) 法律对事的效力 法律对事的效力，指法律对什么样的行为有效力，适用于哪些事项。这种效力范围的意义在于：一是告诉人们什么行为应当做，什么行为不应当做，什么行为可以做；二是指明法律对什么事项有效，确定不同法律之间调整范围的界限。

(3) 法律的空间效力 法律的空间效力，指法律在哪些地域有效力，适用于哪些地区。一般来说，一国法律适用于该国主权范围所及的全部领域，包括领土、领水及其领土和领空，以及作为领土延伸的本国驻外使馆、在外船舶及飞机。

(4) 法律的时间效力 法律的时间效力，指法律何时生效、何时终止效力以及法律对其生效以前的事件和行为有无溯及力。法律的生效时间主要有三种：一是自法律公布之日起生效；二是由该法律规定具体生效时间；三是规定法律公布后符合一定条件时生效。法律终止生效时间，即法律被废止，指法律效力的消灭。一般分为明示的废止和默示的废止两类；法律溯及力，也称法律溯及既往的效力，是指法律对其生效以前的事件和行为是否适用。如果适用，就具有溯及力；如果不适用，就没有溯及力。

五、法律责任

法律责任的一般含义相当于义务。但在多数场合，法律责任的含义指的是行为人做某种事或不做某种事所应承担的后果。即行为人由于违法行为、违法或者由于法律规定而应随的某种不利法律后果。法律责任的特点有两个方面，一是承担法律责任的最终依据是法律。二是法律责任具有国家强制性。如果没有国家强制力，使人承担法律责任就成为一句空话。对于法律责任的各类而言，有如下四种不同责任：

（1）刑事责任　是指行为人因其犯罪行为所必须承受的，由司法机关代表国家所确定的否定性法律后果。刑事责任的特点：①产生刑事责任的原因在于行为人行为的严重社会危害性。②与作为刑事责任前提的行为的严重社会危害性相适应，刑事责任是犯罪人向国家所负一种法律责任。③刑事法律是追究刑事责任的唯一法律依据。④刑事责任是一种惩罚性责任，因而是所有法律责任中最严厉的一种。⑤刑事责任基本上是一种个人责任。

（2）民事责任　是指由于违反民事法律、违约或者由民法规定所应承担的一种法律责任。民事责任的特点：①民事责任主要是一种救济责任。②民事责任主要是一种财产责任。③民事责任主要是一方当事人对另一方的责任，在法律允许的条件下，多数民事责任可以由当事人协商解决。

（3）行政责任　是指因违反行政法或因行政法规定而应承担的法律责任。行政责任的特点：①承担行政责任的主体是行政主体和行政相对人。②产生行政责任的原因是行为人的行政违法行为和法律规定的特定情况。③对错不是行政责任的构成要素。④行政责任的承担方式多样化。

（4）违宪责任　是指由于有关国家机关制定的某种法律和法规、规章，或者有关国家机关、社会组织或公民从事的与宪法规定相抵触的活动而产生的法律责任。

第二节　畜牧兽医行政法规的概念及内容

一、畜牧兽医行政法规的概念

畜牧兽医行政法规是指由国家或相关行政部门制定或认可的，以国家强制力来保证实施的，体现统治阶级的意志，确保我国畜牧业发展的一系列法律法规的总和。这里所指的畜牧业法规是广义的法规，泛指与畜牧业相关的所有的规范性法律文件，包括法律、行政法规、部门规章、地方性法规、地方政府规章等。

二、畜牧兽医行政法规的特征

畜牧兽医行政法是我国行政法的重要组成部分，是各级农牧主管部门进行畜牧兽医行政活动的法律依据，是以发展畜牧业生产，保障人民身体健康为目的和宗旨的。它独立调整畜牧兽医行政关系，规定畜牧兽医行政组织、行政活动及行政法制监督的管理范围、方法和程序等，与公安行政法、卫生行政法、环保行政法、工商行政法等许多行政法之间有着密切的联系，共同构成我国的行政法律体系。

畜牧兽医行政法作为一种行政法，具有行政法的共同特点，同时又具有其独特的特点。目前，我国的畜牧兽医行政法是以新中国成立以来发布的有关畜牧兽医行政的规范性文件为基础逐步发展形成的，它是一个以《中华人民共和国畜牧法》为总纲领，以《中华人民共和国动物防疫法》、《中华人民共和国草原法》、《种畜禽管理条例》、《兽药管理条例》、《饲料和饲料添加剂管理条例》等行政法规为之配套，以地方性法规和地方政府规章及有关规定为补充，与其他有关法律相衔接的畜牧兽医行政部门法律体系。同时，畜牧兽医行政法也将随着我国社会和经济的发展及法制建设的完善而不断完善。

三、畜牧兽医法规的主要内容

畜牧兽医法规是畜牧兽医专业的专业课，它结合有关畜牧业法规，介绍动物的饲养、管理、动物防疫、检疫、兽药和饲料管理以及畜牧兽医行政执法与监督管理的有关知识，旨在使学生在从事专业工作之前，具备运用专业法律知识，指导实践和行政执法的能力。

本课程内容包括畜牧兽医法规与监督管理二部分，首先介绍法律的基本知识，畜牧兽医行政法规的概念和特征、基本原则、法律关系、法律效力、调整范围；其次介绍畜牧兽医行政立法、执法、司法、诉讼；最后介绍动物防疫、检疫、生产、产品国际贸易的监督管理，以及畜牧兽医国际贸易组织概况、官方兽医制度、畜牧兽医执法机构与人员、畜牧兽医普及教育等内容，包括畜禽品种和经营管理、饲料管理、兽药管理、畜牧兽医行政管理及相关法律责任。

四、畜牧兽医法规的性质和任务

畜牧兽医法规不仅对现行的畜牧业法规作了具体的介绍和解释，而且涉及畜牧业行政执法的有关知识，是畜牧兽医、动物防疫检疫、兽药及饲料等相关专业学生的必修课之一，在法制不断健全的今天，在中国加入WTO之后，本课程适应当前学生对专业法律知识的需求。特别是学生走上工作岗位后，无论是从事养殖、防疫、治疗还是行政管理及咨询工作，都需要相关的法律知识作指导。

畜牧兽医法规与监督管理的任务，是通过传授畜牧兽医法规与监督管理的基础理论知识，使学生充分认识预防为主、依法防疫的重要性，了解我国畜牧兽医法规的发展，充分认识畜牧业法规建设任务的艰巨性和长期性，认识我国畜牧兽医管理体制与国际惯例的差距，树立法制观念，严格履行公民义务，自觉地遵守畜牧业法规，依法养殖、防疫、治疗，依法行政，依法维护国家和自身的合法权益，自觉地宣传群众，以适应社会主义现代化建设的需要，成为知法、懂法、有知识的新一代的畜牧兽医专业人才。

五、学习本课程的重要意义

1. 学习畜牧兽医法规与监督执法是中国法制建设和畜牧业法规发展的需要

改革开放以来，我国的法制建设走上了快速发展的轨道，畜牧兽医法律法规也同样不断完善。1985年2月14日，为了预防和消灭畜禽传染病，保护牧业发展和人民身体健康，国务院颁布我国第一部畜牧兽医法规《家畜家禽防疫条例》，它进一步强调预防为主的方针，并规定由农牧部门主管全国的畜禽防疫工作。它赋予了农牧部门新的职能，即除防疫、检疫、治疗、饲养外，还负责辖区内各项工作的监督管理，包括对违法行为的处理和处罚。兽医卫生监督检验所在这种形势下建立并逐渐分离成为独立的执法主体。

2. 学习畜牧兽医法规与监督执法是实际工作的需要

畜牧兽医专业的学生将要从事养殖、防疫、治疗、兽药或饲料的生产及营销、行政执法等工作，由于法制的健全，所有这些工作都必须依法进行，用法律法规来指导实践工作，所以学生们首先应该知法懂法，然后才能执行法规，用好法规。

3. 学习畜牧兽医法规与监督执法是适应畜牧兽医管理体制改革的需要

由于历史的原因，我国的畜牧兽医管理体制存在一定的弊端，例如在动物疫病和食品安全控制方面，最为突出的就是执法主体多头，各自为政，分别由农业部、卫生部、质检总局、外经贸部、工商总局等所属机构人为地分割执法，令外国人很难理解，与《卫生与植物卫生措施实施协定（SPS协议）》的要求也相距很远，这主要就是没有考虑到动物疫病和食品安全控制是涉及从养殖场（户）生产到加工部门到流通部门最终到消费者的完整链条，没有认识到动物性食品卫生关系到的不仅仅是动物本身，更关系到人类的健康，以为兽医行业只是对畜牧业生产起服务作用，没有认识到兽医在疫病控制、保障人和动物安全以及食品安全控制中的重要作用。

4. 学习畜牧兽医法规与监督执法是人民群众对安全放心的动物性食品的需要

改革开放以来，畜牧业生产取得了飞速的发展，从肉蛋等动物性食品凭票供应到放开经营，老百姓餐桌上的动物性食品越来越丰富了。但随之而来的是环境中药物和农药的残留问题，一些不法经营者在饲料中违法添加药物问题，私屠滥宰问题……人们在满足于数量的同时，更注意动物产品的质量了，注水肉、农药和药物残留、瘦肉精、苏丹红等成为人们关注的焦点，为此国家出台了绿色食品工程，也制定了一系列的法规或标准，来保障动物性食品的食用安全。例如，NY/T471《绿色食品 饲料及饲料添加剂使用准则》、NY/T472《绿色食品 兽药使用准则》和NY/T473《绿色食品 动物卫生准则》等，这些标准的实施，将有利于动物性食品的生产，保证老百姓吃上放心安全的动物性食品。

5. 学习畜牧兽医法规与监督执法是宣传群众，保护自身合法权益的需要

我国是一个农业大国，国民的文化素质并不是很高，有一大部分人对畜牧业还有一些偏见，畜牧兽医人员的社会地位还不是很高，从事养殖、屠宰、加工和饲料兽药生产人员的专业水平也是参差不齐，我们培养出的学生同时应担起宣传群众、教育群众的重任，向群众宣传新的畜牧兽医管理体制，向群众宣传一些专业知识，以提高全社会对畜牧业的认识，认识动物防疫重要性，认识食品安全的重要性，让老百姓用专业知识去解决日常生活和养殖中的问题，遇到问题时能用专业法规保护自身合法权益。

第三节 畜牧兽医行政法规的基本原则和调整范围

一、畜牧兽医行政法规的基本原则

畜牧兽医行政法的基本原则是贯穿于我国行政法之中，并体现行政法精神实质，要求所有行政机关、公民、法人及其他组织在国家行政管理中必须遵循的基本行为准则。畜牧兽医行政法的基本原则一般包括：行政法制原则、行政适当原则、行政统一原则、行政民主原则和行政效率原则。

1. 行政法制原则

行政法制原则是宪法所确定的法制原则在行政法中的体现和具体化。其总的要求是：国家行政必须依法办事，即依法行政，必须做到"有法可依、有法必依、执法必严、违法必究"。行政法制原则的主要内容包括：

（1）一切国家行政机关必须严格执行行政法律规范，其他国家机关、公民、法人和其他组织必须严格遵守行政法律规范。

（2）任何行政主体不得享有不受行政法调整的特权，权利的享受和义务的免除都必须有明文的法律依据。

（3）行政机关及其工作人员必须严格依法办事，其行政行为必须以法律为依据，严格依照法律的规定进行。一切违反行政法律规范、超越行政法律规范和滥用权利的行为都属于行政违法行为，它自发生起就不具有法律效力。

（4）一切违反行政法律规范的机关、公民、法人及其他组织均应承担相应的行政法律责任。

2. 行政适当原则

行政适当又称行政合理，就是行政机关必须公正、正当、合理地行使政权。行政适当原则的主要内容包括：

（1）国家行政机关的行政行为在合法的范围内还必须做到适当、合理。行政适当原则只是对行政机关行使自由裁量权而言的。在法律只规定原则或幅度的情况下，行政机关可根据自己的判断采用适当的方法来处理各类事件。

（2）行政机关进行自由裁量以合法为前提，必须根据法律规定的原则或幅度，在法律规定的范围内进行裁量，任何超越法律的所谓"合理性"都不为行政法所承认。合理性是合法性的补充，若合理与合法不相容，则应贯彻合法性。

（3）行政机关在进行自由裁量时，必须考虑到客观规律、事实本身以及事实相关的各种因素、具体的情节等客观情况，进行公正、合理的处理，避免和减少行政不当的发生。

（4）不适当的行政行为属于不当行为，有权机关可以宣布其无效，或进行纠正。

3. 行政统一原则

行政统一原则的基本含义就是国家行政权的实施必须统一。具体地说，行政统一原则包括以下内容：

（1）我国是实行"议行合一"制的社会主义国家，国家的政权是统一不可分割的，但国家政权的具体运用由不同国家机关分工负责。根据我国宪法的规定，国家行政权由国家行政机关即各级人民政府统一行使，其他社会组织非经政府依法授权，不享有行政职权。

（2）国家行政机关实行统一领导、分级管理、层层负责。上下级行政机关的行政行为必须统一一致。若遇不一致，则下级服从上级，地方服从中央。行政机关工作人员所进行的职务行为必须同行政机关的行为保持一致，必须坚持服从本机关已形成的各种决定。

（3）行政法律规范之间必须统一、协调，而且行政法规必须属于宪法和法律，地方性法规和地方政府规章必须服从于行政法规。

4. 行政民主原则

行政民主原则包括以下几方面内容：

（1）人民群众参加国家管理是我国国家行政管理的本质和核心　人民群众通过民主选举产生国家权力机关，以行使立法权，并由国家权力机关产生各级行政机关，以执行国家权力机关的法律，管理国家行政事务。人民群众通过在城乡建立的居民委员会或村民委员会等基层自治组织，广泛参加国家事务和社会事务的管理活动。

（2）行政民主原则也表现在各行政法律关系的主体在法律规定的权利与义务中是平等的　行政机关及其工作人员同普通公民一样站在平等的法律地位上，同受法律的约束。此外，在我国行政管理中，行政民主原则还表现为各民族一律平等。

（3）行政公开是我国行政民主原则的重要内容之一，是保障人民群众参加国家行政管理的必要前提　行政公开的主要特征是：重大情况让人民知道，重大问题经人民讨论。行政公开的基本要求是：行政法律、规章一经制定就应公开；行政机关的办事原则、标准等，凡与行政相对人有关的均应公开；行政机关作出涉及行政相对人权利义务的决定，其决定的内容、根据和理由，除涉及法律规定应保密外，应予以公开；行政机关举行的正式裁决程序，裁决过程和裁决结果应予公开；行政机关作出的有关行政相对人权益的决定，必须事先通知行政相对人，使其充分了解情况和为其提供充分陈述意见的机会。同时，行政机关有告知被处理者不服处理时申诉或起诉方式的义务。

5. 行政效率原则

行政效率原则是行政机关及其工作人员必须按照客观规律办事、实行高效率的行政管理。行政效率原则要求行政机关的决策符合客观规律、运转正常协调、指挥灵敏有效、办事迅速、准确无误。把行政效率原则贯彻到一切国家行政管理活动中，与行政民主原则统一协调起来，才能保证人民群众管理国家的权利能够正常、有效地行使，也才能不断提高行政机关的工作水平和效果。

二、畜牧兽医行政法规的作用

任何一个国家制定的行政法规，要完善行政法律制度，都是要以行政法来调整其国家生活和社会生活，达到有效实现国家行政目标的目的。畜牧兽医行政法对具体行政立法、执法、司法、守法等都具有普遍的指导作用。

1. 保障行政主体有效行使行政职权

行政主体行使行政职权，是国家实现政治、经济、文化等建设任务的最重要途径和手段。这种作用主要通过以下几方面体现出来。

(1) 确认行政权的相对独立性、赋予行政主体相应的行政职权　如西方国家普遍奉行"三权分立"原则,就是把行政权赋予行政机关独立行使。

(2) 明确行政主体与行政相对人的关系　行政主体行使行政职权是通过对行政相对人的管理活动来实现的,只有明确行政主体与行政相对人在行政过程中的相互关系,才能保障行政职权的有效行使。

(3) 明确行政主体与公务员、被委托组织及个人之间的关系　行政职权的行使,不能由行政主体自身完全实现,它离不开公务员的具体工作,有时也不得不委托组织或个人来代为行使。

(4) 明确行政主体行使行政职权的手段和程序　行政职权的行使在现代社会既要遵循效率原则,又要遵循科学和民主的原则,因此,行使行政职权的手段和程序都必须法制化。

(5) 明确对违法行使行政职权的行为和妨碍行使行政职权的违法行为的制裁　现代行政是一种法制行政,行政主体必须在法定范围内行使职权,不得任意妄为,否则就应当受到制裁;同时,行政相对人也必须服从行政主体的依法管理,不得妨碍行政职权的依法行使,否则亦应当受到制裁。

2. 保障公民、法人和其他组织的合法权益

行政法是民主制度的产物,自其产生之日起,就一直以防止行政权的滥用,保护公民、法人和其他组织的合法权益为追求的目标之一。这种保护作用主要通过以下方面体现出来。

(1) 建立和逐步完善保证行政主体及其工作人员认真执行国家法律的各种规章制度。

(2) 规定并发展公民、法人和其他组织的行政参与权。"国家的一切权利属于人民",这是我国宪法所确立的民主原则。

(3) 规定并发展公民、法人和其他组织的行政监督权。国家的一切权利属于人民,就意味着人民是国家的主人,一切国家机关及其工作人员都应当向人民负责,受人民监督。

(4) 预防、制止和制裁侵犯和损害公民、法人和其他组织合法权益的行为。行政违法和其他违法一样,直接侵犯和损害着公民、法人和其他组织的合法权益,只有预防、制止和制裁行政违法,对行政违法造成的侵犯和损害进行及时补救,才能充分保证公民、法人和其他组织的合法权益。

三、畜牧兽医行政法规的效力等级

畜牧兽医行政法规的效力等级,也称为法的效力层次或者效力位阶,是指规范性法律文件之间的效力等级差别。根据我国 2000 年颁布的《中华人民共和国立法法》,我国畜牧兽医行政法规的效力等级可以概括为以下几方面内容。

1. 上位法的效力高于下位法

即规范性法律文件的效力层次决定于其制定主体的法律地位,一般来讲制定主体的地位越高,法律规范的效力等级就越高。宪法的效力高于一切;法律的效力高于行政法规、规章以及地方性法规；行政法规的效力高于地方性法规；地方性法规的效力高于本级和下级地方政府规章；省、自治区的人民政府制定的规章的效力高于本行政区域内的较大的市的人民政府制定的规章。部门规章之间、部门规章与地方政府规章之间具有同等效力，在各自的权限范围内施行。

2. **特别法优于一般法**

即同一立法主体制定的畜牧兽医法律规范就同一事项都有规定的，特别规定优先于一般规定适用。

3. **新法优于旧法**

同一立法主体制定的畜牧兽医法律规范新的规定与旧的规则不一致的，适用新的规定。但是法律之间对同一事项的规定不一致，不能确定如何使用时，由全国人民代表大会常务委员会裁决，行政法规之间对同一事项的新的一般规定与旧的特别规定不一致，不能确定如何适用时，由国务院裁决。同一机关制定的地方性法规、同一机关制定的规章新的一般规定与旧的特别规定不一致时，由制定机关裁决。

4. **一个国家机关受上级机关授权制定的畜牧兽医法律法规，该法律规范在效力上通常等同于授权机关自行制定的法律法规**

例如《中华人民共和国行政许可法》第42条规定许可的一般期限为20日，但同时规定法律、法规另有规定的，依照其规定。根据授权制定的法规与法律不一致，不能确定如何适用时，由全国人民代表大会常务委员会裁决。

四、畜牧兽医行政法规调整的范围

畜牧兽医行政法规调整的范围是指其所适用的范围。我国现行畜牧兽医行政法规和规章适用范围是十分清楚的，即凡在中华人民共和国领域内从事饲养动物，生产、经营动物及动物产品活动以及有关单位及个人都是畜牧兽医行政法的调整对象，畜牧兽医行政法的适用的动物及动物产品和防疫对象（即畜禽传染病）在《中华人民共和国畜牧法》和相关实施细则中也都做了具体规定。具体来说畜牧兽医行政法调整的范围包括种畜禽管理、草原管理、饲料和饲料添加剂管理、动物防疫管理、生猪屠宰检疫管理、兽医药政管理、兽医医政管理等。

第四节 畜牧兽医行政法律关系

一、畜牧兽医行政法律关系的概念

畜牧兽医行政法律关系是法律规范确认的畜牧兽医行政的主体与管理相对人之间的权利与义务的关系。畜牧兽医行政法律关系的构成要素包括畜牧兽医行政法律关系的主体、客体、内容三部分。

畜牧兽医行政主体在行使行政职权，管理畜牧兽医公共事务的过程中，必然对内对外发生许多关系，即畜牧兽医行政关系。而畜牧兽医行政法律关系是由行政法调整的，在畜牧兽医行政主体与行政管理相对人之间而形成的具有权利义务内容的行政关系。畜牧兽医行政法律关系以畜牧兽医行政关系为基础，两者密切联系，又相互区别。可以说，有畜牧兽医行政管理活动就同时是畜牧兽医行政关系，而纳入法律调整的畜牧兽医行政关系才产生畜牧兽医行政法律关系。畜牧兽医行政关系是现实存在的物质关系，畜牧兽医行政法律关系是思想意识关系。前者是畜牧兽医行政法关系的法律化趋势越来越明显，但有些畜牧兽医行政关系是基于对畜牧兽医主体和管理相对人的自律要求而引起的，并不必然转化为行政法律关系。如行政建议、行政咨询等。

二、畜牧兽医行政法律关系的特征

1. 畜牧兽医行政法律关系中一方必然是畜牧兽医行政主体

畜牧兽医行政职权的行使是畜牧兽医行政关系得以发展的客观前提。没有畜牧兽医行政职权的存在和行使，畜牧兽医行政关系无从产生，畜牧兽医行政法律关系也就不可能形成。因此，畜牧兽医行政主体总是畜牧兽医行政法律关系的一方。

2. 畜牧兽医行政法律关系具有非对称性

畜牧兽医行政法律关系的非对称性，是指畜牧兽医行政法律关系主体双方的权利义务不对等。事实上，只要是行政法律关系，其权利义务总是不对等的。行政实体法律关系、行政程序法律关系、行政复议法律关系、行政裁决法律关系以及包括行政诉讼法律关系在内的监督行政法律关系，都具有非对称性，只不过表现形式和作用上有所不同。非对称性是行政法律关系区别于民事法律关系的重要特征。在实体行政法律关系中行政权具有公定力，由行政机关优先实现一部分权利以保证行政管理的效率。行政法律关系的非对等性，一般而言表现出阶段性差别，在某一阶段一方优先实现权利或实现较多的权利，同时另一方的权利受到限制或只能实现较少的权利；在另一阶段，权利义务关系是倒置的，不对等关系的倒置，体现了法的平衡精神，也使得行政法的平衡状态成为可能。

3. 畜牧兽医行政法律关系主体的义务权利一般是法定的

畜牧兽医行政法律关系主体之间一般不能相互约定权利义务，不能自由选择权利和义务，而必须依据法律规范取得权利并承担义务。例如，畜牧兽医行政管理相对人申请种畜禽生产许可证只能依法向畜牧兽医行政主管部门申请，而主管机关也只能以法定条件审查批准。

4. 畜牧兽医行政主体实体上的权利义务是重合的

畜牧兽医行政主体对畜牧兽医行政管理相对人实施管理是权力主体，而相对于国家而言则体现为义务主体，即在畜牧兽医行政法律关系中行政主体具有双重地位，其职权和职责密不可分，行使行政职权同时也是在履行行政职责，两者是统一的。这种实体权利义务的双重性决定了行政职权不可放弃。

5. 大多数的畜牧兽医行政法律关系争议由行政主体裁决

畜牧兽医行政法律关系引起的争议往往具有专业性强、技术性高、层次复杂等特点，仅靠法院难以胜任解决行政争议。如因种畜禽、饲料、兽药质量产生损害赔偿争议，事故责任认定、损害赔偿的调解、品种权属纠纷等。所以法律赋予畜牧兽医行政机关一定的调解权、裁决权和复议权。根据我国现行体制，只有在法律有规定的情况下，才可以将行政争议提交法院，按司法程序解决。

三、畜牧兽医行政法律关系的内容

行政法律关系的内容，即权利与义务。它分为行政主体的权利与义务和行政相对人的权利与义务。现分述如下。

（一）畜牧兽医行政主体的权利与义务

在行政法上，行政主体的权利表现为行政职权，义务则表现为行政职责。

1. 畜牧兽医行政主体的权利

畜牧兽医行政主体的权利即畜牧兽医行政职权，是畜牧兽医行政权力的转化形式，是畜牧兽医行政主体依法拥有的实施畜牧兽医行政管理活动的资格及能力。畜牧兽医行政职权的内容也就是畜牧兽医行政权力的内容。

2. 畜牧兽医行政主体的义务

畜牧兽医行政主体的义务即畜牧兽医行政职责，象征职责的核心是依法行政，具体有以下几点：

（1）履行职务，不失职；
（2）遵守权限，不越权；
（3）正确使用裁量权，不滥用职权；
（4）重事实和证据；
（5）正确使用法律法规，避免适法错误；
（6）遵守法定程序，防止程序违法；
（7）遵循合理原则，防止行政不当。

（二）行政相对人的权利与义务

1. 行政相对人的权利

行政相对人在畜牧兽医行政法律关系中享有以下权利。

（1）**申请权** 行政相对人有权依法向行政主体提出实现其法定权利的各种申请，如申请办理许可证，申请取得补助，在合法权益受到侵犯时，申请获得法律保护等。

（2）**参与权** 行政相对人无论是依法参与行政管理（如参与行政法规、规章及行政政策的制定、登记、申请行政复议等），还有应行政主体要求做出某种行为（如改正违法行为、缴纳罚款等），均应遵守法律、法规规定的程序、手续、时限。否则可能导致自己提出的相应请求不能实现，甚至要为之承担相应的法律责任，如不按时缴纳罚款，可能要受到被加处滞纳金；参与国民经济和社会发展计划的编制和实施；参与自身有利害关系的具体行政行为的相应程序等。

（3）**知情了解权** 行政相对人有权依法了解行政主体的各种行政信息，包括各种规范性法律文件、会议决议、决定、制度、标准、程序规则，以及与行政相对人本人有关的各种档案材料。除法律、法规规定应予保密的外，相对人均有权查阅、复制。

（4）**批评、建议权** 行政相对人对行政主体及其工作人员实施的违法、不当的行政行为有权提出批评，并有权就如何改善行政主体的工作提高行政管理质量提出建议、意见。

（5）**申诉、控告、检举权** 行政相对人对行政主体及其工作人员做出的对其本身不公正的行政行为有权申诉，对行政主体及其工作人员的违法、失职的行为有权控告或检举。

（6）陈述、申辩权　行政相对人在行政主体做出与自身权益有关、特别是不利的行为时，有权陈述自己的意见、看法，提供有关证据材料，进行说明和申辩。

（7）申请复议权　行政相对人对行政主体做出的具体行政行为不服，有权依法申请复议。

（8）提起行政诉讼权　行政相对人对行政主体做出的具体行为不服，有权依法提起行政诉讼。

（9）请求行政赔偿权　行政相对人在其合法权益被行政主体违法侵犯并造成损失时，有权请求行政赔偿。

（10）抵制违法行政行为权　行政相对人对于行政主体实施的明显违法或重大违法的行政行为，有权依法予以抵制，如抵制没有法律根据的摊派、罚款和收费等。

2. 行政相对人的义务

行政相对人在畜牧兽医行政法律关系中履行以下义务。

（1）服从依法管理的义务　在行政法律关系中，行政相对人有服从依法行政管理的义务。遵守行政机关发布的行政法规、规章和其他规范性文件；执行行政命令，行政决定。

（2）协助公务的义务　行政相对人对行政主体及其工作人员执行公务的行为，有主动予以协助的义务。

（3）维护公共利益的义务　行政相对人有义务维护国家和社会公共利益。在国家社会公共利益正受到或可能受到损害或威胁时，行政相对人应采取措施，尽可能防止或坚守损害的发生。行政相对人因维护公共利益致使本人财产或人身受到损失或伤害，事后可请求国家予以适当补偿。

（4）接受行政监督的义务　行政相对人在行政管理法律关系中，要接受行政主体依法实施的监督，包括检查、审查、检验、鉴定、登记、统计、审计，向行政主体提供情况说明，有关材料或报表、账册等。

（5）提供真实信息的义务　行政相对人在向行政主体申请提供行政服务（如申请许可证照）或接受行政主体监督时，向行政主体提供的各种信息资料应真实、准确，如其故意提供虚假信息，将要为之承担相应的法律责任。

（6）遵守法定程序的义务。

四、畜牧兽医行政法律关系的产生、变更与消灭

1. 畜牧兽医行政法律关系变化的条件与原因

畜牧兽医行政法律关系的产生、变更或消灭，都以相应的畜牧兽医行政法律规范的存在为前提条件，以一定法律事实的出现为直接原因。例如，《动物防疫法》及其法律规范的存在，有可能产生动物防疫法律关系；但是仅有法律规范而没有相应的法律事实，行政法律关系也不可能发生。所谓法律事实，是指能够导致行政法律关系产生、变更或消灭的各种客观事实。一般按照法律事实是否与当事人的意志有关，法律事实可分为法律事件和法律行为。法律事件，指的是与当事人意志无关的，能够引起法律关系形成、变更或消灭的事实，事件的特点是，它的出现与当事人的意志无关，不是由当事人

的行为所引发的。法律行为，指的是与当事人意志有关，能够引起法律关系产生、变更或消灭的作为和不作为。行为一旦做出，也是一种事实，它与事件的不同之处在于当事人的主观因素成为引发此种事实的原因。因此，当事人既无故意又无过失，而是由于不可抗力或不可预见的原因而引起的某种法律后果的活动，在法律上不被视为行为，而被归入意外事件。

举例来解释一下，某禽场发生了禽流感，这是法律事实，因动物防疫法规定发生一类疫病时应由当地人民政府发布封锁令，当地畜牧兽医行政管理部门的动物防疫监督机构应进行封锁、消毒、扑杀病禽和无害化处理等，这时动物防疫监督部门和禽场场长之间就形成畜牧兽医行政法律关系。又如，某人非法销售病害肉，这是法律行为，当事人明知此行为是违法的，仍然在作为，那么动物防疫行政法律关系产生。也就是说一旦某种条件具备后，主体双方就自然形成一定的权利义务关系，无论主体是否意识到，或者主体是否承认它。当然行政法律关系的变更和消灭也是同样的道理。

2. 畜牧兽医行政法律关系的产生

畜牧兽医行政法律关系的产生，是指行政法律关系主体之间在行政法上权利与义务的实际构成。例如，养殖场向畜牧兽医行政管理部门申请登记（这是行政相对人的义务），畜牧兽医行政管理部门审批发证（这是行政主体的权利）公民依法申请行政复议（权利），行政复议机关依法受理及处理（职责）。

3. 畜牧兽医行政法律关系的变更

畜牧兽医行政法律关系的变更是指畜牧兽医行政法律关系产生后、消灭前，行政法律关系的主体、客体或内容发生变化。可见行政法律关系的变更包括两种情形：

一是行政法律关系的内容不变，但一方当事人发生变化。例如，某屠宰加工厂变更法人，也就是管理相对人发生变化，但动物防疫监督机构与其的行政法律关系依然有效。

二是行政法律关系的当事人不变，但内容发生部分变化。例如，《兽用生物制品管理办法》颁布后，兽药店不允许出售兽用生物制品，即其经营范围发生的变化，但兽药管理的行政关系不变。若行政法律关系的双方当事人都进行了更换或内容全部发生了变化，则意味着该行政法律关系的消灭而不是行政法律关系的变更。

4. 畜牧兽医行政法律关系的消灭

行政法律关系的消灭是指原当事人之间的权利义务关系完全消失或不复存在。行政法律关系的消灭包括两种情形：

一是行政法律关系的一方或双方当事人消失，从而使原行政法律关系消灭。例如，从事非法销售病害肉的当事人被吊销经营许可，不再从事肉品销售，原行政法律关系消失。

二是行政法律关系的全部内容因被撤销或履行不复存在，从而使行政法律关系消失。如被处以罚款的公民，交纳罚款后，原处罚关系消灭，或者某人被兽药监察所处以罚款，该人申请行政复议，被上级行政机关撤销。

思 考 题

一、名词解释
1. 法律关系
2. 法律效力
3. 畜牧兽医法规
4. 畜牧兽医法律关系

二、简答
1. 法律责任的类型。
2. 畜牧兽医法规的主要内容。
3. 畜牧兽医行政法规的基本原则。
4. 畜牧兽医行政法律关系的特征。

第二章

畜牧兽医行政立法

第一节 畜牧兽医行政立法概述

一、行政立法的概念

法学上往往赋予"行政立法"以不同的涵义。有的学者从所制定的法律规范的性质来界定，认为凡是制定行政法规范的行为，不论制定主体的性质如何，都属于行政立法。有的学者认为，行政立法既应当从机关性质，又应当从所制定法律规范的性质来界定，即只有行政机关制定行政法规范的活动才是行政立法。这也是自20世纪80年代末以来我国行政法学的通说。

行政立法的主体是行政机关。行政立法的主体是国家行政机关，而不是国家权力机关、国家司法机关或其他组织。国家权力机关也能立法，也可以制定调整行政关系的法律和法规，但不是这里所说的行政立法。同时，行政立法属于一种抽象行政行为。从这一意义上来说，它又同具体行政行为（行政决定）的主体不同。行政决定的主体可以是任何行政主体，包括授权行政主体。行政立法的主体仅限于行政机关而不包括授权行政主体。授权行政主体不能进行行政立法。并且，行政决定的主体多为基层行政主体，而行政立法的主体限于高层行政机关。根据《宪法》第89条、《国务院组织法》第10条、《地方各级人民代表大会和地方各级人民政府组织法》第60条和《立法法》第71条、第73条的规定，只有下列行政机关才能进行行政立法：国务院及其主管部门，省、自治区、直辖市和较大市人民政府。

行政立法是依法进行的。首先，行政立法的主体是法定的。对此，已在上文说明。其次，行政机关的立法权限是法定的。立法权属于国家权力机关是一般原则，由行政机关来行使则是一种例外和补充。因此，行政机关进行行政立法必须具有明确、具体的法律依据和授权依据。对此，我国《宪法》和《立法法》及有关法律已作了相应的规定。其中，职权立法的立法权来源于《宪法》和有关组织法的规定，这种立法权的范围在《立法法》中已作规定。单行法律和行政法规对行政机关的立法授权，及通过授权决议对行政机关的立法授权一般都应有较明确的权限范围和授权目的。再次，行政立法的程序也是法定的。行政立法的程序与一般立法程序基本相同。目前，我国的行政法程序是由《立法法》和有关行政法规规定的。总之，只有按上述要求所进行的立法才是行政立法。没有立法权的行政机关或者非按立法程序所进行的相应活动，不是行政立法。

二、畜牧兽医行政立法的概念

1. 广义的畜牧兽医行政立法

指国家机关依照法定权限和程序，制定和发布有关畜牧兽医行政管理的规范性文件的活动。它既包括国家最高权力机关依法制定有关畜牧兽医行政管理的各种法律的活动，也包括各级国家行政机关和地方各级权力机关依法制定有关畜牧兽医行政管理的各种法规、规章的活动。

2. 狭义的畜牧兽医行政立法

这是指国家行政机关依照法定的权限和程序，制定和发布有关动物防疫管理的各种规范性文件的活动。其含义有三层意思：

（1）**立法主体特定** 畜牧兽医行政立法主体主要有：国务院、农业部、省（自治区、直辖市）人民政府、省（自治区）人民政府所在地的市的人民政府、经国务院批准的较大市的人民政府。

这些不同级别和层次的国家行政机关，依其立法权的大小组成有机统一的畜牧兽医行政立法体系。

（2）**内容特定** 畜牧兽医行政的立法内容就是关于畜牧兽医行政管理的立法，是关于国家畜牧兽医行政管理活动制度化、法律化的行为。

（3）**程序法定** 不同级别和层次的国家行政机关，必须在法定职权范围内制定畜牧兽医行政法律规范，并严格按照《中华人民共和国立法法》、《行政法规制定程序条例》和《规章制定程序条例》规定的程序进行畜牧兽医行政立法活动。

三、畜牧兽医行政立法的必要性

畜牧兽医行政法制建设首先要解决的问题是"有法可依"，也就是立法问题。没有立法，有法必依、违法必究、执法必严的法治原则就无从谈起，法治建设也就成为一句空话。由此可见，强调法制管理和法治建设，首先要讨论研究立法的重要性和意义。畜牧兽医行政法律、法规、规章及有关规定的制定、颁布和实施，就是国家在畜牧兽医行政上实行法制管理的具体体现。畜牧兽医行政的目的就是预防、控制、扑灭动物的传染病，保护畜牧业生产发展，保障动物性食品的安全，维护人民身体健康。加强立法，实行法制管理，是搞好畜牧兽医行政工作的前提条件。

1. 是改革开放形势的必然趋势

新中国成立初期，由于种种原因，我国动物防疫工作一直没有一部统一的行政法规，以致在防疫工作中政出多门、各行其是，部门之间扯皮现象屡有发生，许多行之有效的控制动物疫病的措施不能落实到位，严重影响了动物防疫工作的正常进行。十一届三中全会以后，随着对内搞活，对外开放政策的贯彻落实，国家政治体制和经济体制改革的逐步深入，生产经营者的自主权不断扩大，商品流通渠道逐步增多，价格也有计划地实行开放政策，经济成分开始由单一的国营集体经济发展成为以国有经济为主，国营、集体、私营的多种经济成分并存的新格局。在这种形势下，企业的主管部门对企业的管理也由过去的直接管理变为间接管理，对大量涌现出的集体经济与私营经济如何进行管理，也是一个亟待研究解决的问题。总之，过去那种在计划经济模式指导下形成的条块分割并以直接管理为主的管理体制,很难适应改革开放后商品经济迅速发展的客观要求。这就在客观上要求国家必须确立新的、有效的管理机制和运行体制取而代之。而这种管理机制就是"行业管理"。

行业管理是一种跨部门、跨地区面向全社会的统一归口管理。在行业管理中必须明确行业管理的主管部门,并须以法律规范为武器。不难看出,依法进行"行业管理"是改革开放以来客观形势的需要,也是解决动物防疫管理失控问题的有效措施。

2. 防疫检疫工作的特点决定了立法的必要性

防治动物传染病是和病原微生物作斗争的一门科学。病原微生物分布相当广泛,并可通过动物、动物产品的调运、交易等许多环节进行传播,并给畜牧业生产和人民身体健康造成危害。所以,防治动物传染病是一项社会性工作,必须全国统一计划、统一行动,才能有效地控制动物疫病流行。

在进行动物防疫、检疫和监督管理过程中,为预防疫病的发生和控制传染病的流行,需要及时采取果断措施,尽快扑灭疫情,减少经济损失。畜牧兽医行政主体往往要实施隔离、封锁、扑杀、销毁等行政措施,因而不可避免地需要饲养、经营动物和生产、经营动物产品的管理相对人承担一定人力、物力的义务。这样,在贯彻执行各项措施的过程中,有可能产生个人利益和社会整体利益、眼前利益和长远利益的矛盾,不可避免地会遇到一些阻力,甚至拒绝执行。

为了防止动物传染病的扩散,保护大多数人民利益,动物防疫监督机构在依法对饲养、经营动物及其产品的管理相对人强制执行动物防疫措施时,需要国家的强制力量作后盾;对违反规定或造成动物疫病传播扩散,使国家和人民遭受损失者,要分情况予以惩处。

这种统一性和强制性必须用法律加以保障,否则将是一句空话,这就是动物防疫管理工作必须立法的原因所在。

3. 完善立法体制的重要意义

《家畜家禽防疫条例》及其配套的畜牧兽医行政法律规范的颁布实施,使我国动物防疫工作开始从行政管理向法制管理过渡,从根本上解决了长期以来无法可依、无章可循的被动局面。为畜牧兽医行政立法、执法、守法形成体系铺垫了道路,使畜牧兽医行政法制开始走向"有法可依、有法必依、执法必严、违法必究"的轨道。这对于保证各种行之有效的防疫措施得到落实,防止动物疫病传播、蔓延,促进畜牧业生产发展,维护人民身体健康有着非常重要的意义。

以《家畜家禽防疫条例》为核心的畜牧兽医行政法律体系的确立和完善,使我国动物防疫工作有了法律保障,极大地推动了我国动物防疫工作的进展,有效地控制了动物传染病的发生和流行。在我国,由于千家万户饲养动物,动物及其产品流通日益频繁,经营渠道不断增多。在这种情况下,能取得这样的成绩是不容易的,这不仅保护了畜禽生产者、经营者和消费者的利益,而且对保护畜牧商品生产的发展和人民身体健康起到了积极的作用。

虽然以《家畜家禽防疫条例》为核心的我国畜牧兽医行政法律体系雏形的建立,为彻底扭转几十年来我国兽医卫生工作无法可依、多头管理、各自为政的被动局面发挥了巨大作用。但是,随着改革开放的不断深入,随着商品经济迅速发展,在国家法制建设日趋完善的形势下和计划经济向市场经济转变的过程中,畜牧兽医行政法律体系同样也经历着"立、废、改"的更新完善过程。《家畜家禽防疫条例》实施10多年来,为畜牧兽医行政法律体系的建设积累了丰富的经验,同时也为《动物防疫法》的制定、颁布创造了必要条件,奠定了坚实的基础。

1997年7月3日全国人大常委会第二十六次会议通过了《中华人民共和国动物防疫法》,并以第87号主席令公布了《中华人民共和国动物防疫法》,从1998年1月1日起实施。2007年8月30日第十届全国人民代表大会常务委员会第二十九次会议修订通过了《中华人民共和国动物防疫法》,自2008年1月1日起施行。

一个以《动物防疫法》为核心的畜牧兽医行政法律体系必将取代旧的畜牧兽医行政法律体系。这是畜牧兽医行政法制建设的规律,也是历史发展的必然。

四、畜牧兽医行政立法的基本原则和要求

1. 畜牧兽医行政立法的基本原则

畜牧兽医行政立法作为国家立法的一个重要组成部分,在当前我国处于市场经济发展的关键时期,必须坚持以邓小平理论为指导,以经济建设为中心,以精简机构、转变政府职能为契机,建立一套适应我国社会主义市场经济发展需要的畜牧兽医行政法律体系。为实现这一目的,我国在行政立法的过程中必须坚持以下基本原则:

(1) **立法有据原则** 立法有据是指行政立法必须做到有依据,不得凭主观臆断而随意立法,这是行政立法的首要原则。

行政立法的依据包括法律依据和客观依据两个方面的内容。

行政立法要做到有法律依据,首先必须是行政主体要有行政立法权。只有享有行政立法权的行政主体才能进行行政立法工作;其次,立法工作必须在宪法、法律和特别授权法规定的权限范围内依照法定的立法程序进行,即使是行使行政紧急立法权也必须符合宪法所设定的紧急状态条件。没有行政立法权的行政主体的所谓行政立法和超越职权范围的行政立法均不能受到审判机关的司法保护。

行政立法的客观依据是指立法要从实际出发,坚持求实精神,反映出行政活动的客观规律,这是我国行政立法获得科学性的源泉。特别是我国行政机关正处在精简机构、转变职能、强化宏观管理、完善市场机制的关键时期,国家行政管理的方方面面都需要有法可依,根据实际需要和可能,坚持成熟一个制定一个,以保持行政法律规范的相对稳定性。

(2) **立法民主原则** 立法民主是指有行政立法权的行政机关在进行行政立法时,应当通过各种适当的方式和途径听取各方面的意见,以利于集思广益,将广大人民群众的意愿和要求反映到制定的行政法律规范中。

坚持立法民主原则,首先就要坚持立法公开,为人民群众知政、参政、议政创造一个良好的环境,这是立法民主化的重要标志之一。其次,坚持立法民主原则,还必须充分发扬民主,广泛听取人民群众的意见,依靠社会各方面的力量,集思广益。制定出符合客观实际需要的行政法规和规章。再次,坚持立法民主原则,还必须吸引人民群众积极参加行政立法活动,把行政立法工作置于人民群众的监督之下,这样既有利于人民群众了解法和遵守法,又有利于人民群众监督行政机关及其公务人员遵纪守法,依法办

事。具体说来，立法民主原则包含以下内容：

①行政立法草案应当提前公布，并附上立法说明，让人民群众有充分的时间对特定的行政立法事项发表自己的意见和建议。

②将听取人民群众的意见和建议作为行政立法的必经环节和法定程序。

③向人民群众公布对行政立法意见和建议的处理结果。

④公布正式通过的行政立法文件并对直接涉及公民权利义务的行政立法还应特别规定实施时间。

⑤应当设置专门的行政立法咨询机构和咨询程序，并作为行政立法的必经程序。

行政立法程序法应当特别规定，违反立法民主原则的行政立法视为无效。

（3）协调统一原则　协调统一是指在行政立法过程中，必须以宪法、法律为依据，既要解决好纵向上不同层次的法律规范之间的相互协调和衔接配套、又要解决好横向上不同方面的法律规范之间的相互协调，以保证法律目的的一致性，维护社会主义法制的统一和尊严，"一切法律、行政法规和地方性法规都不得同宪法相抵触"，行政规章不得与行政法规和法律相抵触。

从我国目前的实际情况看，由于各种立法机关并存、各类立法领域结合以及各个立法领域的权限划分还不明确，行政法制建设尚不健全，在这种情况下，要搞好行政立法工作，首先就要求行政立法机关要善于从行政立法实践中正确地认识和把握自己的立法权领域，把握自己与相邻立法权的界限；其次要善于将宪法与有关法律的目的贯彻于行政立法之中，并通过行政法律规范表现出来；同时还要紧紧把握社会发展对行政管理活动提出的新的要求，及时地对行政法律规范进行立、改、废工作，使整个行政法律规范体系在内容、形式和效力上协调一致，以利于充分发挥法的社会调整功能。

（4）吸收借鉴原则　吸收与借鉴是指对于国内外行政立法中的成功经验和优秀成果，应从我国现代行政法制建设的实际需要出发，认真地学习和研究，对其中有益的经验和成果，科学地加以改造，注入新的内容，为我所用。

国内外的行政立法实践中，既有历史的经验，也有新鲜的经验，这些都是人类法律文化宝库中的宝贵财产。我们应当运用马克思主义的立场、观点和方法，正确地吸收与借鉴国内外行政立法的成功经验和优秀成果，为促进我国畜牧业的不断发展与完善，促进我国行政法制建设的现代化服务。

2. 畜牧兽医行政立法的要求

（1）制定畜牧兽医相关的法律法规必须依据宪法和法律并旨在执行宪法、法律。

（2）畜牧兽医行政立法不仅应符合法律的字面含义，而且要符合法律的目的。

（3）享有行政立法权的行政机关立法必须在各自的权限内进行。

（4）畜牧兽医行政法规、规章的制定必须遵守法定程序和形式。

（5）坚持稳定性和适应性的统一。

（6）坚持计划性与科学性相结合。

第二节 畜牧兽医行政立法体制

所谓体制，一般指国家机关、企事业单位管理权限划分的制度及其相应机构设置的系统或体系。立法体制，是指有关国家机关立法的体系及其立法权限的划分。行政立法体制则指国家行政立法的体制及其立法权限的划分。它是整个国家立法体制的一部分。一个国家的立法体制，通常是由该国的宪法及有关组织法规定的。

一、行政立法体制概念

行政立法体制是根据宪法和法律的规定，享有行政法规和行政规章制定权的国家行政机关在立法权限的划分和设置相应机构的基础上形成的内在结构体系。

根据我国宪法和法律，国务院和国务院各部委，地方的省、自治区、直辖市人民政府，省、自治区人民政府所在地市以及经国务院批准的较大的市人民政府享有行政立法权，这些行政机关是行政立法的法定机关，具有行驶行政立法权的主体资格。国务院在行政立法体制中权限最高，可以根据宪法、法律和全国人大的决议在任何范围内制定行政法规，当然包括畜牧业的相关法规。国务院各部委根据法律和国务院的行政法规、决定、命令，在本部门的权限内制定和发布部门规章，效力低于国务院的行政法规。省、自治区、直辖市以及省、自治区所在地的市和国务院批准的较大的市人民政府，可以根据法律和国务院的行政法规，制定地方政府规章，效力低于国务院的行政法规。国务院在行政立法体制中，处于中心地位，和国务院各部委及地方政府之间是领导与被领导的关系，国务院有权监督部委和地方政府的行政立法活动，对与法律、行政法规相抵触的部门规章和地方政府规章，有权予以撤销。由于国务院各部委和地方人民政府在行政立法体系中基本上处于平行的关系，如何协调两者的行政立法权及行政立法的内容、范围，是我国行政立法体制的基本问题。国务院制定的行政法规是制定行政规章的主要根据，因此，部门规章和地方政府规章应在共同服从行政法规的前提下进行协调，避免冲突。

二、行政立法权限

行政立法权限是指行政机关制定行政法规与行政规章在内容与形式上的权限范围，即行政法规与行政规章可以就哪些事项作出立法性的规定。

行政机关行使行政立法权必须严格遵循法律保留原则。法律保留即凡是由法律规定的事项，只能由法律规定，其他规范无权规定，否则构成违法。根据《立法法》的规定，由全国人大及其常委会制定的法律保留以下事项的立法权：国家主权的事项；各级人民代表大会、人民政府、人民法院和人民检察院的产生、组织和职权；民族区域自治制度、特别行政区制度、基层群众自治制度；犯罪和刑罚；对公民政治权利的剥夺、限制人身自由的强制措施和处罚；对非国有财产的征收；民事基本制度；基本经济制度以及财政、税收、海关、金融和外贸的基本制度；诉讼和仲裁制度；必须由全国人民代表大会及其常务委员会制定法律的其他事项。其中有关犯罪和刑罚、对公民政治权利剥夺和限制人身自由的强制措施与处罚、司法制度等事项属于法律绝对保留事项。

行政法规规定的事项有以下三个方面：（1）执行具体法律规定事项。（2）实施宪法规定职权事项，即宪法第89条规定的国务院行政管理职权的事项。（3）全国人大及其常务委员会授权立法的事项。应当由全国人民代表大会及其常委会制定的法律事项，国务院可以根据全国人民代表大会及其常委会授权决定先制定行政法规。

部门规章规定的事项应属于执行法律或者国务院行政法规、决定、命令的事项，即国务院各部门规章制定的依据是法律和国务院的行政法规、决定、命令，并且只能在本部门的权限范围内制定规章。地方规章可以规定的事项是为执行法律、行政法规、地方性法规的规定需要制定规章的事项，以及属于本行政区域的具体行政管理事项。

地方立法依照宪法、法律、法规和授权决定规定的立法权限、程序和其他要求。效力不超出本行政区域范围。国务院立法对地方立法，特别是对制定地方性法规和地方政府规章的立法活动，要有主导性。

三、我国行政立法体制

我国的立法体制是指立法机关及其立法权限的划分。畜牧兽医行政立法体制包含于我国的立法体制之中，是整个立法体制的一部分。因此，要研究畜牧兽医行政立法体制，必须同时研究我国整个立法体制。

1. 我国的立法体制

（1）纵向立法　我国现行立法体系在纵的方面分为中央立法和地方立法两大层级。

①中央立法　中央立法包括：全国人民代表大会立法（制定基本法律）、全国人民代表大会常务委员会立法（制定基本法律以外的其他法律）、国务院立法（制定行政法规）、国务院各部委立法（制定行政规章）。

②地方立法　地方立法包括省（自治区、直辖市）人大和人大常委会立法（制定地方性法规）、自治区人民代表大会立法（制定自治条例和单行条例）、省（自治区、直辖市）人民政府的立法（制定地方政府规章）、省（自治区）人民政府所在地的市和国务院批准的较大市的人大和人大常委会立法（制定地方性法规）、自治州人民代表大会立法（制定自治条例和单行条例）、省（自治区）人民政府所在地的市的人民政府及国务院批准的较大的市的人民政府立法（制定地方政府规章）、自治县人民代表大会立法（制定自治条例和单行条例）。

（2）横向立法体系　中国现行立法体系在横的方面分为权力机关立法（人民代表机关立法）和行政立法（行政机关立法）两大体系。

权力机关立法体系包括：全国人民代表大会立法（制定基本法律）；全国人大常委会的立法（制定基本法律以外的其他法律）；省、自治区、直辖市人大和人大常委会立法（制定地方性法规）；自治区人民代表大会立法（制定自治条例和单行条例）；省、自治区人民政府所在地的市和国务院批准的较大的市的人大常委会立法（制定地方性法规）；自治州人民代表大会立法（制定自治条例和单行条例）；自治县人民代表大会的立法（制定自治条例和单行条例）五个层次。

行政立法系统包括：国务院的立法（制定行政法规）；国务院的各部委的立法（制定行政部门规章）；省、自治区、直辖市人民政府的立法（制定地方政府规章）；省、自治区、人民政府所在地的市和国务院批准的较大的市的人民政府的立法（制定地方政府规章）四个层次。

2. 我国行政立法体制

我国现行行政立法体制是一个多层次的、分等有序的、严密统一的系统。根据宪法和组织法的有关规定，我国依法确认的行政立法系统包括：

（1）国务院立法

国务院是我国最高的行政立法机关。其行政立法权的内容主要是，根据法定权限和委任职权制定行政法规、向全国人大及其常委会提出拟定的法律草案和其他议案、批准或撤销其所属本门或机构及地方政府制定的规章。国务院制定的行政法规，其形式为"条例"、"规定"、"办法"等。通常分为三类：

①国务院制定、发布的行政法规　这类法规在行政法规中所占比例最大，数量最多。例如，为了预防和消灭家畜家禽传染病，保护畜牧业生产和人民身体健康，1985年2月14日，国务院发布了《家畜家禽防疫条例》；1987年5月21日国务院颁布了《兽药管理条例》，对兽药的生产、经营和使用作了规定，是我国在兽药领域的第一部法规；1997年12月19日，国务院颁布了《生猪屠宰管理条例》，规定了定点屠宰原则、屠宰场设置规划原则、定点屠宰场条件和要求等。但有些法规虽是由国务院发布，但因其批准或通过的机关不是国务院，而是全国人大常委会，体现了立法机关的意志，且履行了制定的法律手续，应属法律的范围，不能称为行政法规。如1984年5月11日第六届全国人民代表大会常委会第5次会议批准、1984年5月13日国务院公布的《中华人民共和国消防条例》等。

②国务院批准发布的行政法规　这类法规由国务院职能部门依法定职权或委任职权制定，经国务院批准或批转发布。前者如1985年8月7日农业部根据《家畜家禽防疫条例》第23条的有关规定，制定并颁布了《家畜家禽防疫条例实施细则》。它是《家畜家禽防疫条例》的补充和完善。1987年12月26日国务院批准，1988年1月14日卫生部、外交部、公安部、国家教育委员会、国家旅游局、中国民用航空局、国家外国专家局发布的《艾滋病检测管理的若干规定》。后者如1987年10月14日国务院批准、1987年10月20日农牧渔业部发布的《中华人民共和国渔业法实施细则》；1988年6月30日农业部颁布的《兽药管理条例实施细则》等。

③国务院办公厅发布的行政法规　国务院办公厅是国务院的综合性办公机构，在一定程度上代表国务院进行活动。据此，由国务院办公厅拟定的关于外部行政管理的各种规范性文件或行政法规性文件，经国务院批准、发布后，取得行政法律效力。

（2）国务院各部委立法

这是指国务院所属各职能部门根据法律和行政法规在其业务主管的职权范围内制定规范性文件的活动。这类规范性文件称为中央行政规章，多采取"决定"、"命令"、"指示"等形式。《宪法》第90条第2款规定："各部、各委员会根据法律和国务院的行政法规、决定、命令，在本部门的权限内，发布命令、指示和规章。"《国务院组织法》第10条规定："各部、各委员会工作中的方针、政策、计划和重大行政措施，应向国务院请示报告，由国务院决定。根据法律和国务院的决定，主管部、委员会可以在本部门的权限内发布命令、指示和规章。"可见，国务院职能部门制定行政规章的根据主要是宪法和《国务院组织法》。法律和行政法规也是国务院职能部门的立法依据。一般由具体法律或行政法规在专条中作出授权规定。国务院职能部门立法是受国务院制约，并附有立法权限和条件权限。上述宪法和《国务院组织法》的有关规定并没有赋予主管各项专门业务的国务院直属机构以行政立法权，即没有法定立法职权。但在行政立法实践中，依委任职权，即根据法律或行政法规授权，或经国务院批准后，也可以制定和发布行政规范性文件，对某项专门业务进行普遍性调整。例如，1987年6月30日国务院批准、1987年7月1日海关总署发布和1993年2月17日国务院批准修订、1993年4月1日海关总署重新发布的《中华人民共和国海关行政处罚实施细则》。

具体而言，国务院及各部委根据《中华人民共和国宪法》和《中华人民共和国立法法》具体规定了行政立法的范围。如《中华人民共和国立法法》规定，行政法规可以就下列事项作出规定：为执行法律的规定需要制定行政法规的事项；宪法第八十九条规定的国务院行政管理职权的事项。

（3）地方行政机关立法

根据我国现行的法律规定，有权制定地方行政规章的地方行政机关仅限于省、自治区、直辖市人民政府，省、自治区人民政府所在地的市政府和经国务院批准的较大的市人民政府。地方行政规章是根据法律和行政法规制定的，因此不得与之相抵触。在形式上，地方行政规章有两类：一类是以政府名义发布的规范性文件；另一类是政府转发其所属职能部门的规范性文件。经政府批转的地方行政规章旨在贯彻中央行政立法或者管理本地方的各类行政工作。

第三节　畜牧兽医行政立法程序

一、畜牧兽医行政立法程序的概念

畜牧兽医行政立法程序指立法主体依照法律规定，制定畜牧兽医行政法规、规章和有关规定的方法和步骤。本节叙述的畜牧兽医行政立法程序是指行政机关的畜牧兽医行政立法程序。

畜牧兽医行政立法的程序必须与其性质相符。畜牧兽医行政立法首先是一种立法活动，这种活动直接结果是产生具有普遍效力的畜牧兽医行政管理方面的规范性文件。因此，畜牧兽医行政立法必须按照立法的一般要求进行。但是畜牧兽医行政立法是国家行政机关的一种立法活动。它本身意味着同权力机关的立法存在区别。所以，畜牧兽医行政立法的程序既要符合立法活动的一般要求，又要体现行政活动的特点。准确地说，畜牧兽医行政立法程序应当是立法活动和行政活动的统一体。

二、畜牧兽医行政立法程序的主要内容

目前，专门调整立法的法律规范有《中华人民共和国立法法》、《行政法规制定程序条例》、《规章制定程序条例》等统一的行政立法程序法。综合这些法律规范的内容，结合我国的具体情况，畜牧兽医行政立法是我国行政立法的组成部分，其立法的程序包括下列几个阶段：

1. 立项

(1) **行政法规的立项** 国务院每年年初编制本年度的立法工作计划。国务院有关部门认为需要制定行政法规的，应当于每年年初编制国务院年度立法计划前，向国务院报请立项。国务院有关部门报送的行政法规立项申请，应当说明立法项目所要解决的主要问题、依据的方针政策和拟确立的主要制度。国务院法制机构应当根据国家总体工作部署对部门报送的行政法规立项申请汇总研究，突出重点，统筹兼顾，拟订国务院年度立法工作计划，报国务院审批。

列入国务院年度立法工作计划的行政法规项目应当符合适应改革、发展、稳定的需要；有关的改革实践经验基本成熟；所要解决的问题属于国务院职权范围并需要国务院制定行政法规事项的要求。

对列入国务院年度立法工作计划的行政法规项目，承担起草任务的部门应当抓紧工作，按照要求上报国务院。国务院年度立法工作计划在执行中可以根据实际情况予以调整。

(2) **规章的立项** 国务院部门内设机构或者其他机构认为需要制定部门规章的，应当向该部门报请立项。

省、自治区、直辖市和较大的市的人民政府所属工作部门或者下级人民政府认为需要制定地方政府规章的，应当向该省、自治区、直辖市或者较大的市的人民政府报请立项。报送制定规章的立项申请，应当对制定规章的必要性、所要解决的主要问题、拟确立的主要制度等做出说明。国务院部门法制机构，省、自治区、直辖市和较大的市的人民政府法制机构（以下简称法制机构），应当对制定规章的立项申请进行汇总研究，拟订本部门、本级人民政府年度规章制定工作计划，报本部门、本级人民政府批准后执行。年度规章制定工作计划应当明确规章的名称、起草单位、完成时间等。国务院的直属部门，省、自治区、直辖市和较大的市的人民政府，应当加强对执行年度规章制定工作计划的领导。对列入年度规章制定工作计划的项目，承担起草工作的单位应当抓紧工作，按照要求上报本部门或者本级人民政府决定。年度规章制定工作计划在执行中，可以根据实际情况予以调整，对拟增加的规章项目应当进行补充论证。

2. 起草

(1) **法规起草** 行政法规由国务院组织起草。国务院年度立法工作计划确定行政法规由国务院的一个部门或者几个部门具体负责起草工作，也可以确定由国务院法制机构起草或者组织起草。起草行政法规，除应当遵循《立法法》确定的立法原则，并符合宪法和法律的规定外，还应当体现改革精神，科学规范行政行为，促进政府职能向经济调节、社会管理、公共服务转变；符合精简、统一、效能的原则，相同或者相近的职能规定由一个行政机关承担，简化行政管理手续；切实保障公民、法人或其他组织的合法权益，在规定其应当履行的义务的同时，应当规定其相应的权利以及保障该权利实现的途径；体现行政机关的职权与责任相统一的原则，在赋予有关行政机关必要的职权的同时，应当规定其行使职权的条件、程序和应承担的责任。起草行政法规，应当深入调查研究，总结实践经验，广泛听取有关机关、组织和公民的意见。听取意见可以采取召开座谈会、论证会、听证会等多种形式。

起草行政法规，起草部门应当就涉及其他部门的职责或者与其他部门关系紧密的规定，与有关部门协商一致；经过充分协商不能取得一致意见的，应当在上报行政法规草案送审稿（以下简称行政法规送审稿）时说明情况和理由。起草行政法规时，起草部门应当对涉及有关管理体制、方针政策等需要国务院决策的重大问题，需提出解决方案报国务院决定。

起草部门向国务院报送的行政法规送审稿，应当由起草部门主要负责人签署。几个部门共同起草的行政法规送审稿，应当由该几个部门主要负责人共同签署。

起草部门将行政法规送审稿报送国务院审查时，应当一并报送行政法规送审稿的说明和有关材料。行政法规送审稿的说明应当对立法的必要性，确立的主要制度；各方面对送审稿主要问题的不同意见；征求有关机关、组织和公民意见的情况等做出说明。有关材料主要包括国内外的有关立法资料、调研报告、考察报告等。

（2）规章起草　部门规章由国务院部门组织起草，地方政府规章由省、自治区、直辖市和较大的市的人民政府组织起草。

国务院部门可以确定规章由其一个或者几个内设机构或者其他机构具体负责起草工作，也可以确定由其法制机构起草或者组织起草。省、自治区、直辖市和较大的市的人民政府可以确定规章由其一个部门或者几个部门具体负责起草工作，也可以确定由其法制机构起草或者组织起草。

起草规章可以邀请有关专家、组织参加，也可以委托有关专家、组织起草。

起草规章，应当深入调查研究，总结实践经验，广泛听取有关机关、组织和公民的意见。听取意见可以采取书面征求意见、座谈会、论证会、听证会等多种形式，起草的规章直接涉及公民、法人或者其他组织切身利益，有关机关、组织或者公民对其有重大意见分歧的，应当向社会公布，征求社会各界的意见。起草单位也可以举行听证会。听证会依照下列程序组织：

①听证会公开举行，起草单位应当在举行听证会的30日前公布听证会的时间、地点和内容；

②参加听证会的有关机关、组织和公民对起草的规章，有提问和发表意见的权利；

③听证会应当制作笔录，如实记录发言人的主要观点和理由；

④起草单位应当认真研究听证会反映的各种意见，起草的规章在报送审查时，应当说明对听证会意见的处理情况及其理由。

起草部门规章，涉及国务院其他部门的职责或者与国务院其他部门关系紧密的，起草单位应当充分征求国务院其他部门的意见。起草地方政府规章，涉及本级人民政府其他部门的职责或者与其他部门关系紧密的，起草单位应当充分征求其他部门的意见。

起草单位与其他部门有不同意见的，应当充分协商，经过充分协商不能取得一致意见的，起草单位应当在上报规章草案送审稿（以下简称规章送审稿）时说明情况和理由。起草单位应当将规章送审稿及其说明、对规章送审稿主要问题的不同意见和其他有关材料按规定报送审查。

报送审查的规章送审稿，应当由起草单位主要负责人签署；几个起草单位共同起草的规章送审稿，应当由该几个起草单位主要负责人共同签署。

规章送审稿的说明应当对制定规章的必要性、规定的主要措施、有关方面的意见等情况做出说明。有关材料主要包括汇总的意见、听证会笔录、调研报告、国内外有关立法资料等。

3. 审查

（1）**法规审查** 报送国务院的行政法规送审稿，由国务院法制机构负责审查。国务院法制机构主要从以下方面对行政法规送审稿进行审查：

①是否符合宪法、法律的规定和国家的方针政策；

②是否符合有关起草的规定；

③是否与有关行政法规协调、衔接；

④是否正确处理有关机关、组织和公民对送审稿主要问题的意见；

⑤其他需要审查的内容。

行政法规送审稿有下列情形之一的，国务院法制机构可以缓办或者退回起草部门：

①制定行政法规的基本条件尚不成熟的；

②有关部门对送审稿规定的主要制度存在较大争议，起草部门未与有关部门协商的；

③上报送审稿不符合《行政法规制定程序条例》有关起草规定的。

国务院法制机构应当将行政法规送审稿或者行政法规送审稿涉及的主要问题发送国务院有关部门、地方人民政府、有关组织和专家征求意见。国务院有关部门、地方人民政府反馈的书面意见，应当加盖本单位或者本单位办公厅（室）印章。重要的行政法规送审稿，经报国务院同意，向社会公布，征求意见。

国务院法制机构应当就行政法规送审稿涉及的主要问题，深入基层进行实地调查研究，听取基层有关机关、组织和公民的意见。行政法规送审稿涉及重大、疑难问题的，国务院法制机构应当召开有关单位、专家参加的座谈会、论证会，听取意见，研究论证。行政法规送审稿直接涉及公民、法人或者其他组织的切身利益的，国务院法制机构可以举行听证会，听取有关机关、组织和公民的意见。国务院有关部门对行政法规送审稿涉及的主要制度、方针政策、管理体制、权限分工等有不同意见的，国务院法制机构应当进行协调，力求达成一致意见；不能达成一致意见的，应当将争议的主要问题、有关部门的意见以及国务院法制机构的意见报国务院决定。国务院法制机构应当认真研究各方面的意见，与起草部门协商后，对行政法规送审稿进行修改，形成行政法规草案和对草案的说明。

行政法规草案由国务院法制机构主要负责人提出提请国务院常务会议审议的建议；对调整范围单一、各方面意见一致或者依据法律制定的配套行政法规草案，可以采取传批方式，由国务院法制机构直接提请国务院审批。

（2）**规章审查** 规章送审稿由法制机构负责统一审查。法制机构主要从以下方面对送审稿进行审查：

①是否符合制定规章的有关规定。即一是应当遵循《立法法》确定的立法原则，符合宪法、法律、行政法规和其他上位法的规定,。二是制定规章，应当切实保障公民、法人或者其他组织的合法权益，在规定其应当履行义务的同时，应当规定其相应的权利和保障权利实现的途径。三是制定规章，应当体现行政机关的职权与责任相统一的原则，在赋予有关行政机关必要职权的同时，应当规定其行使职权的条件、程序和应承担的责任。四是制定规章，应当体现改革精神，科学规范行政行为，促进政府职能向经济

调节、社会管理和公共服务转变。五是制定规章，应当符合精简、统一、效能的原则，相同或者相近的职能应当规定由一个行政机关承担，简化行政管理手续。

②是否与有关规章协调、衔接。

③是否正确处理有关机关、组织和公民对规章送审稿主要问题的意见。

④是否符合立法技术要求。

⑤需要审查的其他内容。

规章送审稿有下列情形之一的，法制机构可以缓办或者退回起草单位：

①制定规章的基本条件尚不成熟的；

②有关机构或者部门对规章送审稿规定的主要制度存在较大争议，起草单位未与有关机构或者部门协商的；

③上报送审稿及说明不符合《规章制定程序条例》规定的。

法制机构应当将规章送审稿或者规章送审稿涉及的主要问题发送有关机关、组织和专家征求意见。法制机构应当就规章送审稿涉及的主要问题，深入基层进行实地调查研究，听取基层有关机关、组织和公民的意见。规章送审稿涉及重大问题的，法制机构应当召开由有关单位、专家参加的座谈会、论证会，听取意见，研究论证。

规章送审稿直接涉及公民、法人或者其他组织切身利益，有关机关、组织或者公民对其有重大意见分歧，起草单位在起草过程中未向社会公布，也未举行听证会的，法制机构经本部门或者本级人民政府批准，可以向社会公布，也可以举行听证会。举行听证会的，应当依照相关规定的程序组织。

有关机构或者部门对规章送审稿涉及的主要措施、管理体制、权限分工等问题有不同意见的，法制机构应当进行协调，达成一致意见；不能达成一致意见的，应当将主要问题、有关机构或者部门的意见和法制机构的意见上报本部门或者本级人民政府决定。法制机构应当认真研究各方面的意见，与起草单位协商后，对规章送审稿进行修改，形成规章草案和对草案的说明。说明应当包括制定规章拟解决的主要问题、确立的主要措施以及与有关部门的协调情况等。

规章草案和说明由法制机构主要负责人签署，提出提请本部门或者本级人民政府有关会议审议的建议。法制机构起草或者组织起草的规章草案，由法制机构主要负责人签署，提出提请本部门或者本级人民政府有关会议审议的建议。

4. 决定与公布

（1）**法规的决定与公布** 行政法规草案由国务院常务会议审议，或者由国务院审批。国务院常务会议审议行政法规草案时，由国务院法制机构或者起草部门作说明。国务院法制机构应当根据国务院对行政法规草案的审议意见，对行政法规草案进行修改，形成草案修改稿，报请总理签署国务院令公布施行。签署公布行政法规的国务院令载明该行政法规的施行日期。

行政法规签署公布后，及时在国务院公报和在全国范围内发行的报纸上刊登。国务院法制机构应当及时汇编出版行政法规的国家正式版本。在国务院公报上刊登的行政法规文本为标准文本。

（2）**规章的决定与公布** 部门规章应当经部务会议或者委员会会议决定。地方政府规章应当经政府常务会议或者全体会议决定。审议规章草案时，由法制机构作说明，也可以由起草单位作说明。法制机构应当根据有关会议审议意见对规章草案进行修改，形成草案修改稿，报请本部门首长或者省长、自治区主席、市长签署命令予以公布。公布规章的命令应当载明该规章的制定机关、序号、规章名称、通过日期、施行日期、部门首长或者省长、自治区主席、市长署名以及公布日期。部门联合规章由联合制定的部门首长共同署名公布，使用主办机关的命令序号。部门规章签署公布后，部门公报或者国务院公报和全国范围内发行的有关报纸应当及时予以刊登。地方政府规章签署公布后，本级人民政府公报和本行政区域范围内发行的报纸应当及时刊登。在部门公报或者国务院公报和地方人民政府公报上刊登的规章文本为标准文本。

5. 施行、解释和备案

（1）行政法规的解释、施行和备案

①行政法规解释　行政法规条文本身需要进一步明确界限或者做出补充规定的，由国务院解释。国务院法制机构研究拟订行政法规解释草案，报国务院同意后，由国务院公布或者由国务院授权国务院有关部门公布。行政法规的解释与行政法规具有同等效力。

国务院各部门和省、自治区、直辖市人民政府可以向国务院提出行政法规解释要求。

对属于行政工作中具体应用行政法规的问题，省、自治区、直辖市人民政府法制机构以及国务院有关部门法制机构请求国务院法制机构解释的，国务院法制机构可以研究答复；其中涉及重大问题的，由国务院法制机构提出意见，报国务院同意后答复。

②行政法规应当自公布之日起 30 日后施行　但是，涉及国家安全、外汇汇率、货币政策的确定以及公布后不立即施行将有碍行政法规施行的，可以自公布之日起施行。

③备案　行政法规在公布后的 30 日内由国务院办公厅报全国人民代表大会常务委员会备案。

（2）规章的解释、施行和备案

①解释　规章解释权属于规章制定机关。规章有下列情况之一的，由制定机关解释：第一，规章的规定需要进一步明确具体含义的；第二，规章制定后出现新的情况，需要明确适用规章依据的。

规章解释由规章制定机关的法制机构参照规章送审稿审查程序提出意见，报请制定机关批准后公布。规章的解释同规章具有同等效力。

②施行　规章应当自公布之日起 30 日后施行。但是，涉及国家安全、外汇汇率、货币政策的确定以及公布后不立即施行将有碍规章施行的，可以自公布之日起施行。

③备案　规章应当自公布之日起 30 日内，由法制机构依照《立法法》和《法规规章备案条例》的规定向有关机关备案。

④其他规定　国家机关、社会团体、企业事业组织、公民认为规章同法律、行政法规相抵触的，可以向国务院书面提出审查的建议，由国务院法制机构研究处理。国家机关、社会团体、企业事业组织、公民认为较大的市的人民政府规章同法律、行政法规相抵触或者违反其他上位法的规定的，也可以向本省、自治区人民政府书面提出审查的建议，由省、自治区人民政府法制机构研究处理。

三、行政立法的效力

1. 行政立法效力的概念

行政立法的效力,是指行政法规、规章的法律效力。行政法规、规章本身不是法律,但一经制定、发布,就具有与法律相同的效力。包括两方面的含义:

(1) 指行政法规、规章的拘束力和强制执行力,即必须遵守,若有违反都应追究相应的法律责任。

(2) 指行政法规的适用力,即适用范围,也称效力范围。

2. 行政立法的效力等级

行政法规、规章的法律效力,同它在我国法律体系的地位是相应的。我国的法律体系是由各类规范性文件组成的。它们在法律体系中分别处于不同的地位:

(1) 宪法,作为国家的根本大法,处于最高的法律地位。

(2) 基本法律(如刑法、民法、香港特别行政区基本法),由全国人民代表大会通过。

(3) 一般法律,由全国人大常委会制定通过。基本法律和一般法律都是根据宪法制定的。二者的区别在于制定机关不同,其法律效力等级,前者应当高于后者。

(4) 行政法规,由国务院制定发布或经国务院批准发布,其法律地位低于宪法和法律,高于行政规章。

(5) 地方性法规、民族自治地区的自治条例和单行条例。

(6) 行政规章(中央行政规章、地方行政规章)。

3. 行政立法的适用范围

行政立法的适用范围,包括时间、空间方面的适用范围和对人的适用范围三个方面。简言之,是时间效力、空间(地域)效力、对人的效力。行政法规、规章的效力范围明确了,才能正确适用,发挥其效力作用。

四、对行政立法的监督

对行政立法的事后监督,也是保障行政立法权合理行使的重要机制。在我国,这一机制正在建构和完善之中。以下从监督机关及其权限、监督程序以及监督标准三个层面上来讨论我国对行政立法的监督机制。

1. 监督机关及其权限

我国有权对行政立法进行监督的机关包括立法机关、上级行政机关以及司法机关,只是各个机关的监督权限以及监督方式有所不同。在此首先说明监督权限。

(1) 权力机关的监督 根据《立法法》第88条的规定,①全国人民代表大会常务委员会有权撤销同宪法和法律相抵触的行政法规;②地方人民代表大会常务委员会有权撤销本级人民政府制定的不适当的规章;③授权机关有权撤销被授权机关制定的超越授权范围或者违背授权目的的法规,必要时可以撤销授权。可见,立法机关没有权力直接改变行政立法。

(2) 上级行政机关的监督 根据《立法法》第88条的规定,①国务院有权改变或者撤销不适当的部门规章和地方政府规章;②省、自治区的人民政府有权改变或者撤销下一级人民政府制定的不适当的规章。由于这是行政系统内部的监督，不必像立法机关或者司法机关的监督那样顾及不同性质国家机关之间的分权，所以，上级行政机关不仅有权撤销而且可以直接改变。

（3）司法机关的监督　实际上，迄今为止，我国的法院还无权在诉讼过程中审理行政立法的合法性并确认和宣布违法的行政立法无效。在理论上，从法律、行政法规、地方性法规和规章之间的效力等级关系，可以符合逻辑地推演出这样一个为学界普遍承认的观点：如果在行政诉讼过程中，法院认定行政法规与法律相抵触、部门规章与法律、行政法规相抵触、地方政府规章与法律、行政法规和地方性法规相抵触，就可以拒绝适用行政法规或者规章，而直接引用上阶位的规范。另外，行政诉讼法规定法院审理行政案件"以法律、行政法规和地方性法规为依据"，而"参照"规章，措辞上的区别也产生了一种推论：即便法院不考虑行政法规合法与否，也应该考察规章是否合法，否则，立法者用"参照"一词的本意就无法得到实现。后一种观点相比前一种观点，有行政诉讼法的规定为依据、而不是纯粹依照理论上的逻辑推演，似乎更容易为法院所接受。然而，在实践中，法院很少奉行这两种观点，即使当事人提出对行政法规或者规章合法性的质疑，法院也很少会认真地进行审查。这与行政诉讼法把抽象行政行为排除在审查范围之外有关，也与我国法院目前在整个宪政体制中的地位有关。当然，也有一些法院在少数案例中审查规章的适用性，对于被诉具体行政行为所依据的规章明显与上阶位法律规范相抵触的情况，法院直接以上阶位法律规范为依据来判断具体行政行为的合法性。就此而言，该规章（至少是其中与上阶位法律规范抵触的条款）在特定案件中失去效力，法院对规章实施了间接的监督。

随着我国加入WTO，人们对抽象行政行为的合法性日益关注，而世界贸易组织的规则也要求我国有一个中立的司法审查，来审理挑战部分抽象行政行为合法性的案件。因此，可以预见，在不久的将来，我国司法机关对行政立法的监督会更加直接、监督制度会更加完善也更加复杂。

2. 监督程序

在我国，上级行政机关对行政立法的监督程序，尚未有明确的规定。司法机关的监督，如上所述，目前最多只是一种间接的监督，即在审理行政诉讼案件中对明显与上阶位法律规范相冲突的规章不予适用。另外，根据《行政诉讼法》第53条第2款的规定，法院在审理行政案件中认为地方政府规章与国务院部门规章不一致的，以及国务院部门规章之间不一致的，由最高法院送请国务院作出解释或者裁决。

当下对监督程序规定得比较详细的，是在立法机关对行政立法（尤其是行政法规）的监督方面。根据《立法法》第90条、第91条的规定，中央军事委员会、最高法院、最高检察院和各省、自治区、直辖市的人大常委会认为行政法规同宪法或者法律相抵触的，可以向全国人大常委会书面提出进行审查的要求，由常委会工作机构分送有关的专门委员会进行审查、提出意见。其他国家机关和社会团体、企事业组织以及公民认为行政法规同宪法或者法律相抵触的，可以向全国人大常委会书面提出进行审查的建议，由常委会工作机构进行研究，必要时，送有关的专门委员会进行审查、提出意见。全国人大专门委员会在审查中认为行政法规同宪法或者法律相抵触的，可以向国务院提出书面审查意见；也可以由法律委员会与有关的专门委员会召开联合审查会议，要求国务院到会说明情况，再向国务院提出书面审查意见。国务院应当在两个月内研究提出是否修改的意见，并向全国人大法律委员会和其他专门委员会反馈。全国人大法律委员会和有关的专门委员会审查认为行政法规同宪法或者法律相抵触而国务院不予修改的，可以向委员长会议提出书面审查意见和予以撤销的议案，由委员长会议决定是否提请常委会会议审议决定。

（1）提请审查　提请审查的主体包括两类：一类为中央军事委员会、最高法院、最高检察院和各省、自治区、直辖市的人大常委会；一类为其他国家机关和社会团体、企事业组织以及公民。

（2）分送或者研究分送　对于两类主体有不同的对待：由前一类主体提请审查的，常委会工作机构必须分送有关专门委员会；由后一类主体提请审查的，常委会工作机构进行研究，必要时，分送有关专门委员会。

（3）书面审查意见　专门委员会可以提出书面审查意见，也可以与法律委员会召开联合审查会议，要求国务院到会说明情况，再行提出书面审查意见。

（4）反馈　国务院必须在2个月内向专门委员会或者法律委员会反馈是否修改的意见。

（5）书面审查意见和撤销议案　法律委员会和有关专门委员会认为行政法规与宪法、法律相抵触但国务院不予修改的，向委员长会议提出书面审查意见和撤销议案。

（6）提请审议　委员长会议研究决定是否提请常委会会议审议。

确实，《立法法》对于全国人大监督行政法规的程序，规定得比较细致。然而，依然存在一些值得研究的问题，其中，最大的一个问题是：提请审查的主体除了提出审查建议以外，在整个监督过程中居于什么地位、扮演什么角色？换言之，提请审查的主体是否可以介入审查程序？如何介入？是否对审查过程以及结果有知情权？从现有规定看，全国人大常委会似乎没有义务向提请审查的主体给予应有的答复。若是继续这种状况，个人、组织有多少动力来提请审查，有多少动力来启动监督程序，是颇有疑问的。

3. 监督标准

对于当前的法院而言，其最多只能在具体案件中不适用与上阶位法律规范明显冲突、抵触的行政立法，即便是这一点，也更多地表现为学界的"一厢情愿"。因此，这里所言的监督标准，乃立法机关或者上级行政机关撤销或者改变行政立法的标准。

根据《立法法》第87条的规定，行政法规、规章有下列情形之一的，由有权机关在其权限范围内予以改变或者撤销：（1）超越权限的；（2）下位法违反上位法规定的；（3）规章之间对同一事项的规定不一致，经裁决应当改变或者撤销一方的规定的（部门规章之间、部门规章与地方政府规章之间对同一事项的规定不一致时，由国务院裁决）；（4）规章的规定被认为不适当，应当予以改变或者撤销的；（5）违背法定程序的。

如本节起始所述，行政立法在我国有着特定涵义，并非涵盖所有抽象行政行为，但是，规范行政立法的大部分规则与规范其他抽象行政行为的大部分规则基本上应该是一致的或者相似的，故而，不再专门讨论除了行政法规、规章以外的其他规范性文件。其实，行政法规、规章以外的其他规范性文件在我国行政管理实践中的应用是极其广泛的。

第四节 行政立法的监控

一、行政立法的合法性要件

我国行政立法行为的合法性要件也就可以概括为：职权合法、内容合法和程序合法。职权合法，要求行政机关在自己的职权范围内制定行政法规和规章。宪法、组织法和《立法法》等规定了有权制定行政法规和规章的主体，以及有权制定为行政法规和规章的内容。因此，行政法规和规章的合法有效，是以制定机关具有行政法规和规章的制定权，以及对某一内容能够制定为行政法规和规章为前提的。同时，职权合法，还要求制定主体不滥用职权。也就是说，制定主体不得滥用宪法、组织法和《立法法》所赋予的行政立法权，不得利用这一权力以达到地方保护和部门垄断等不正当目的，授权立法还应符合授权目的。内容合法，是指行政法规和规章所规定的各项内容要合法。这就要求，下位法不得与上位法相抵触，行政法规和规章的目的没有违反法律，制定行政法规和规章的法律根据正确，行政法规和规章符合社会发展的客观需要，正确地体现和协调了各种利益关系。程序合法，是指行政法规和规章的制定应当遵循《立法法》、《行政法规制定程序条例》和《规章制定程序条例》所规定的程序。当然，合法的行政立法行为必须是书面的而非口头的，也必须符合各种名称的规定。

二、行政立法的监控机制

行政立法的监控包括事前监控和事后监控。事前监控主要是通过行政立法的原则和程序来实现的。在这里，主要介绍我国行政立法的事后监控机制。

1. 裁决

《立法法》规定了裁决制度，目的是为了解决法律、法规和规章的冲突，实现法制的统一。第一，全国人大常委会的裁决。根据《立法法》的规定，地方性法规与部门规章之间对同一事项的规定不一致，不能确定如何适用时，由国务院提出意见，国务院认为应当适用地方性法规的，应当决定在该地方适用地方性法规的规定；认为应当适用部门规章的，应当提请全国人民代表大会常务委员会裁决。根据授权制定的行政法规与法律规定不一致，不能确定如何适用时，由全国人民代表大会常务委员会裁决。第二，国务院的裁决。根据《立法法》的规定，行政法规之间对同一事项的新的一般规定与旧的特别规定不一致，不能确定如何适用时，由国务院裁决；部门规章之间、部门规章与地方政府规章之间对同一事项的规定不一致时，由国务院裁决。第三，规章制定主体的裁决。同一机关制定的新的规章与旧的规章所作特别规定不一致时，由制定机关裁决。

2. 改变或撤销

《立法法》和《规章制定程序条例》以及有关地方性法规规定了对行政法规和规章有权改变或撤销的机关和程序。

（1）有权改变或撤销的机关　根据《立法法》的规定，行政法规不符合合法性要件的，由全国人民代表大会常务委员会撤销。部门规章不符合合法性要件的，由国务院予以改变或者撤销。地方政府规章不符合合法性要件的，国务院有权予以改变或撤销，本级地方人民代表大会常务委员会都有权撤销。省、自治区的人民政府有权改变或者撤销下一级人民政府制定的不符合合法性要件的规章。授权机关有权撤销被授权机关制定的超越授权范围或者违背授权目的的法规和规章，必要时可以撤销授权。

(2) 改变或撤销的程序　根据《立法法》的规定，国务院、中央军事委员会、最高人民法院、最高人民检察院和各省、自治区、直辖市的人民代表大会常务委员会认为行政法规、同宪法或者法律相抵触的，可以向全国人民代表大会常务委员会书面提出进行审查的要求，由常务委员会工作机构分送有关的专门委员会进行审查、提出意见。其他国家机关和社会团体、企业事业组织以及公民认为行政法规同宪法或者法律相抵触的，可以向全国人民代表大会常务委员会书面提出进行审查的建议，由常务委员会工作机构进行研究，必要时，送有关的专门委员会进行审查、提出意见。全国人民代表大会专门委员会在审查中认为行政法规同宪法或者法律相抵触的，可以向制定机关提出书面审查意见；也可以由法律委员会与有关的专门委员会召开联合审查会议，要求制定机关到会说明情况，再向制定机关提出书面审查意见。制定机关应当在两个月内研究提出是否修改的意见，并向全国人民代表大会法律委员会和有关的专门委员会反馈。全国人民代表大会法律委员会和有关的专门委员会审查认为行政法规同宪法或者法律相抵触而国务院不予修改的，可以向委员长会议提出书面审查意见和予以撤销的议案，由委员长会议决定是否提请常务委员会会议审议决定。

根据《规章制定程序条例》第35条以及有关地方性法规的规定，国家机关、社会团体、企业事业组织、公民认为规章同法律、行政法规、地方性法规和上级政府规章相抵触的，可以向有权改变或撤销的国家机关书面提出审查的建议，经该有权改变或撤销的国家机关法制机构研究处理，由该有权改变或撤销的国家机关决定是否予以改变或撤销。

3. 备案

(1) 备案机关　根据《立法法》第89条的规定，行政法规和规章的具体备案机关是：第一，行政法规报全国人民代表大会常务委员会备案；第二，部门规章和地方政府规章报国务院备案；地方政府规章应当同时报本级人民代表大会常务委员会备案；较大的市的人民政府制定的规章应当同时报省、自治区的人民代表大会常务委员会和人民政府备案；第三，根据授权制定的法规和规章应当报授权决定规定的机关备案。

(2) 备案程序　行政法规如何报全国人大常委会备案，全国人大常委会如何备案，尚未有具体规定。地方规章如何报地方人大常委会备案，地方人大常委会如何备案，陕西、四川、海南、福建、长春、珠海等省市专门制定了规章备案审查的地方性法规，福州、汕头、石家庄、吉林市等城市虽然没有制定专门的地方性法规，但也都在其制定的地方立法性法规中专设一章对规章备案审查作出了规定。国务院在1990年制定的《法规、规章备案规定》的基础上，于2001年制定了《法规规章备案条例》，对规章如何报行政机关备案、行政机关如何备案作了规定。根据这些规定，行政法规和规章备案的具体程序有：

①报送备案　行政法规和规章制定机关应当于规章公布之日起30日内将行政法规和规章报送法定备案机关的法制机构。报送材料包括备案报告、需备案的行政法规和规

章文本和说明，同时附送须备案的行政法规和规章的电子文本。对于应报送备案而不报送或者不按时报送规章备案的，法定备案机关的法制机构应通知制定机关，限期报送；逾期仍不报送的，给予通报，并责令限期改正。

②备案登记　法定备案机关的法制机构，在收到报送后，对所报送的行政法规和规章是否属于《立法法》等所规定的行政法规和规章应进行审查，确实属于行政法规和规章的，予以备案登记；不属于行政法规和规章的，不予备案登记；属于行政法规和规章，但报送材料不齐全的，暂缓办理备案登记。

③备案审查　国家机关、社会团体、企业事业组织、公民认为行政法规和规章不符合合法性要件即具有违法情形的，可以请求法定备案机关审查建议，由法定备案机关法制机构对报送的行政法规和规章按照合法性要件，依职权或依请求进行审查。法制机构在审查行政法规、规章时，认为需要有关行政机关提出意见的，有关机关应当在规定期限内回复；认为需要法规、规章的制定机关说明有关情况的，有关制定机关应当在规定期限内予以说明。

④备案处理　经审查，法制机构认为需要依法裁决的，报法定裁决机关裁决；认为不符合合法性要件即具有违法情形的，可建议制定机关自行纠正，也可报法定改变或撤销机关决定改变或撤销并通知制定机关。部门规章之间、部门规章与地方政府规章之间对同一事项的规定不一致的，由国务院法制机构进行协调；经协调不能取得一致意见的，由国务院法制机构提出处理意见报国务院决定，并通知制定机关。对《规章制定程序条例》第2条第2款、第8条第2款规定的无效规章，国务院法制机构不予备案，并通知制定机关。行政法规和规章在制定技术上存在问题的，法制机构可以向制定机关提出处理意见，由制定机关自行处理。

4. 司法监控

（1）通过法律解释监控行政立法　在法律上，法院并不具有改变或者撤销行政法规和规章的权力。根据行政法原则和《行政诉讼法》关于"参照规章"的规定，以及根据《人民法院组织法》关于最高法院司法解释权和各级法院审判权的规定，司法对行政立法的监控是通过法律解释来实现的。

法院在个案中的法律解释不仅仅是法院单方面的解释，而是在充分贯彻辩论原则等诉讼基本原则下的解释。对行政法规和规章是否合法，与诉讼中的其他事实问题和法律问题一样，都应展开充分辩论，然后由法院来作出判断、解释，并支持其中的一方。基于此，法院在个案中行使法律解释权，对行政法规和规章的含义、效力作出阐释和认定，并对法律、法规和规章进行选择适用，是合理的。同时，对在个案中发现的违法行政法规和规章，可以建议法定改变或撤销机关改变或撤销。也就是说，法院不必在个案中请求法定机关审查，中止案件的审理；《立法法》等规定法院可以请求审查、提出建议并不意味法院不能作出解释和认定，并非不能拒绝适用因违法等而不具有相应效力的行政法规和规章。但在结案前，一方当事人或者案外的国家机关、社会团体、企事业组织或者公民已经向法定机关请求审查并已被受理的情况下，尤其是在违宪审查程序被启动后，法院不应自行作出判断，而应当中止案件的审理，待有审查结论后恢复案件的审理。

（2）基于监控的具体解释形式　法律解释多种多样，但从行政立法的司法监控来说，实践中主要有以下几种：

①司法解释 最高法院运用司法解释权，可以实现监控行政立法的作用。《最高人民法院关于执行〈中华人民共和国行政诉讼法〉若干问题的解释》第5条规定："行政诉讼法第12条第4项规定的'法律规定由行政机关最终裁决的具体行政行为'中的'法律'，是指全国人民代表大会及其常务委员会制定、通过的规范性文件。"这一解释就有效防止了行政机关通过行政立法扩大"行政机关最终裁决的具体行政行为"的范围，并使得《行政诉讼法》施行前在行政法规和规章中已经规定的行政主体最终裁决行为无法逃避司法审查。类似的事例还有很多，在此无需一一列举。

②条文含义的释明 各级法院还可以通过个案来释明法律规范的意义，从而实现对行政立法的监控。可以弥补行政法规或规章在制定时的疏漏，阐明条文的具体含义，衔接各法律、法规和规章之间以及各条款之间的逻辑联系。

③限缩或扩大解释 各级法院通过个案来进行限缩性或扩大性法律解释，使违法的行政法规和规章回到法治轨道上来。同样，如果行政法规或规章限缩了法律所规定的含义，法院在个案中则可作扩大性解释，以与法律保持一致，实现法制的统一。

④释明行政法规和规章的效力 基于《立法法》关于法的适用的规定和《行政诉讼法》关于参照规章的规定，法院在个案中可以对行政法规和规章等的效力予以释明，认定其空间效力、时间效力、对人和事的效力、效力等级（效力位阶）以及是否存在特别法优于普通法问题，从而选择适用法律、法规和规章，实现对行政立法的监控。法院在个案中通过释明行政法规和规章的效力，从而选择适用法律、法规和规章，是当前司法实践中对行政立法进行监控所普遍采用的方法之一。

第五节　畜牧兽医行政立法技术

一、畜牧兽医行政立法技术的概念

畜牧兽医行政立法技术是指动物防疫立法活动中有关立法的方法和技巧的总称。

畜牧兽医行政立法就是由畜牧兽医行政立法主体运用立法技术，可以制定出确切而又完整的符合立法意图的畜牧兽医行政法。确保法律与法律、法规与法律、规章与法规以及其他规范性文件之间没有冲突。使畜牧兽医行政法的结构协调、严谨，条文清楚、确切，文字表述简明、扼要、精练，做到内容和形式相统一。

二、畜牧兽医行政法的结构

畜牧兽医行政法的结构是立法技术的内容。根据其组合排列和表现形式，分为内部结构和外部结构。

1. 内部结构

畜牧兽医行政法的内部结构是指它各个组成部分的排列组合，即它的逻辑结构。一般由法定事实、行为模式、法律后果（即假定、处理、制裁）三个部分组成。在畜牧兽医行政立法过程中必须对这三个部分予以明确规定。对法定事实即假定，一定要规定得十分明确，以保证畜牧兽医行政法的正确适用。对于行为模式即处理，要根据法所调整的具体对象和所要达到的目的采取不同的形式和方法，具体规定各主体之间的权利和义务。对于相应的法律后果即制裁，一定要规定得适当，奖惩手段和目的一定要协调一致。

2. 外部结构

畜牧兽医行政法的外部结构是指它的外部形态或外在的表现形式。

（1）法的名称

①法律　是由全国人大常委会制定的有关动物防疫工作的最高行为准则。如《中华人民共和国动物防疫法》、《中华人民共和国进出境动植物检疫法》等。

②行政法规的名称　根据《行政法规制定程序条例》第四条的规定，行政法规的名称一般称"条例"，也可以称"规定"、"办法"等。国务院根据全国人民代表大会及其常务委员会授权决定制定的行政法规，称"暂行条例"或者"暂行规定"。

"条例"是对某一方面的行政工作做比较全面的规定，如《兽药管理条例》等。"规定"是对某一方面的行政工作某些部分所做的规定，如国务院关于统一领导屠宰场及场内卫生和动物防疫工作的规定。"办法"是对某一项行政工作做的比较具体的规定。

③规章的名称　根据《规章制定程序条例》第六条的规定，规章的名称一般称"规定"、"办法"，但不得称"条例"。

（2）制定机关名称

为了表明畜牧兽医行政法的合法性和法律效力，应当写明制定机关的名称。全国人大常委会通过的畜牧兽医行政法律，应当在标题下标明通过的日期和会议届次（×年×月×日第×届全国人民代表大会常务委员会第××次会议通过）；国务院发布的条例在标题之下注明发布日期，即×年×月×日国务院令第××号公告，自×年×月×日起施行；规章也应标明制定机关、公布日期和生效时间。如经上级批准而由农业部发布的规章，应在标题下注明（×年×月×日国务院批准×年×月×日农业部发布）。

（3）正文

行政法规应当备而不繁，逻辑严密，条文明确、具体，用语准确、简洁，具有可操作性。行政法规根据内容需要，可以分章、节、条、款、项、目。章、节、条的序号用中文数字依次表述，款不编序号，项的序号用中文数字加括号依次表述，目的序号用阿拉伯数字依次表述。每章至少有两节，每节至少有两条。条是法律、法规的基本单位，以一事一条为原则。条以下为款，款以下为项，项以下为目。

规章用语应当准确、简洁，条文内容应当明确、具体，具有可操作性。法律、法规已经有规定的内容，规章原则上不作重复规定。除内容复杂的外，规章一般不分章、节。

三、畜牧兽医行政法的整理

畜牧兽医行政法的整理是法律规范化的表现形式，对已制定和发布的畜牧兽医行政法，加以系统的整理。及时修改、废止不适当的法规、规章，适时制定新的法规、规章，调整已经变化了的畜牧兽医行政法律关系。这是畜牧兽医行政立法的一项重要内容。

法律规范的整理方式，主要有法规汇编、法规配套和法典编纂。

1. 法规汇编

法规汇编是畜牧兽医行政立法系统化的一种主要形式。是立法主体将过去发布的经整理认为仍然有效的畜牧兽医行政法律、法规、规章及有关规定，按照发布的时间和顺序或类别汇编成册，以便于人们查找、应用和执行。

2. 法规配套

法规配套是指畜牧兽医行政主体在法规整理的基础上，补充制定有关新的法规和规章，为现行有效的法规、规章的实施提供实体上的根据或程序上的规则或有关执行细则等。以消除相应法律、法规、规章在实施中的困难和障碍，保证畜牧兽医行政法顺利、正确地实施。

法规配套主要包括实体法配套、程序法配套、实施细则配套三种形式。

3. 法典编纂

法典编纂是畜牧兽医行政立法的形式。是国家权力机关，将过去发布的各类行政法律、法规、规章加以整理、修订，按照一定体系编纂成相应的内部统一的法典。编纂不同于汇编，它是将过去发布的法律、法规、规章分部分解，按照一个新的统一的框架重新构筑体系。因此，它是一种重要的立法形式。

我国的畜牧兽医行政法，虽暂时还不具备编纂法典的条件，但随着《中华人民共和国动物防疫法》及其配套法规、规章的颁布实施，我国的畜牧兽医行政法将逐步完善。在这个基础上，即可进行畜牧兽医行政法的法典编纂，以推动我国畜牧兽医行政法制建设的进程。

思 考 题

一、名词解释

1. 行政立法
2. 畜牧兽医行政立法
3. 行政立法体制
4. 畜牧兽医行政立法程序
5. 行政立法效力
6. 畜牧兽医行政立法

二、简答

1. 畜牧兽医行政立法的必要性。
2. 畜牧兽医行政立法的基本原则。
3. 我国行政立法体制。
4. 畜牧兽医行政立法程序的主要内容是什么？

第三章

畜牧兽医行政执法

第一节 畜牧兽医行政执法概述

一、畜牧兽医行政执法的概念及特点

1. 畜牧兽医行政执法的概念

执法是指国家机关执行和适用法律的活动。行政执法是行政机关执行法律的活动，这里的行政执法是指行政主管机关依法采取的具体的、直接影响相对人一方权利和义务的行为。

畜牧兽医行政执法是国家行政执法的组成部分，是指畜牧兽医行政主体在其职责范围之内为执行和适用畜牧业行政法规，依法对特定对象采取的直接产生法律效果的单方面的行政行为。我国畜牧兽医行政执法的主要内容包括三个方面，即畜牧兽医行政处理、畜牧兽医行政处罚和畜牧兽医行政强制执行。

2. 畜牧兽医行政执法的特点

（1）畜牧兽医行政执法的主体必须是动物防疫监督机构等国家机关　畜牧兽医行政法的贯彻执行主要靠动物防疫监督机构来实施。经动物防疫监督机构依法委托的单位也可以成为畜牧兽医行政执法的主体。但是，他们只能以动物防疫监督机构的名义在委托的范围、权限、期限内实施执法职能。否则，应视为越权执法或违法。

国务院草原行政主管部门和草原面积较大的省、自治区的县级以上地方人民政府草原行政主管部门设立草原监督管理机构，负责草原法律、法规执行情况的监督检查，对违反草原法律、法规的行为进行查处。

（2）畜牧兽医行政执法必须是具体行政行为　所谓具体行政行为是指有如下特征的行为：

第一，畜牧兽医行政执法是对管理相对人执行畜牧兽医行政法的情况依法进行行政处理的具体行政行为。

第二，畜牧兽医行政执法直接影响和涉及个人、组织的权利和义务。

第三，畜牧兽医行政执法的对象是特定的、明确的并直接产生法律后果。

（3）畜牧兽医行政执法是一种双方的不平等的行政法律关系　行政主体实施行政行为，只要是在行政法或者法律、法规的授权范围内，即可自行决定和直接实施，而无需与相对方协商和征得相对人的同意。畜牧兽医行政执法是以动物防疫监督机构单方意思表示为特征。即动物防疫监督机构在行使行政权时，无须征得管理相对人的同意，具有主动行使之特点。

二、畜牧兽医行政执法的生效要件

畜牧兽医行政执法行为的生效要件是指使畜牧兽医行政执法行为产生法律效力的必要条件。这些要件又分实体要件和程序要件两大类。

1. 实体要件

（1）畜牧兽医行政执法行为的主体合法　畜牧兽医行政执法主体合法必须具备三个条件，即法律法规授权、依法成立并能独立承担法律责任。例如在我国畜牧兽医行政执法机构即为动物防疫监督机构，具备合法主体资格。

（2）畜牧兽医行政执法必须依法进行　畜牧兽医行政执法的内容必须合法，即畜牧兽医行政执法行为应当符合有关法律规范的规定。例如，畜牧兽医防疫检疫的出证、处理和处罚行为，应当依据畜牧兽医行政法的有关规定实行。

（3）畜牧兽医行政执法行为必须是动物防疫监督机构的真实意思表示　所谓真实意思表示是指畜牧兽医行政执法人员不是在被胁迫（如被暴力所胁迫）、被欺诈（如被伪造的证明所欺诈）及其他不正常的情况下所做的行为。

（4）管理相对人必须有权利能力和行为能力　对无行为能力人（未成年人，10周岁以下）或者限制行为能力人（16周岁以下10周岁以上），不能要求他们承担违反畜牧兽医行政法的行政责任。

2. 程序要件

（1）畜牧兽医行政执法行为必须符合法定程序　例如，动物防疫监督机构在实施行政处罚时，必须按照动物防疫法及其配套法规等有关规定的程序进行。

（2）畜牧兽医行政执法行为必须符合法定形式　畜牧兽医行政执法行为均属要式行为，所谓要式行为是指依法律规定，必须采取一定形式或履行一定程序才能成立的行为。因此，畜牧兽医行政执法行为必须符合法律规范的要求。例如，证照的发放，必须按法律规范的要求进行制作、发放、管理，对违反畜牧兽医行政法律规范的当事人实施处理、处罚，也必须按法定程序进行，否则，将视为程序违法。

三、畜牧兽医行政执法决定的效力

畜牧兽医行政执法决定一经做出，即发生以下三种效力：

1. 确定力

行政行为有效成立后，非依法律不得随意变更与撤销。确定力就是具有不得再行更改的效力。这种确定力表现为：一是畜牧兽医行政主体所做出的行政执法决定事项，未经法律允许，管理相对人不得要求更改。即使法律允许其更改，管理相对人依法提出申诉或起诉，也受时间等条件限制（可在接到通知后十五日内提出申请复议，否则将按人民来信处理）。二是畜牧兽医行政主体的行政执法决定一旦做出，其自身也不能随意更改其内容。

2. 拘束力

拘束力是指行政执法决定对畜牧兽医行政主体和管理相对人的约束力。具体表现在两个方面：一是对管理相对人的拘束力。行政行为是行政机关代表国家做出的行为，相对一方当事人必须完全地、实际地履行行政行为所设定的义务。二是对畜牧兽医行政主体的拘束力。行政行为成立后，无论是实施行为的行政机关，还是其他行政机关，在该行为未撤销或变更前，畜牧兽医行政主体也有遵守的义务，都要受其拘束。

3. 强制力

就是畜牧兽医行政决定生效以后，畜牧兽医行政主体有权依法采取一定手段，使决定内容得以完全实现的效力。管理相对人如不自觉履行，畜牧兽医行政主体可依法执行或申请人民法院强制执行。

四、畜牧兽医行政执法的意义和作用

我国法制建设的全部内涵可以用六个字、四句话加以概括，即立法—执法—守法和"有法可依，有法必依，执法必严，违法必究"。显而易见，"执法"是其中的关键环节，是桥梁和纽带，同时也是法制建设的命脉。没有执法或削弱执法，再好的法律也不能为社会所遵守执行，等于无法；没有执法，守法者的利益就没有保障，正常的社会管理秩序就难以建立，即使建立起来的也会受到干扰和破坏。在阶级社会里，仅靠传统道德规范来约束人们的行为是不客观的，也是不现实的。实践证明，只有绳之以法才是规范人们行为最有效的措施。畜牧兽医行政执法的主要作用就在于运用执法手段，以法律为武器，教育、强制管理相对人守法。畜牧兽医行政法中有关行政处理处罚的规定，就是这种强制力与约束力的具体体现。概括起来，畜牧兽医行政执法的意义和作用有以下几个方面。

1. 保护管理相对人的合法权益

畜牧兽医行政执法包含两方面内容：一方面是保障公民依法享有的权利得以实现。如：动物饲养、经营动物产品的生产、经营者，可以请求畜牧兽医行政主体按动物防疫法的有关规定适时的做好防、检、治的技术工作以保证其动物、动物产品正常的流通。另一方面如："动物防疫许可证照"的审批、发放与管理，这就是对公民依法享有某项权利的认可，并对这种权利依法进行保护。还有通过对违法事件的纠正和处理，使广大人民群众的合法权益免受损害，从而使守法者的利益得到法律保护等。

2. 保证动物防疫管理秩序正常运转

畜牧兽医行政法的执行和适用，使得违法事件能够及时有效地被纠正、制止和处理，这样就可保证动物防疫管理秩序的正常运转，加快畜牧兽医行政法制建设的进程。另外，通过对违法事件的处理和对违禁动物及其产品的处理，可及时有效地控制、消灭动物疫情，最大限度地控制和消灭动物传染病的发生、流行、蔓延和散播。确保人民群众的身体健康，促进畜牧业的发展。

3. 保障畜牧兽医行政法的贯彻落实

畜牧兽医行政法是规范人们在这个领域内的行为准则。畜牧兽医行政主体及其执法人员就是要通过行政执法这个强制性手段，使人们都能自觉地依法约束自己的行为。畜牧兽医行政管理秩序的建立，畜牧兽医行政法律规范的贯彻实施，都离不开以国家强制力为后盾的畜牧兽医行政执法活动。所以，我们说畜牧兽医行政执法是贯彻落实畜牧兽医行政法的法律保障。

4. 教育公民自觉守法

畜牧兽医行政机关及其执法人员对畜牧兽医行政法律规范的宣传、贯彻、执行、适用，其主要目的就是要提高全社会的守法意识，使全体公民都能够自觉地遵守法律，自觉地维护畜牧兽医行政管理秩序。畜牧兽医行政执法中的处理及其处罚就是运用国家强制力来约束、惩戒违反畜牧兽医行政法律规范的人和事，强制违法者守法，惩前毖后，教育公民自觉守法。

由此可见，畜牧兽医行政执法确实是我国畜牧兽医行政法制建设的命脉和桥梁，它在我国畜牧兽医行政法制建设中的作用和意义是极其重要的。

第二节　畜牧兽医行政处理

一、畜牧兽医行政处理的概念

畜牧兽医行政处理是指畜牧兽医行政主体依照畜牧兽医行政法，对具体的事件或特定的对象采取的单方面的能直接产生法律后果的具体行政行为。

畜牧兽医行政处理与畜牧兽医行政处罚的区别：处理只是对具体事件或特定对象依法进行的非制裁性处置，而处罚则往往是对违法行为进行的制裁；处理不给当事人追加义务，而处罚往往要给当事人追加义务。

二、畜牧兽医行政处理的特征

第一，行政处理的对象是特定的。行政处理针对特定的人和特定事，可以单方面、直接改变相对人的权利和义务，是一种典型的具体行政行为，但行政处理并不等于具体行政行为。

第二，行政处理具有单方性。行政处理是行政主体为实现特定公共行政目标而实施的一种具有公定力的行为，不以相对人的同意作为成立前提。行政主体的意思表示独立于行政相对人，行政行为的实施及如何实施，由行政主体单方面决定。

第三，行政处理具有强制性。行政处理作为行政行为的一种经典形态，主要是指那些无须依赖其他中介就能够直接产生法律效果的强制性行政行为。它可以通过多种方式直接产生法律效果，不仅能够通过行政处罚等命令方式或者行政许可等形成方式，还能够通过行政确认方式。其中，命令性和形成性的行政处理产生法律效果的方式，主要是增加或减损行政相对人的权利和义务。

第四，行政处理的形式具有多样性。与行政立法行为相比较，行政处理的形式是多种多样的，难以固定。而且随着社会的不断发展，适应公共需求的多样化和行政权运作的民主化要求，行政处理的形式也会随之变化，出现新的样态。

三、畜牧兽医行政处理的内容

畜牧兽医行政处理的主要作用在于改变畜牧兽医行政法律关系中管理相对人的法律地位，并对其权利和义务产生法律上的不同后果。主要包括以下几方面：

1. 赋予权利

这种行政处理行为使管理相对人获得一种新的权利和权能。如畜牧兽医行政管理部门颁发的"兽医资格证书"，使管理相对人具有从事动物诊疗职业的工作资格。给持

"资格证"的兽医人员颁发了《动物诊疗许可证》就使其获得了从事动物诊疗职业的权能;某管理相对人申请领取了动物防疫合格证照,就获得了从事动物及其产品生产经营的资格,该管理相对人就可以交易、经营经检疫合格的动物及动物产品。

2. 依法履行义务

这是指畜牧兽医行政主体为了社会和公众的利益,依法责令管理相对人为一定行为或不为一定行为的行政处理行为。这种义务,管理相对人原来是不承担的,但出现了法律规范所规定的情形,畜牧兽医行政主体则可令其承担此义务。例如,在狂犬病疫点,畜主必须按畜牧兽医行政主体的指令扑杀、并须无害化处理病犬和可疑病犬等。又如,对染疫动物产品污染的场所、环境及有关物品也必须依法进行无害化处理等。

3. 免除义务

这是指畜牧兽医行政主体对原来承担某种义务的管理相对人,由于某种特殊情况的出现而做出的免除其某种义务的行政处理行为。例如:在疫点免除畜主的无害化处理费用,免收管理相对人因不可抗力造成损害的防疫、消毒费用等。

4. 确定认可

这里指畜牧兽医行政主体对公民、法人或其他组织的法律地位或权利义务关系的确定、认可、证明的行政处理行为。例如:对种、乳用动物饲养场鉴定动物防疫等级的行政处理行为;对兽药生产企业 GMP 认证等。

5. 否定驳回

这是指管理相对人请求之后,经畜牧兽医行政主体审核,不符合畜牧兽医行政法规定的标准、条件和要求的,不予认可或驳回的具体行政行为。如饲养、生产、加工、屠宰、贮存和运输动物及动物产品的单位和个人申请领取《动物防疫合格证》,畜牧兽医行政主体经过审查认为不符合条件的,即可驳回其请求,不予发证。

四、畜牧兽医行政处理的表现形式

1. 颁发证照、签发证书

这是指畜牧兽医行政主体依照畜牧兽医行政法的规定,为行使畜牧兽医行政的社会管理职能,按照法定程序颁发签署证照和证书的行政处理行为。

2. 审查验收,监测评价

这是指畜牧兽医行政主体对饲养、生产、经营动物或其产品的单位新建、改建、扩建工程的审查验收,以及饲养、经营种用、乳用及其他动物的管理相对人对动物防疫标准、规程要求的执行情况所进行的监测、评价的行政处理行为。

3. 无偿采样、封存、留验

这是指畜牧兽医行政主体为查明案件的真实情况,对染疫动物或其产品及有关物品采取的行政处理措施。畜牧兽医行政主体采取这些行政处理行为时,手续必须完备,并须按法定程序进行。

4. 封锁、隔离、扑杀、无害化处理

这是指畜牧兽医行政主体对一类传染病或新发现的、危害大的传染病疫点、疫区所采取的行政处理行为,这些处理措施是为消灭传染病的传播、蔓延而实施的紧急处理措施。有关单位和个人必须无条件服从,不得拒绝。

五、畜牧兽医行政处理的效力

1. 处理的有效成立要件

法律要求畜牧兽医行政主体的行为要遵守一定的条件，称为畜牧兽医行政行为的有效成立条件。一般说，畜牧兽医行政处理的有效成立，必须具备如下条件：

（1）畜牧兽医行政主体必须具有行政处理权　畜牧兽医行政主体只有在法定职权范围内所采取的行政处理才为有效。如检疫人员在执行任务时，对经营病死动物产品者，可依法独立行使警告、限期改进和一定金额罚款的行政处罚权，如果检疫员自作主张吊销兽医卫生证照，就属于越权行为。对于超越或滥用职权的具体行政行为，根据我国行政诉讼法规定，人民法院可以依法判决撤销或部分撤销、并可以判决被告重新做出具体行政行为。

（2）畜牧兽医行政处理必须合法　畜牧兽医行政处理时应严格按照法定方式进行。对适用法律、法规错误或违反法定程序的具体行政行为，人民法院可以依法判决撤销或部分撤销，也可以判决被告重新做出具体行政行为。

2. 畜牧兽医行政处理的生效

畜牧兽医行政处理成立后，还须具备如下条件才生效。

（1）告知管理相对人　将处理内容告知管理相对人，才发生效力，这是畜牧兽医行政处理开始生效的要件之一。

（2）行政处理附款　行政处理附款就是畜牧兽医行政主体可以对自己做出的行政处理效力期限，作一定限制或明示。如在行政处理决定书中，要求当事人将患法定传染病的动物在一定期限内扑杀、销毁，或将染疫动物产品进行无害化处理并在一定期限内完成，就属于行政处理附款。

3. 畜牧兽医行政处理的效力

畜牧兽医行政处理一经确定，即发生法律效力（确定力、拘束力、强制力）。

第三节　畜牧兽医行政处罚

一、畜牧兽医行政处罚概述

1. 行政处罚的概念与特征

在我国，行政处罚是行政主体实施行政管理活动的重要手段，在行政管理活动中应用极为广泛。1996年3月17日全国人大第四次会议通过的《中华人民共和国行政处罚法》，是我国行政法制的一部基本法律，它就行政处罚的基本原则、种类、设定、实施机关、处罚程序等作了较全面的规定。该法从立法上对行政处罚基本的、迫切需要解决的问题——作了规定，从而为维护社会管理秩序、规范行政权力、保障相对人的合法权益提供了基本法律依据。在畜牧兽医行政执法实践中，适用行政处罚法占有重要地位。行政处罚是指行政机关或其他行政主体依照法定权限和程序对违反行政法律规范尚未构成犯罪的相对方给予行政法律制裁的一种具体行政行为。

行政处罚的特征是：

（1）行政处罚是一种具体行政行为，属于行政制裁。制裁性主要体现在行政处罚是对行政相对人权益的限制、剥夺，或者令其负担新的义务。

（2）行政处罚的主体是行政主体。行政处罚权只能由行政机关或者法律、法规授权的组织行使。行政主体实施行政处罚必须严格依照法定职权和法定程序，超越法定职权和违反法定程序的行政处罚无效。行政主体是否拥有行政处罚权、拥有何种处罚权以及在多大范围内拥有处罚权，必须基于行政法律、法规的明确规定。

（3）行政处罚的对象是作为行政相对人的公民、法人或其他组织。这一特点使行政处罚区别于行政机关基于行政隶属关系或监察机关依照职权对公务人员做出的行政处分。

（4）行政处罚的前提是行政相对人实施了违反行政法律规范或者说违反行政管理秩序的行为。只有行政相对人的行为违反了行政法律规范，才能给予其行政处罚。只有法律、法规明确规定的必须处罚的行为才可以处罚，法律、法规没有规定的不能处罚。

（5）行政处罚的目的是为了有效实施行政管理，维护公共利益和社会秩序，保护公民、法人或其他组织的合法权益，制裁和教育违法的行政相对人，促使其不再犯。

行政处罚的原则：

（1）处罚法定原则　行政处罚的实施必然会导致对特定的行政相对人的某种权利或权益的限制或剥夺。作为一种典型的侵益行为，行政处罚应当自始至终严格遵循处罚法定原则。

（2）处罚公开、公正原则　处罚公正原则或称合理处罚原则，是处罚法定原则的补充。该原则要求行政处罚必须公平、公正，没有偏私，以事实为依据，以法律为准绳。要做到处罚与违法行为的事实、性质、情节以及对社会危害程度相当。确保处罚公平和公正的较为有效的方法是贯彻处罚公开原则。行政处罚公开包括两层含义：一是有关行政处罚的规定必须事先公布，让公民了解，未经公布的不得作为行政处罚的依据；二是对违法者的行为给予行政处罚要公开，以便于人民群众进行监督，也有利于对广大公民进行教育。

（3）处罚与教育相结合原则　行政处罚的根本目的不是制裁本身，而在于杜绝违反行政法律规范的行为。这就要求行政处罚不仅作为制裁行政违法行为的手段，而且要起到教育公民、法人和其他组织自觉守法的作用。

（4）保障相对人权利原则　该原则由保障相对人的陈述权、申辩权原则和无救济即无处罚原则构成。所谓无救济即无处罚原则体现在行政处罚的设定和实施两个阶段：首先，不设立救济途径即不得设定行政处罚；其次，不提供救济途径即不得实施行政处罚。行政相对人对行政主体实施行政处罚，享有陈述权和申辩权；对行政处罚不服的，有权依法申请行政复议或者提起行政诉讼；因违法行政诉讼受到损害的，有权提出赔偿要求。这些权利对于保障相对人的合法权益，促进行政机关依法行政有着重要的意义。

2. 畜牧兽医行政处罚的概念

畜牧兽医行政处罚是指依法享有行政处罚权的动物防疫监督机构，根据畜牧兽医行政法的规定，依照法定程序，对违反畜牧兽医行政法律规范的单位或个人所实施的行政制裁。

行政处罚是一种行政制裁。畜牧兽医行政处罚是因管理相对人不履行法定义务或不正当地行使权利，动物防疫监督机构依法令其承担新的义务或使其权利受到相应限制的行政行为。

3. 实施畜牧兽医行政处罚的条件

（1）必须违反了畜牧兽医行政法　畜牧兽医行政处罚是以违反畜牧兽医行政管理法律规定为前提，否则就不存在畜牧兽医行政处罚。

（2）必须由畜牧兽医行政主体执罚　畜牧兽医行政处罚必须由法定的动物防疫监督机构根据畜牧兽医行政法律规范来裁决。动物防疫监督机构只能对他辖区范围内的违法行为进行处罚。

（3）处罚对象是管理相对人　畜牧兽医行政处罚的对象是违反畜牧兽医行政法的管理相对人。这里所说的管理相对人是指违反畜牧兽医行政法的公民、法人或其他组织。

4. 畜牧兽医行政处罚的特征

（1）双方法律地位不平等　动物防疫监督机构同管理相对人之间的法律地位是不平等的。动物防疫监督机构在这种法律关系中是行使权力的一方，管理相对人是承受义务的一方。动物防疫监督机构的权力，是由畜牧兽医行政法所赋予的。它对违反畜牧兽医行政法的当事人所作的处罚，是基于人民和国家整体的利益而采取的。

（2）单方面的意思表示　畜牧兽医行政处罚是动物防疫监督机构单方面的意思表示。动物防疫监督机构依法对违反畜牧兽医行政法的管理相对人进行处罚，无需征得管理相对人的同意，只要管理相对人有违法行为就可依职权做出处罚决定。

（3）说服教育与处罚相结合　畜牧兽医行政法的贯彻实施，应通过广泛的宣传教育，使义务者在自觉自愿的基础上履行其义务。如果违反义务（如情节轻微），一般对其批评教育，只有在教育无效时，才予处罚。因此，畜牧兽医行政处罚以惩戒而不以实现义务为目的。一次处罚以后，即告结束。实行一事不再罚的原则。

（4）拥有自由裁量权　畜牧兽医行政处罚是动物防疫监督机构基于行政管理权的单方意思表示，不能调解或协商。它在行政处罚中，依法享有自由裁量权。包括处罚种类的确定，处罚幅度的确定，处罚的变更和处罚撤销等方面的自由裁量权。

5. 畜牧兽医行政处罚同其他的强制措施的区别

（1）畜牧兽医行政处罚与强制执行的区别　畜牧兽医行政处罚是动物防疫监督机构以剥夺违法管理相对人权益的方法使其以后不再违法。而强制执行是对不履行法定义务的个人或组织通过法定强制手段强迫其履行义务。

（2）畜牧兽医行政处罚与刑罚的区别

①适用法律不同　畜牧兽医行政处罚的依据是畜牧兽医行政法。刑罚的依据是刑法。

②做出处罚决定的机关不同　畜牧兽医行政处罚是由畜牧兽医行政主体决定，刑罚则由人民法院判决。

③做出处罚决定的程序不同　畜牧兽医行政处罚根据动物防疫法及有关规定做出。刑罚判决则根据刑事诉讼法的有关规定做出。

④处罚的种类不同　刑罚的种类由刑法规定，主要有五种主刑和三种附加刑。畜牧兽医行政处罚由畜牧兽医法规定，罚则较多。

(3) 畜牧兽医行政处罚与行政处分　行政处罚与行政处分都是因违法引起的法律责任，但有很大的区别：

①适用的违法行为不同　行政处分适用的对象是公务员的一般违法失职行为。例如：不服从上级决议、命令，打击报复，包庇坏人，滥用职权，腐化堕落等。畜牧兽医行政处罚适用的是管理相对人违反畜牧兽医行政法所规定之义务的行为。例如违反动物防疫法及其配套法规和有关规定的行为，违反规程的行为等。

②处罚的机关不同　行政处分由违法失职行为者所在单位处理。畜牧兽医行政处罚由动物防疫监督机构处理。

③处罚的形式不同　行政处分的形式主要有警告、记过、降级、撤职、留用察看、开除等。行政处罚的形式则主要有警告、罚款、没收、吊销动物防疫证照、停业整顿等。

二、违法行为的构成

1. 行为人违反了畜牧兽医行政法

这就是说行为人已经实施了违反畜牧兽医行政法的行为。违反畜牧兽医行政法包括作为与不作为。例如在市场出售染疫动物产品，此为作为违法；应当在出售前对动物产品进行检疫而未检疫，则为不作为违法。

2. 违法行为侵犯了畜牧兽医行政管理秩序

大多数违法行为有社会危害后果产生，凡产生社会危害后果的行为，侵犯的是消费者合法权益和受法律保护的社会关系。但又有特殊情况。例如：市场出售未经检疫的肉食品尚未造成中毒或引起疫病流行的，同样构成违反畜牧兽医行政法行为。这种违法行为侵犯的是受畜牧兽医行政法所保护的畜牧兽医行政管理秩序。

3. 违法行为应当处罚

应当处罚说的是畜牧兽医行政法对违法行为有明确的处罚规定。否则，就不能实施处罚。

4. 行为人有违法的主观故意

行为人明知行为违法，仍在作为。例如行为人明知必须持检疫证明出售动物产品，却将未经检疫的动物产品拿到市场上销售，就属主观上故意违法。

5. 行为人应有相应的行为能力

这里主要是指行为人具有承担行政责任的资格。

三、畜牧兽医行政处罚的管辖与适用

1. 畜牧兽医行政处罚的管辖

畜牧兽医行政处罚的管辖，是确定某个畜牧兽医行政违法案件具体由哪一个行政处罚主体受理和实施处罚的法律制度。这个制度旨在解决三个问题：（1）地域管辖，即确定某个违法案件由哪一地的处罚主体管辖；（2）级别管辖，即确定某个违法案件由哪一级的处罚主体管辖；（3）职能管辖，即确定某个违法案件由哪一类行政处罚主体管辖。

《中华人民共和国动物防疫法》第8条规定："县级以上地方人民政府设立的动物

卫生监督机构依照本法规定，负责动物、动物产品的检疫工作和其他有关动物防疫的监督管理执法工作。"我国《行政处罚法》第21条规定："对管辖发生争议的，报请共同的上一级行政机关指定管辖。"第22条规定："违法行为构成犯罪的，行政机关必须将案件移送司法机关，依法追究刑事责任。"这三个条文确立了行政处罚的管辖规则：

（1）地域管辖　地域管辖是指不同地域，但是同级且同类职能的行政处罚实施主体之间的权限划分。不论违反行政管理秩序的当事人归属于哪一地，其违法行为发生于什么地方，便由该地的行政机关管辖。

（2）级别管辖　级别管辖是指同一地域同一职能但是不同级的行政处罚的实施主体之间的权限划分。不是违法行为发生地的所有行政机关都有处罚案件的管辖权，只有县级以上的行政机关才有管辖权。

（3）职能管辖　职能管辖是指同一地域同一级别但是职能不同的行政处罚的实施主体之间的权限划分。行政处罚实施管辖的行政机关，既必须是违法行为发生地的县级以上行政机关，又必须是具有行政处罚职能的行政机关。

（4）指定管辖　指定管辖，是指上级行政机关以决定的方式指定下级行政机关对某个行政处罚案件行使管辖权。

2. 畜牧兽医行政处罚的适用

行政处罚适用是对行政法律规范规定的行政处罚的具体运用，也就是行政处罚主体在认定行政相对人行为违法的基础上，依法决定对行政相对人是否给予行政处罚以及给予何种行政处罚的过程。我国《行政处罚法》第25条对此进行了规定。

（1）行政处罚适用的条件　行政处罚的适用必须具备一定的条件，否则即为违法或者无效的行政处罚。行政处罚的适用条件一般包括事实条件、主体条件、对象条件和时效条件。

①行政处罚适用的事实条件　是公民、法人或者其他组织有行政违法行为这一客观事实。没有此违法事实，就不应当发生行政处罚适用的情形，因此，此条件又被称为前提条件。

②行政处罚适用的主体条件　即行政处罚必须由法定的行使行政处罚权的合格主体实施。

③行政处罚适用的对象条件　必须是违反畜牧兽医行政管理秩序且具有一定的责任能力的行政违法者。

④行政处罚适用的时效条件　是指对行为人实施行政处罚还需要其违法行为尚未超出追究时效。

（2）行政处罚的适用方法　行政处罚的适用方法，也可以说是行政处罚的裁量方法。行政主体在行政处罚适用过程中，应当区别不同的情况，分别采取不同的处罚方法。

①不予处罚　不予处罚是指固有法律、法规所规定的事由存在，行政处罚主体对某些形式上虽然具有违法特征但是实质上不应当承担违法责任的人不适用行政处罚的情形。

②从轻或减轻处罚　从轻处罚，是指在法定处罚限度内选择较轻的处罚。从轻处罚需要注意两点：一是在法定处罚范围或者幅度内选择罚种和罚度，二是此违法行为不具

有从轻处罚情节适用的处罚要相对轻一些，而不能理解为一律适用法定最轻处罚。

减轻处罚，是指低于法定处罚限度选择较轻的行政处罚。减轻处罚也有两点需要注意：一是必须低于法定处罚限度，二是不能减轻到免予行政处罚。

四、畜牧兽医行政处罚的种类

1. 警告

这是畜牧兽医行政主体对违反畜牧兽医行政法所规定义务的管理相对人的谴责和警戒。它既具有教育性质又具有强制性质，是一种经常使用而又较轻的处罚形式。警告是申诫罚的主要表现形式。申诫罚可以独立处罚，也可作为其他行政处罚的先行程序。

2. 限期改进

这是畜牧兽医行政主体对违反畜牧兽医行政法所规定义务的管理相对人，限定其在一定的期限内，必须依照畜牧兽医行政法的规定承担改进的义务。这是一种具有强制性质的补救措施。行政处罚法没有把限期改进作为处罚的种类，而是规定行政处罚主体实施行政处罚时，必须责令违法行为人改正或者限期改正违法行为。

3. 扣留或吊销有关动物防疫证照

这是对持有某种许可证照，但其活动或行为违反证照的内容和范围的个人或组织进行的处罚。许可证照是畜牧兽医行政主体准许管理相对人从事某项活动的法律凭据，吊销证照，就意味着行政机关取消了这种法律上的承认，从而剥夺了个人、组织实施某种行为的权利，是一种严厉的行为处罚。吊销动物防疫许可证照，一般适用于：

（1）违法情节恶劣或后果严重的；

（2）环境水源污染、社会公害等非管理相对人所能解决，但管理相对人不愿采取措施或离开这种环境继续营业的；

（3）经停业整顿，改进无效或确定无法改进的；

（4）多次违法、屡教不改的。

4. 罚款

这是畜牧兽医行政主体对违反畜牧兽医行政法不履行法定义务的个人、组织所作的一种经济上的处罚，是行政法中适用范围很广的一种财产处罚。但是，罚款只是手段而不是目的，决不能以罚代教，以罚代管。

不论是羁束幅度内的自由裁量，还是无羁束规定的自由裁量，罚款数额的大小都应参照以下原则进行裁量：

（1）以法量罚，不徇私情，手续完备，罚款交公；

（2）罚额一般大于非法所得；

（3）根据违法情节，如初犯、累犯、知法违法、执法违法，手段、性质以及认错态度、改进情况等量罚；

（4）审查危害程度，直接的潜在的，严重的或轻微的；

（5）衡量经济价值、社会损失、非法所得、经营规模等；

（6）考虑社会影响，恶劣与一般、面大与面小等；

（7）了解受罚者的实际承受能力等实际情况。

总之，不能以罚款多少论成绩，关键在于罚得得当，罚款兑现，结案率高。这样才能收到惩前毖后、罚一儆百的效果，才能真正维护法律的尊严。正因如此，罚款必须是要式行为，运用时必须遵循一定的程序。畜牧兽医行政主体必须做出正式书面处罚决定，书面通知当事人，并明确罚款数额和交纳期限，并告知被罚款人申诉和诉讼的权利。

5. 没收

畜牧兽医行政主体将违法者的非法所得和畜牧兽医行政法规定的违禁物或违法行为工具进行没收的处罚。它是对生产、经营、保管、加工、运输、销售违禁物品或进行其他营利性违法行为的管理相对人所实施的一种经济上的处罚。如畜牧兽医行政主体依法没收违法所得和违禁动物、动物产品等。

没收同罚款一样，指向的都是财产，但二者性质不同。罚款是迫使违法者交纳额外负担的金额，它所针对的是管理相对人合法财物的所有权。没收针对的是违法所得、违禁物或违法行为工具，一般不影响管理相对人的合法所有权。

五、畜牧兽医行政处罚的程序

行政处罚的程序，是指享有行政处罚权和执行权的机关或组织做出行政处罚决定，对行政违法者实施行政处罚的具体方式、方法和步骤。畜牧兽医行政处罚的程序是指畜牧兽医行政主体对违法的当事人实施处罚时所遵循的方式和步骤。行政处罚的基本程序是由行政处罚的决定程序和行政处罚的执行程序两部分组成。行政处罚的决定程序是整个行政处罚的程序的关键环节，是保障正确实施行政处罚的前提条件，包括简易程序和一般程序。行政处罚的执行程序，是指有关国家机关为保证行政处罚决定所确定的当事人的义务得以履行的程序，没有行政处罚的执行，行政处罚决定就会失去意义。

1. 简易程序

（1）简易程序的概念　简易程序，也称当场处罚的程序。它是指畜牧兽医行政执法人员在执行监督检查任务时，当场独立处理简单违法案件所遵循的法定程序。农业部发布的《农业行政处罚程序规定》专门对当场处罚程序作了明确的规定：违法事实确凿并有法定依据，对公民处以五十元以下、对法人或者其他组织处以一千元以下罚款或者警告的行政处罚的，可以当场做出农业行政处罚决定。

（2）简易程序的特点

①依法做出　当场处罚是由畜牧兽医行政主体的执法人员依法做出的行政处罚行为。在动物防疫处罚中，当场处罚和其他处罚一样奉行国家追诉原则，只有代表国家行使行政处罚权的畜牧兽医行政主体才能进行当场处罚。当场处罚是畜牧兽医行政主体的单方行为，并以国家的强制力作为后盾，管理相对人同意与否不影响处罚的实施。

②适用范围特殊　当场处罚一般适用事实清楚、情节简单、后果比较轻微的违法案件。如小数额的罚款或者警告的行政处罚。

③处罚迅速　当场处罚是发生违法行为后当即给予的行政处罚，体现了当场处罚的迅速（高效）性，更有利于提高畜牧兽医行政处罚的效率。

④可以依法申请行政复议或者提起行政诉讼。

（3）简易程序的原则

①法定原则　在畜牧兽医行政处罚中严格遵守法定原则，就是因为当场处罚程序的

简化，使之易失公正，容易造成滥用行政处罚权、侵害管理相对人权益的情况发生。当场处罚只是程序简便，而不是没有程序；畜牧兽医行政主体的执法人员做出当场处罚决定时，必须符合畜牧兽医行政法律规范规定的必经程序和权限。

②不影响原则　实施畜牧兽医行政处罚的当场处罚，不得使违法行为人的正当权利受到影响。它的具体要求是实施当场处罚的畜牧兽医行政执法人员应当告知被处罚人违法的事实、处罚的依据和理由，同时给被处罚人以陈述和申辩的权利。不能把被处罚人对畜牧兽医行政处罚决定提出异议的权利，视为态度不好，更不能作为加重处罚的理由。畜牧兽医行政现场处罚决定书制作并送达被处罚人时，应当载明被处罚人申请复议或者提起行政诉讼的权利得以实现的途径和期限。

③效率原则　当场处罚制度的设立，是畜牧兽医行政效率原则的一个具体的要求和反映，然而效率原则又是畜牧兽医行政当场处罚的一个基点。它要求，实施畜牧兽医行政当场处罚，必须有高素质的行政执法人员，并建立良好的制约机制，以保证畜牧兽医行政主体高效地完成追究违法行为的使命。

④轻微原则　根据我国的立法实践和世界各国的立法经验，当场处罚的适用范围都比较小，大多为案情简单、法律后果不大、易于处理的小案件。我国《行政处罚法》规定："违法事实确凿并有法定依据，对公民五十元以下、对法人或者其他组织一千元以下罚款或者警告的行政处罚的，可以当场做出行政处罚决定。"这就充分体现了处罚轻微的原则。

(4) 简易程序的内容

①表明身份　表明执法者身份是畜牧兽医行政当场处罚的第一个步骤，这一行为的目的主要是为了表明畜牧兽医行政主体实施行政处罚的主体资格合法。为此，动物防疫执法人员执行任务时，应衣着整洁，标志明显，携带证件和齐全的凭据。并主动向管理相对人出示证件。这里所说的证件，必须是能够证明其有行使行政执法权力的证件。

②告知理由、权利　畜牧兽医行政执法人员在查处案件时应当及时、全面地了解情况，核实证据，并做好笔录。在事实清楚、证据充分的前提下，告诉行为人违反了什么法律的哪一条规定，应当给予什么处罚，以及罚款多少等。这样既可使管理相对人接受了行政处罚，又达到了教育管理相对人的目的。执法人员在做出行政处罚之前，应当告诉行为人依法享有的权利。如当事人有权进行申辩和质证，有权依法提起行政复议和行政诉讼等权利。

③填写书面决定书　畜牧兽医行政执法人员必须现场填写预定格式、编有号码的《行政处罚（当场）决定书》，这是对行政处罚决定的书面形式要求，其目的在于为行政处罚接受监督和审查提供证据。行政处罚决定书应当载明当事人的违法行为、行政处罚依据、罚款数额、罚款交纳的时间、地点以及畜牧兽医行政机关名称，并由执法人员签名或者盖章等。

④执行　行政处罚决定依法做出后，当事人应当在行政处罚决定的期限内，予以履行。当场处罚实际上包含着当场执行的内容，因为执法人员当场做出《行政处罚（当场）决定书》后，并不意味着处罚的结束，只有执行了才意味着处罚完毕。处以罚款的，也可以在规定的期限内向指定的银行缴纳。当事人确有经济困难，需要延期或者分期缴纳罚款的，经当事人申请和行政机关批准，可以暂缓或者分期缴纳。行政机关及其

执法人员当场收缴罚款的，必须向当事人出具省、自治区、直辖市财政部门统一制发的罚款收据；不出具财政部门统一制发的罚款收据的，当事人有权拒绝缴纳罚款。

⑤备案 《行政处罚（当场）决定书》填好后应当现场交由当事人签收。同时做好现场笔录，并由当事人、见证人签字后存档，并应当告知当事人，如不服行政处罚决定，可以依法申请行政复议或者提起行政诉讼。执法人员当场做出的行政处罚决定，必须报所属行政机关备案。

2. 一般程序

畜牧兽医行政处罚的一般程序又称普通程序，它是指除有特别规定外，畜牧兽医行政处罚应当遵循的程序。按照行政处罚法的规定，除可以适用简易程序和适用听证程序外，其他畜牧兽医行政处罚案件均应适用一般程序。需要强调指出的是，可以适用简易程序的违法案件并不等于必须适用简易程序，其中有一部分案件或者部分程序也可以适用一般程序的规定。可以说，一般程序是适用所有畜牧兽医行政处罚案件的通用程序。

一般程序的要求相对比较严格，行政机关发现公民、法人或者其他组织有依法应当给予行政处罚的行为的，必须全面、客观、公正地调查，收集有关证据；必要时，依照法律、法规的规定，可以进行检查。由于一般程序方式步骤较多，就具体案件的处理而言，效率相对受到一些影响。因此，行政处罚法不要求所有的案件都一律适用一般程序，而是允许一部分案件用简易程序来处理。这样，一般程序和简易程序并行，使行政效率和保护管理相对人的合法权益都得到应有的保障。适用一般程序的范围有以下三个方面，一是处罚较重的案件，二是情节复杂的案件，三是无法当场做出处罚的案件。一般程序包括立案、取证、审查、决定、送达、执行、结案七个阶段。

（1）立案 立案是以一般程序审查处理畜牧兽医行政违法案件的第一道法律步骤，是一般程序的开始。立案是指畜牧兽医行政主体对控告、检举和揭发材料以及自己发现的违法行为，经过初步审查认为有违法事实，需要给予行政处罚或者重大嫌疑的，决定进行调查处理的活动。在这里，畜牧兽医行政主体接受控告检举材料的行为还不能算作是立案，真正的立案必须是经过畜牧兽医行政主体负责人批准，决定对违法行为进行调查处理。只有立案后，才可进行其他一系列诸如调查、访问、取证、审理、裁决、送达、执行等项行为。否则，即视为程序违法。立案的任务是审查所获得的材料是否具有违法事实，以及是否给予行政处罚。立案的目的是对违法行为进行追究，通过立案后的调查取证工作，揭露和证实违法行为，从而给违法行为人以行政制裁。

根据《农业行政处罚程序的规定》第22条之规定，除依法可以当场作决定行政处罚的外，畜牧兽医行政执法人员发现公民、法人或者其他组织有依法应当给予行政处罚的，应当填写《行政处罚立案审批表》，报本行政处罚主体负责人批准。

符合下列条件的，应在七日内予以立案：

①有违法行为发生。
②违法行为依法应受行政处罚。
③属于本处罚机关管辖。
④属于一般程序适用范围。

立案办理的案件，应指定二名以上的动物防疫监督员负责办理。承办监督员应填写办案记录，并呈报动物防疫监督机构负责人批准后建立办案案卷。在法定期限内调查取证，提出处理或处罚意见。

（2）调查取证阶段　行政机关在立案后，应当对案件进行全面调查，收集有关证据。畜牧兽医行政处罚的证据主要有书证、物证、证人证言、当事人的陈述、视听资料、鉴定结论、现场笔录和勘验笔录。

调查是指执法人员依照法定程序，向案件的知情人、见证人、当事人了解案件情况的活动。在进行调查或检查时，执法人员不得少于两人。并应当向当事人或者有关人员出示表明身份的证件。

①询问当事人　行政处罚实践中，当事人一般均为违法行为人，办案人员可以通过询问当事人了解案件情况、取得证据、查明案件事实。当事人可以在陈述违法事实的同时进行辩解。询问时，可以将当事人通知到执法机关进行，也可以到违法行为人的住所地或者违法行为发生地进行。

询问过程中，首先应当查明当事人的身份，接着询问其是否有违法行为，让其陈述违法行为的情节或者没有违法行为的辩解。承办案件的执法人员应当耐心听取，仔细分析每个环节，并要在询问中教育当事人如实地反映问题。在询问的过程中，严禁刑讯逼供、威胁恐吓、引诱欺骗以及其他非法的方式进行询问。当事人有两个或者两个以上的，应当分别进行询问。询问当事人应当制作询问笔录，内容包括：时间、地点、询问人、被询问人，询问的主要内容是违法行为发生的时间、地点、经过、结果以及承担责任的能力和态度等。询问结束后将询问笔录交由被询问人核对，对没有阅读能力的，应当向其宣读。被询问人提出补充或者更正的，应当允许。确认笔录无误，被询问人应当在笔录上签名或者盖章。被询问人拒绝签名或者盖章的，应当在询问笔录上注明情况。被询问人有书写能力并要求自己书写的，可允许其自行书写。询问笔录属于证据中的当事人的陈述，经查证属实，可以作为定案的依据。

②询问证人　证人是对案情有所了解的知情人和见证人。询问证人对查明案件事实具有十分重要的意义。执法人员应当在查处案件之前，尽量地熟悉案情情况和有关材料，了解证人与当事人的关系，厘清需要调查的有关问题，拟定调查提纲。询问时，首先应当查明证人的身份，并告知其作证的义务，以及作伪证的法律后果。如果证人为多人时，应当个别进行询问，以免串通或者相互影响。

询问时，可以采取一问一答的方式进行，也可以就其所知道的案件情况作连续的详细叙述，然后对某些问题进行发问，但是不能进行引诱。如提示性发问或者暗示其如何回答等，在询问中都是绝对不允许的。一定要给证人一个宽松的提供证言的环境，打消其思想顾虑，让证人如实地反映案件的真实情况。

询问证人应当制作调查笔录，包括被调查人的基本情况，调查的时间、地点，调查人和记录人等。调查笔录的主要内容为案件发生的时间、地点、当事人、经过和结果等。调查笔录写好后应当交由证人核实，对没有阅读能力的，还应当向其宣读，证人认为笔录记载有遗漏和错误的，应当让其进行更正和补充。经核对无误后，由证人签名或者盖章。调查笔录属于证据中的证人证言，经查证属实之后，可以作为定案的依据。

调查笔录实例1

？我们是XXX卫生监督所的监督员，现在向你了解XX案的情况，请你如实地谈

谈有关情况好吗

：可以

？那你就把当时的情况给我们详细地谈谈

：……………………………………………

？你还有需要说的吗

：没有了

以上材料（给）我读过，情况属实。

            签名×××   年 月 日

调查笔录实例 2

？我们是×××卫生监督所的监督员，现在向你了解××案的情况，请你如实地谈谈有关情况好吗

：可以

？那你就把当时的情况给我们详细地谈谈

：……………………………………………

？你还有需要说的吗

：没有了

？我再问你一个问题，可以吗

：可以

？………

：…………。

以上材料（给）我读过，情况属实。

            签名×××   年 月 日

  ③取证 是指执法人员提取和索取物证、书证等证据材料的活动。

  a. 收集物证：任何违法行为都必然会使客观因素发生变化，或多或少留下各种痕迹。如出售未经检疫或者病害的动物产品、逃避检疫监督、无证经营动物产品，涂改、伪造、买卖动物防疫证照等等。在这种情况下，我们只要能取得有关这方面的物证，就能证明违法行为的时间、地点、经过和结果的一部分或者全部，又可作为审查其他证据真实性的重要手段。特别是在畜牧兽医行政处罚案件中，有时物证的作用更为直接有效。

  b. 提取书证：书证也是执法人员在办案中应当收集的一种重要的证据。如涂改、伪造、买卖的动物防疫证书、标志等。

  提取和收集证据时，一是要及时，否则一些物证（如痕迹）就容易灭失，或者被违法行为人隐匿、毁弃；二是要细致，不能放过每一个与案件有关的物品与痕迹。必要时，可以采取特殊的、专门的技术手段。如提取实物、拍照、录音、录像等；三是手续要完备，需要开列清单的，应当一式两份，由执法人员、见证人和持有人签名盖章后，一份交持有人一份归档备查；需要拍照、录像的，应当注意方法，应当使其能够反映案件的真实情况。

除此之外，还可以对与案件有关的场所、物品进行勘验、检查，必要时还可以指派、聘请或者指定有专门知识的人进行鉴定。依照行政处罚法的有关规定，畜牧兽医行政主体在收集证据时，可以采用抽样取证的方法。在证据可能灭失或者以后难以取得的情况下，经行政机关负责人批准，可以先行登记保存，在此期间当事人或者有关人员不得销毁或者转移证据。畜牧兽医行政主体为调查案件需要，有权依法进行现场勘验。对重要的书证，有权进行复制。执法人员对与案件有关的物品或者场所进行勘验检查时，应当通知当事人到场，制作《勘验检查笔录》。当事人拒不到场的，可以请在场的其他人见证。

畜牧兽医行政主体的工作人员在收集证据时，对专门性问题，交由法定鉴定部门进行鉴定；当地没有法定鉴定部门的，应当提交公认的鉴定机构进行鉴定。鉴定人进行鉴定后，应当制作《鉴定意见书》。在收集证据时，可以采取抽样取证的方法。在证据可能灭失或者以后难以取得的情况下，经畜牧兽医行政主体负责人批准，可以先行登记保存。对先行登记保存的证据，应当在7日内及时做出下列处理决定；需要进行技术检验或者鉴定的，送交有关部门检验或者鉴定；对依法应当予以没收的财务，决定没收；对依法不需要没收的物品，退还当事人；依法应当移送有关部门处理的，移交有关部门。

畜牧兽医行政主体对证据进行抽样取证或者登记保存，应当有当事人在场。当事人不在场或拒绝到场的，执法人员可以邀请有关人员参加。

对抽样取证或者登记保存的物品应当制作《抽样取证凭证》和《证据登记保存清单》。登记保存物品时，原地保存可能妨碍公共秩序或者公共安全的，可以异地保存。对异地保存的物品，畜牧兽医行政主体应妥善保管。

④调查、收集证据的基本要求　必须对案件情况进行全面、客观、公正的调查收集证据；第一，要有周密的计划。根据案情，应有目的、有计划地进行，事先要拟好调查提纲，防止盲目性。第二，必须依法进行。调查收集证据不得少于二人，告知证人不得作伪证，不得隐匿证据。调查时不得先入为主，不得诱供等。只有严格按法律要求调查收集证据，才能切实保证证据的准确性。第三，必须主动、及时。畜牧兽医行政案件的证据和其他证据一样，时间性很强，承办人员应主动、及时地调查、收集必要的证据。尤其对于一些容易灭失的证据，必要时还得采取保全措施，或申请有关部门采取保全措施。否则会使一些证明力较强的证据灭失，给查明案件造成不必要的麻烦。第四，必须客观、全面。证据的最大特点是它的客观性。所谓客观，就是从实际出发，实事求是地反映和保持证据的原状，既不能夸大，也不能缩小，更不允许带有任何先入为主的主观想象和推断。所谓全面，就是只要能够反映案件情况的一切证据都要收集，不能只注意收集不利于管理相对人或者有利于管理相对人的证据。第五，运用现代的、专门的技术手段调查、收集证据。如使用录音、摄像、电脑等手段。

（3）审查处理阶段

①审查　承办人员对收集到的各种证据，必须经过认真、细致的审查判断，以确认其客观性和真实性。只有经审查属实的证据，才能作为认定案情的依据。承办案件的执法人员取得有关证据后，必须进行审查判断，以辨真伪。对证人证言的审查主要从以下几个方面进行：

a. 审查证人是否如实提供证言，排除虚假的可能。如证人与案件有无利害关系，提供证言时证言受到某种压力等。

  b. 审查证人证言的来源，核对其真实性。如是直接耳闻目睹的，还是间接听说的。

  c. 审查证人证言的形成情况，查明反映是否准确。如调查笔录的制作是否符合要求，调查是否依法进行等。

  d. 综合审查，以确定其可靠性。如与其他证据对证是否相互应证等。

  对提取的证据必须进行以下几个方面的审查判断：一是要审查证据的真伪，二是要审查证据的来源，三是要审查证据与案件之间的联系。审查时，可采用以下方法进行：首先，与其他证据联系起来进行对照分析，如若不实，必然发生矛盾，这就需要进一步查证；其次，把证据交给当事人和有关人员进行辨认；最后，进行专门的鉴定或者通过有关人员找出新的证据。

  总之，承办案件的执法人员取得证据后，必须经过认真地查证、核实、分析有关证据材料，在确实查明事实真相的基础上，准确地界定行为人的违法责任，然后依照畜牧兽医行政法律规范的有关规定，提出公正、合理的处理意见。一般情况下，案件调查终结后，承办案件的执法人员就所调查的案件材料认真地进行整理后，依法对案件事实做出认定，并以书面报告的形式或者填写固定格式的"案件处理意见表"提出处理意见，呈报主管领导审批。呈报意见表应当包括如下内容：案件的来源、案件的基本情况、案件的性质、违法事实、引起的后果、有关证据材料、处罚的理由和依据、建议处罚的种类与幅度等。

  ②处理 在确实查明事实真相的基础上，承办案件的执法人员取得证据后，必须经过认真地查证、核实、分析有关证据材料。准确地界定行为人的违法责任，尔后依照畜牧兽医行政法律规范的有关规定，提出公正、合理的处理意见。

  执法人员在调查结束后，认为案件事实基本清楚，主要证据充分，应当制作《案件处理意见书》，报畜牧兽医行政主体负责人审查。负责人对《案件处理意见书》审核后，认为应当给予行政处罚的，执法人员应当制作《违法行为处理通知书》，送达当事人，告知拟给予的行政处罚内容及事实、理由和依据，并告知当事人可以在收到通知书之日起三日内，进行陈述和申辩，符合听证条件的，可以要求畜牧兽医行政主体按照规定组织听证。当事人无正当理由逾期未提出陈述、申辩或者要求组织听证的，视为放弃上述权利。

  案件调查完毕后，畜牧兽医行政主体负责人应当及时审查有关案件调查材料，当事人陈述和申辩材料，听证会笔录和听证会报告书，对违法事实清楚，证据确凿的案件，根据情节轻重，做出处罚决定。案情复杂或者有重大违法行为需要给予较重行政处罚的，应当由畜牧兽医行政主体负责人集体讨论决定。畜牧兽医行政主体做出行政处罚决定的，应当制作《行政处罚决定书》。行政处罚决定书应载明：a. 当事人的姓名（或名称）和地址。b. 违反法律、法规或规章的事实与证据。c. 行政处罚的种类和依据。d. 行政处罚的履行方式和期限。e. 不服处罚决定申请复议或起诉的途径和期限。f. 做出行政处罚决定的行政机关的名称和做出决定的日期。此外，还必须加盖做出处罚决定的行政机关的印章。

  畜牧兽医行政处理或处罚决定自立案之日起，应当在一个月内办理完毕；经行政处罚主体负责人批准可以延长，但不得超过三个月；特殊情况下三个月内不能办理完毕的，报经上一级畜牧兽医行政主体批准，可以延长至一年。

（4）送达阶段　送达是指畜牧兽医行政主体依照法律规定的程序和方式，将处理或处罚决定书送交管理相对人的行政行为。送达必须按法定的程序和方法进行，才能产生预期的法律后果，保证案件正确、及时地解决。

《行政处罚决定书》应当在宣布后当场交付被处罚人；被处罚人不在场的，应当在七日内送达被处罚人，并由被处罚人在《行政处罚文书送达回证》上签名或者盖章；被处罚人不在的，可以交其成年家属或者所在单位的负责人代收，并在送达回证上签名或者盖章。

被处罚人或者代收人拒绝接收、签名、盖章的，送达人可以邀请其邻居或者单位有关人员到场，说明情况，把《行政处罚决定书》留在其住处或者单位，并在送达回证上记明拒绝的事由、送达的日期，由送达人、见证人签名或者盖章，即视为送达。

直接送达农业行政处罚文书确有困难的，可以委托其他农业行政处罚机关代为送达，也可以邮寄、公告送达。邮寄送达的，挂号回执上的收件日期为送达日期；公告送达的，自发出公告之日起60日即视为送达。

（5）执行阶段　有下列情形之一的，执法人员可以当场收缴罚款：

①依法给予二十元以下罚款的。

②不当场收缴事后难以执行的。

执法人员应出具省级财政部门统一制发的罚款收据，不出具财政部门统一制发的罚款收据的，当事人有权拒绝缴纳罚款。执法人员当场收缴的罚款，应当自收缴罚款之日起二日内，交至畜牧兽医行政处罚机关。

除此之外，畜牧兽医行政处罚机关不得自行收缴罚款。决定罚款的农业行政处罚机关或执法人员应当书面告知当事人向指定的银行缴纳罚款。

对生效的畜牧兽医行政处罚决定，当事人拒不履行的，做出畜牧兽医行政处罚决定的畜牧兽医行政主体可以采取下列措施：

①到期不缴纳罚款的，每日按罚款数额的百分之三加处罚款。

②根据法律规定，将查封、扣押的财物拍卖抵缴罚款。

③申请人民法院强制执行，并制作《强制执行申请书》。

当事人确有经济困难，需要延期或者分期缴纳罚款的，经当事人申请和行政机关批准，可以暂缓或者分期缴纳。除依法应当予以销毁的物品外，依法没收的非法财物必须按照国家规定公开拍卖或者按国家有关规定处理。罚款、没收违法所得或者没收非法财物拍卖的款项，必须全部上缴国库，任何畜牧兽医行政主体或个人不得以任何形式截留、私分或者变相私分。

（6）结案阶段　属下列情况之一的畜牧兽医行政案件，经畜牧兽医行政主体负责人核准，可以结案。

①处理、处罚决定已经执行的。

②行政复议决定已经执行的。

③对人民法院的一审判决或裁定在上诉期间内未上诉的，或已经人民法院终审判决或裁定的。

④由于管理相对人死亡和不可抗力等原因造成无法追究法律责任的。

结案后，承办人员要对案卷进行认真的整理，按顺序填写卷内目录，并按规定进行装订，填写"结案报告表"呈送负责人审批。同意结案后，应当将案卷归档保存。

第四节 畜牧兽医行政强制执行

行政强制执行是指在行政法律关系中，作为义务主体的行政管理相对人逾期不履行其应履行的义务时，行政机关或人民法院依法采取强制措施，迫使其履行义务的活动。

一、畜牧兽医行政强制执行概述

1. 畜牧兽医行政强制执行的概念

行政强制执行是有关国家行政机关对违反法律规范的行为采取的以国家强制力为后盾的行政行为。畜牧兽医行政强制执行是指在畜牧兽医行政管理活动中对不履行畜牧兽医行政法规定义务的管理相对人，由人民法院或畜牧兽医行政主体采用法定的强制手段，强制管理相对人履行义务的行政行为。它是用国家强制力保证畜牧兽医行政法贯彻落实的重要手段之一。

2. 畜牧兽医行政强制执行的特点

管理相对人逾期不履行法定的义务是适用畜牧兽医行政强制执行的前提条件。强制执行是行政主体依照法律规定对相对人做出的保障行政行为得以执行的强制措施，对于行政主体来说，强制执行既是权利也是义务，必须依法行使，不得放弃或自由处置，与民事执行不同，行政主体在行政强制执行过程中不得自行与相对人和解。

（1）对象特定 畜牧兽医行政强制执行的对象是不履行畜牧兽医行政法规定的义务（是由于其不愿意履行，而不是受客观限制无法履行），经说服教育仍不改正的管理相对人。

（2）主体法定 畜牧兽医行政强制执行的主体是动物防疫监督机构或人民法院。一般情况下，对于紧急的，应及时采取强制执行的行政行为，由动物防疫监督机构实施，而对于经过一段时间不会影响行政行为效果的行政强制执行，出于对管理相对人的保护，则由动物防疫监督机构申请人民法院予以实施。

（3）标的广泛 畜牧兽医行政强制执行的标的具有广泛性。它可以是物（如：强制划拨），也可以是行为（如：专利强制许可），还可以是人。行政强制执行必须严格依法进行，防止滥用职权，以免侵犯管理相对人的合法权益。在相对人开始履行或应允履行行政处理决定或义务时，强制执行措施即应停止，如扣留的物品要退还等。

（4）强制与教育相结合 在畜牧兽医行政强制执行中，贯彻强制与说服教育相结合的原则。两者都是保证畜牧兽医行政管理秩序正常运转的重要手段。目的是为了促使管理相对人及时完全履行法定义务，只要义务履行完成，强制执行措施即可停止。

二、畜牧兽医行政强制执行的种类

1. 对人的权利的强制

对人的权利的强制，主要是指对管理相对人的权利和行为的强制执行。

(1) 对人的权利的强制　如非法经营令其停业不听者，便可强制其停业。

(2) 对人的行为的强制　如从事动物诊疗活动，应当具有相应的专业技术人员，并取得畜牧兽医行政管理部门发放的《动物诊疗许可证》。患有人畜共患传染病的人员不得直接从事动物诊疗以及动物饲养、经营和动物产品生产、经营活动。对持照兽医违反了动物防疫法之规定，就可扣留或吊销其《动物诊疗许可证》，或处以罚款等。

2. 对非人身的强制

对非人身的强制是指对物品和财产等的强制。畜牧兽医行政主体为维护社会安定和保障人民生命财产的安全，可依法在封锁区内强行扑杀、无害化处理患病动物，例如在禽流感疫区进行强制扑杀和销毁。

对染疫或者疑似染疫的动物和染疫的动物产品进行隔离、封存和处理。对进入流通环节的染疫动物产品，畜牧兽医行政主体亦有权进行无害化处理，费用由畜主承担。

三、畜牧兽医行政强制执行的程序

畜牧兽医行政处理与处罚决定一经做出，就必须执行。当事人不履行法定义务时，畜牧兽医行政主体可采取强制措施，其方法和程序有如下几种：

1. 间接强制

这是指对不履行法定义务的管理相对人，不是直接对其采取强制措施，而是通过其他方式强制其履行义务的行政措施。最常使用的是代执行和执行罚。

(1) 代执行　代执行是指管理相对人不履行法定义务而该项义务可由他人代为履行时，畜牧兽医行政主体有权将该项义务交由他人履行，待义务履行完毕后，应由不履行义务的管理相对人承担一切费用。对从事饲养、经营的动物不按照动物疫病的强制免疫计划和国家有关规定及时进行免疫接种和消毒的；对动物、动物产品的运载工具、垫料、包装物不按照国家有关规定清洗消毒的；对不按照国家有关规定处置染疫动物及其排泄物、染疫动物的产品、病死或者死因不明的动物尸体的均可根据《中华人民共和国动物防疫法》第73条的规定实施代执行。代执行必须履行下列程序：

①通告　又称告诫。就是由畜牧兽医行政主体按法律规定，事前采用口头或书面等形式通知管理相对人限期履行义务，有时也以警告的形式进行通告。

②代执行　在当事人拒不改正或者仍不履行义务的情况下，畜牧兽医行政主体就可以指派他人实施代执行。

③收费　代执行的一切费用由畜牧兽医行政主体依法确定，并向管理相对人征收。管理相对人如果不交纳此费用，可向人民法院提出申请强制执行。此外，在紧急情况下也可以不申请强制执行，直接采取代执行措施。

(2) 执行罚　《农业行政处罚程序规定》第54条规定：对生效的农业行政处罚决定，当事人拒不履行的，做出农业行政处罚决定的农业行政处罚机关可以采取下列措施，即到期不缴纳罚款的，每日按罚款数额的百分之三加处罚款，这种措施属间接强制执行，即执行罚。这是指管理相对人不及时履行他人所不能代替履行的义务时，畜牧兽医行政主体对其采取财产上新的给付义务的措施，也就是再进行一定数量的罚款，直至履行义务为止。

执行罚的程序是先告诫管理相对人，如不按期履行义务，将被处以一定数量的罚款。如在期限内未履行义务，则可依法令其交纳罚款。拒交者，也可按金钱给付义务的强制执行办法，强制征收。

2. 直接强制

它是指畜牧兽医行政主体对不履行义务的管理相对人，实行间接强制后仍未履行义务时，对管理相对人的财产实施直接的强制措施。其目的在于迫使管理相对人迅速而及时地履行义务。

直接强制的程序是告诫、执行、收费。

3. 申请人民法院强制执行

行政强制执行除由行政机关实施外，主要由人民法院依据行政机关的申请而实施。畜牧兽医行政主体如果处罚决定的执行有困难，在被罚款和交纳物品的管理相对人没有履行义务时，申请人民法院采取强制手段征收。当出现下列情形时，畜牧兽医行政主体即可以申请人民法院强制执行。

（1）采取其他措施未能执行的　畜牧兽医行政主体采取了其他行政措施，但仍未执行。即可申请人民法院强制执行。

（2）既不起诉也不履行　管理相对人对生效裁决既不起诉也不履行的，畜牧兽医行政主体即可申请法院强制执行。

（3）拒不执行生效的判决和裁定　管理相对人拒不履行人民法院生效的判决或裁定的，畜牧兽医行政主体也可申请人民法院强制执行。

畜牧兽医行政强制执行也有例外，管理相对人如非故意不履行，而是客观上不能履行时，畜牧兽医行政主体不应当强制执行。如管理相对人确有经济困难，需要延期或分期缴纳罚款时，经管理相对人申请和畜牧兽医行政主体批准，可以暂缓或者分期缴纳。

第五节　畜牧兽医行政法制监督

一、畜牧兽医行政法制监督的概念、特点和意义

1. 畜牧兽医行政法制监督概念和特点

（1）畜牧兽医行政法制监督概念　畜牧兽医行政法制监督是指国家和人民群众依法对畜牧兽医行政主体及其公务员在从事畜牧兽医行政管理活动中是否严格依法行使职权而实行的自上而下和自下而上的广泛监督。这表明：

①畜牧兽医行政法制监督的实质是监督畜牧兽医行政主体及其工作人员是否依法行使职权。

②畜牧兽医行政法制监督的主体是国家和人民群众。国家监督包括国家权力机关、检察机关、审判机关的监督，也包括畜牧兽医行政主体上级机关对下级机关的监督，职能机关和专门机关的监督。人民群众的监督包括新闻舆论、各界群众和社会团体及企事业单位对畜牧兽医行政主体及其公务员的监督。

③监督的对象是畜牧兽医行政主体及其公务员。

④监督的内容是行政活动。

(2) 畜牧兽医行政法制监督的特点

①内外监督相一致的特点　健全的法制监督制度，除实行国家权力机关，司法机关和人民群众的外部监督，同时要加强行政系统内部监督，以保障有效地贯彻法律，防止腐败，提高行政效率。

②监督具有广泛性　监督内容和范围具有广泛性，监督不仅对畜牧兽医行政主体的行为进行监督，而且对行政管理活动中的各个环节、过程都要进行监督。

2. 畜牧兽医行政法制监督的意义

由于行政权力的广泛性和行使权力的经常性，行政行为直接关系到公民、法人、其他组织等管理相对人的权益。权力不受制约，就会发生腐败，导致专制。因而完善监督机构、健全监督制度尤为重要。因此，对行政行为必须进行严格规范并加强监督。

二、畜牧兽医行政法制监督种类方式

1. 国家权力机关的监督

根据宪法的规定，国家各级权力机关有权对相应的各级行政机关进行监督。我国国家权力机关对行政机关的行政管理工作的监督，主要是从以下几个方面进行：

(1) 各级权力机关对行政机关的监督

第一，听取和审查人民政府的工作报告。

第二，国家权力机关通过制定和颁布宪法，法律等，对国家行政机关贯彻执行宪法、法律、条例和其他各种行政管理法规情况进行监督。

第三，国家权力机关对国家行政机关立法行为的监督。

第四，国家权力机关有权罢免不称职的本级政府的组成人员。

第五，国家权力机关还可以监督政府处理提案，受理人民来信来访。

(2) 人民代表对行政机关的监督

第一，人民代表有权向人民政府及所属各工作部门提出质询和询问。

第二，人民代表视察和检查政府的工作，也是权力机关对政府实施监督的形式。

第三，由国家权力机关建立专门机构来实现对行政机关的监督。

2. 国家司法机关的监督

国家司法机关的监督是指国家的检察、审判机关对国家行政机关及其公务员的行政管理活动的监督。人民检察院的监督主要是通过追究国家公务员违法犯罪责任，人民法院的监督主要是依法审理行政机关和公务员的刑事、民事、行政违法行为或犯罪责任。此外，还可通过"司法建议"的形式，将有关情况、问题、意见和建议用不同的方式反映给有关行政机关，对行政管理工作起监督作用。

3. 国家行政机关内部的监督

行政机关的内部监督是指上下级行政机关之间的监督，审计、税务等专门监督机关对整个行政机关的监督。

(1) 上级行政机关对下级行政机关的监督

第一，国务院是国家最高行政机关，他对全国各级行政管理部门的执法活动进行监督。

第二，国务院各部、委和直属机构，对省、自治区、直辖市业务部门的行政活动进行监督。

第三，地方各级人民政府对自己的工作部门和下级人民政府以及设在辖区内不属于自己管理的国家机关进行监督。

（2）下级行政机关对上级行政机关的监督

根据民主集中制的原则，上级有权监督、检查下级的工作，下级也有权向上级反映问题和提出批评建议。上级必须认真接受下级正确的批评建议。

（3）各种专业监督

审计、税务等专业监督机关代表国家进行的各类专业性、技术性很强的专门监督，其行政行为具有普遍的约束力。

4. 社会监督

这是指人民群众通过各级政协、民主党派、共青团、妇联、消协等社会团体、社会组织、报刊、电视、广播等舆论机构，居民委员会、村民委员会等居民自治组织，以及公民劳动集体对国家行政机关及其公务员的监督。当这些监督意见被相关国家机关采纳后，并以国家机关名义出面处理时，才能产生相应的法律效果，具有法律上的强制力。

社会监督的作用还在于，它可以帮助政府做出科学、正确的决策，督促行政机关及其公务员严格遵纪守法，纠正工作中的缺点和错误，克服官僚主义和不正之风，提高工作效率，保证国家行政机关执行为人民服务的根本职能。

社会监督主要是通过向有关国家机关及其工作人员提出意见、批评和建议，通过申诉、控告、检举、来信、来访以及民主协商对话等形式进行监督。

三、法律责任

1. 畜牧兽医行政执法主体实施行政处罚，有下列情形之一的，由上级畜牧兽医行政部门责令改正，可以对直接负责的主管人员和其他直接责任人员依法给予行政处分：

（1）没有法定行政处罚依据的。

（2）擅自改变行政处罚种类、幅度的。

（3）违反法定的行政处罚程序的。

（4）违反《中华人民共和国行政处罚法》关于委托处罚的规定的。

2. 畜牧兽医行政执法主体对当事人进行处罚未使用罚款、没收财物单据或者使用非法定部门制发的罚款、没收财物单据的，当事人有权拒绝处罚，并有权予以检举。上级畜牧兽医行政部门对使用的非法单据予以收缴销毁，对直接负责的主管人员和其他直接责任人员依法给予行政处分。

3. 畜牧兽医行政执法主体违法自行收缴罚款的，财政部门违法返还罚款或者拍卖款项的，由上级行政机关或者有关部门责令改正、对直接负责的主管人员和其他直接责任人员依法给予行政处分。

4. 畜牧兽医行政执法主体格罚款、没收的违法所得或者财物截留、私分或者变相私分的，由财政部门或者有关部门予以追缴，对直接负责的主管人员和其他直接责任人员依法给予行政处分；情节严重构成犯罪的，依法追究刑事责任。

畜牧兽医行政执法主体利用职务上的便利，索取或者收受他人财物、收缴罚款据为己有。构成犯罪的，依法追究刑事责任；情节轻微不构成犯罪的，依法给予行政处分。

5. 畜牧兽医行政执法主体使用或者损毁扣押的财物，对当事人造成损失的，应当依法予以赔偿，对直接负责的主管人员和其他直接责任人员依法给予行政处分。

6. 畜牧兽医行政执法主体违法实行检查措施或者执行措施，给公民人身或者财产造成损害、给管理相对人造成损失的，应当依法予以赔偿，对直接负责的主管人员和其他直接责任人员依法给予行政处分；情节严重构成犯罪的，依法追究刑事责任。

7. 畜牧兽医行政执法主体为牟取本单位私利，对应当依法移交司法机关追究刑事责任的不移交，以行政处罚代替刑罚，由上级行政机关或者有关部门责令纠正；拒不纠正的，对直接负责的主管人员给予行政处分；徇私舞弊、包庇纵容违法行为的，比照刑法第一百八十八条的规定追究刑事责任。

8. 畜牧兽医行政执法主体玩忽职守，对应当予以制止和处罚的违法行为不予制止、处罚，致使管理相对人的合法权益、公共利益和社会秩序遭受损害的，对直接负责的主管人员和其他直接责任人员依法给予行政处分；情节严重构成犯罪的，依法追究刑事责任。

思 考 题

1. 畜牧兽医行政执法的概念及特点是什么？
2. 畜牧兽医行政执法决定有哪些效力？
3. 畜牧兽医行政处理的概念及表现形式有哪些？
4. 畜牧兽医行政处罚的概念与特征是什么？
5. 畜牧兽医行政处罚的种类有哪些？
6. 畜牧兽医行政强制执行的概念和特点及程序有哪些？
7. 简述畜牧兽医行政执法的生效要件中的实体要件和程序要件是什么？
8. 简述畜牧兽医行政执法的意义和作用有哪些？
9. 简述畜牧兽医行政处罚的程序及其包括的简易程序和普通程序是什么？
10. 简述畜牧兽医行政处罚与其他强制措施有什么不同？

第四章

畜牧兽医行政司法

第一节 畜牧兽医行政司法概述

一、畜牧兽医行政司法的概念

畜牧兽医行政司法是指畜牧兽医行政主体按照行政司法程序审理特定的畜牧兽医民事争议案件和特定的畜牧兽医行政争议案件的行政活动。所谓特定的畜牧兽医民事争议案件是指涉及畜牧兽医的民事索赔案件，如兽医医疗事故、兽药质量事故、非法生产、经营违禁物品给他人造成损害等。这类案件中的双方当事人均不涉及畜牧兽医行政主体及其执行公务的工作人员。但其中至少有一方是畜牧兽医行政管理对象。所谓特定的畜牧兽医行政争议案件是指由畜牧兽医行政主体及其工作人员因执行公务而引发的案件。在这类案件中，当事人认为畜牧兽医行政主体的具体行政行为侵犯了自身的合法权益，如当事人不服行政处罚决定和强制执行决定，或当事人认为符合法定条件，申请行政主体颁发许可证等书证而行政主体没有依法办理等。

无论是畜牧兽医民事争议案件，还是畜牧兽医行政争议案件，有的是非技术性的争议案件，有的是涉及畜牧兽医技术方面的争议案件。不管是哪类争议案件，凡属于畜牧兽医方面的，均需畜牧兽医行政主体按照行政司法程序予以解决。

从上述概念可以看出，畜牧兽医行政司法既具有行政性质，又不同于普通行政；既有司法性质，又不同于普通司法，它是行政和司法相结合的一种特殊形式。根据案件情况的不同，畜牧兽医行政司法可分为畜牧兽医行政调解、畜牧兽医行政裁决和畜牧兽医行政复议。畜牧兽医行政调解适用于解决涉及畜牧兽医的民事争议案件；畜牧兽医行政裁决，适用于解决技术争议，如检疫和有关化验结果、处理方法的争议；畜牧兽医行政复议，适用于解决涉及畜牧兽医的行政争议的案件。

二、畜牧兽医行政司法的特征

1. 从主体上看

畜牧兽医行政司法的主体是畜牧兽医行政机关。

2. 从对象上看

畜牧兽医行政司法只是对在畜牧兽医行政管理范围内发生的与畜牧兽医行政管理活动有关的行政争议、部分民事争议案件以及由法律和行政法规明确规定的特定争议案件进行调处。

3. 从程序上看

畜牧兽医行政司法程序不像司法裁判程序那样正规严格,体现了行政简易、高效的特点。

4. 从效力上看

畜牧兽医行政司法行为的效力要低于法院司法裁判行为的效力。一般说来,除法律和行政法规有明确规定的以外,畜牧兽医行政司法行为在原则上不具有终局决定权。

三、畜牧兽医行政司法的作用

1. 有利于加强畜牧兽医行政法制建设

畜牧兽医行政法制由兽医行政立法、执法和司法三个部分组成,三者是不可分割的统一体,而司法是加强畜牧兽医行政法制的重要条件和有力保障;通过畜牧兽医行政司法可以及时发现畜牧兽医行政立法和执法中出现的问题,并总结经验,不断完善和改进。

2. 有利于保护管理相对人和国家合法权益不受侵犯

在复议机关解决行政争议时,做出维持原正确的行政决定或做出纠正违法或不当的行政处理决定,保护管理相对人的利益不受侵犯、维护国家利益等。

3. 有利于减轻当事人和人民法院的负担

建立畜牧兽医行政司法制度,把大量的畜牧兽医行政纠纷和争议解决在诉讼之前,可以减轻人民法院的负担,同时,适用行政司法程序解决纠纷和争议,可以缩短处理时间,节省当事人的时间和精力。

四、畜牧兽医行政司法与畜牧兽医行政的区别

畜牧兽医行政司法是畜牧兽医行政管理的一个重要组成部分,具有行政的性质和特点。在普通行政中,行政法律关系规定,行政主体是行政管理者,拥有行政职权;与之相对应的是处于被动地位的管理相对人,必须服从管理。在行政司法中,行政主体成了行政司法主体,拥有相对独立行使本行政管理范围内的司法裁判权,是裁判者与争议双方当事人之间的关系,不存在管理与被管理、领导与被领导的关系,它所针对的双方当事人处于完全平等地位。同时,畜牧兽医行政行为的实施是按行政程序进行的一种具体行政行为,而畜牧兽医行政司法则是按司法程序处理法律规定的特定具体的争议案件的行政行为。

五、畜牧兽医行政司法与普通司法的区别

1. 司法权限不同

普通司法拥有完全司法权,法律赋予的职权范围广,包括民事、经济、刑事及行政等各类案件均有管辖权。而畜牧兽医行政司法只拥有不完全的司法权,只管辖涉及畜牧兽医的特定争议案件。

2. 司法程序不同

普通司法中适用的是完全司法程序,而畜牧兽医行政司法中适用的是不完全司法程序,也就是准司法程序,这种司法程序简便、公平、合理,既能保障当事人的合法权

益,又能提高行政效率。

3. 司法主体与司法体系不同

普通司法中的司法主体是专门的司法机关,全国有完整统一的体系,即最高、高级、中级和基层人民法院。而畜牧兽医行政司法中的司法主体则是畜牧兽医行政主体,只有全国统一的行政管理组织,没有统一的行政司法体系。

六、畜牧兽医行政司法的原则

1. 以事实为依据,以法律为准绳原则

畜牧兽医行政司法必须在调查研究清事实的基础上,根据畜牧兽医行政法进行裁决。

2. 平等原则

畜牧兽医行政司法关系中双方当事人处于完全平等的地位,都有向争议案件的审理机关说明案情、陈述理由、提供证据、提出请求的权利。又都有遵守畜牧兽医行政司法程序、时效、形式等要求的义务。

为了保证畜牧兽医行政司法平等合法等原则的实现,履行行政司法职能,畜牧兽医行政主管部门要做到:接受当事人对行政司法的请求,在行政司法过程中向双方当事人告知和讲解他们的权利、义务,不偏袒任何一方,依法办事。

3. 简便原则

畜牧兽医行政司法实际上是畜牧兽医行政管理活动的一部分,因此,要求其程序简便实用。畜牧兽医行政执法主体在受理争议案件后,经过必须的调查取证、双方辩论、审理合议后即可做出裁决,这样既利于提高办事效率,又有利于保护当事人的合法权益。

4. 回避原则

回避是指主持审理的人员和具体办案人员与本案有利害关系或者有其他关系、可能会影响公正办案的,必须自行回避,当事人也可以口头或书面方式申请他们回避。行政处罚程序规定:当事人认为办案人员与本案有利害关系或者有其他关系可能影响公正办案的,有权要求该办案人回避,办案人知道自己与本案有利害关系的,应当主动申请回避。办案人员的回避由畜牧兽医执法主体负责人批准;畜牧兽医执法主体负责人的回避,由同级畜牧兽医行政机关批准。

5. 不诉不议原则

不诉不议是指当事人没有请求,畜牧兽医行政执法主体不会主动处理,这样有利于维护国家行政主体的尊严,保护当事人的合法权利,也利于提高行政效率。

6. 与行政诉讼相衔接原则

当事人对行政机关的复议决定不服的,可以在法定期限内向法院提起诉讼。意即是行政复议以行政诉讼为接续,而行政诉讼不以行政复议为前提。

此外,行政司法还有其特殊的原则,如行政复议中的不调解原则,行政调解中的自愿原则等。

七、我国的行政司法体制

我国的行政司法体制是一种采用多种方式相结合的体制。其具体表现是:

第一,我国行政司法的任务不仅解决行政争议,而且还解决与行政管理活动有关的部分民事争议。

第二,我国的行政司法机构从性质上看属于行政组织,并不具有独立性。但其活动并非与司法组织的活动无关,而是与司法审查相衔接。

第三,我国的行政司法以多种方式来完成它的任务,表现为行政调解、行政仲裁和行政复议等。

第二节 畜牧兽医行政救济

一、畜牧兽医行政救济概述

1. 畜牧兽医行政救济的概念

救济是指当事人或某事处于困难与危险环境时,通过采取某一种方法与措施,给予援救与接济,使其摆脱困难,脱离危险。将这一概念运用到法律上,是指当某一不当的法律行为发生后,可能使国家、集体、个人的合法权益受到侵害时,需要采取某种补救措施,以免侵害发生或挽回侵害造成的损失。

行政救济是指当事人受某一国家行政机关的违法或不当处理以致合法权益遭受损害时,依法向有关机关提出申诉的程序。

畜牧兽医行政救济是行政救济的组成部分。它是指管理相对人即公民、法人或其他组织,对畜牧兽医行政主体所作的畜牧兽医行政行为不服,依照畜牧兽医行政法的规定,在法定期限内向上级畜牧兽医行政主体或人民法院提出申诉或提起诉讼,要求撤销或变更原来决定的一种程序和制度。提出申诉的叫畜牧兽医行政复议,提出诉讼的叫畜牧兽医行政诉讼,提出索赔的是畜牧兽医行政赔偿。

2. 畜牧兽医行政救济的意义

设立行政救济制度,对于发展社会主义民主,健全社会主义法制,加强国家行政管理,密切行政机关同人民群众的联系以促进社会主义现代化建设,都具有十分重要的意义。畜牧兽医行政救济是重要的行政救济,其重要意义表现如下:

(1) 有利于保护管理相对人的合法权益 畜牧兽医行政救济制度的确立,意味着管理相对人获得一种权利,即对畜牧兽医行政主体所作的具体行政行为不服时,可以依法提出申诉或提起诉讼。请求有关国家机关撤销或变更畜牧兽医行政主体原来的具体行政行为,以维护自己的合法权益免受侵害。

(2) 有利于提高畜牧兽医行政主体及其工作人员的执法水平 畜牧兽医行政救济制度本身就是对畜牧兽医行政主体及其工作人员的一种约束和监督。这种制度要求畜牧兽医行政主体必须严格依法办事,遵守办案程序,保护国家和管理相对人的合法权益。为了避免违法或不当行政处理的发生,畜牧兽医行政主体就应当认真组织学习法律、增强法制观念。并深入实际、调查研究,正确收集、运用证据,以保证办案质量。长期这样坚持,无疑会提高畜牧兽医行政主体的工作人员的法律意识和执法水平。

(3) 有利于国家行政管理和维护社会主义法制 确立畜牧兽医行政救济制度,就是为了使畜牧兽医行政法得到贯彻实施。畜牧兽医行政救济制度不仅可以纠正和制止违法的、不当的畜牧兽医行政行为，维护管理相对人的合法权益，而且可以惩戒、制裁违反畜牧兽医行政法的行为，维护畜牧兽医行政主体的正确决定，维护法律的尊严。从而使畜牧兽医行政管理的秩序得到法律的保护。这对于国家的行政管理和法制建设，无疑具有十分重要的意义。

二、畜牧兽医行政争议

1. 畜牧兽医行政争议概述

（1）畜牧兽医行政争议的概念　畜牧兽医行政争议又称畜牧兽医行政纠纷。是指畜牧兽医行政主体之间，畜牧兽医行政主体与公民、法人或其他组织之间，因行政管理而引起的有关畜牧兽医行政法权利和义务的争执和异议。

（2）畜牧兽医行政争议的特征　畜牧兽医行政争议，有其独到的一些特征。

①当事人特殊　在畜牧兽医行政争议的双方当事人中，必有一方是行使行政职能的畜牧兽医行政主体。

②产生在行政管理中　畜牧兽医行政争议是在畜牧兽医行政管理过程中产生的，因执行公务进行具体的行政处理而引起。

③被告特定　解决畜牧兽医行政争议无论是复议、诉讼还是赔偿，畜牧兽医行政主体都是作为被告的。

④争议内容广泛　畜牧兽医行政争议的内容涉及畜牧兽医行政法上的权利和义务，表现为当事人对畜牧兽医行政职权及职权行使上的广泛争执与异议。

2. 畜牧兽医行政争议的种类和原因

（1）畜牧兽医行政争议的种类　从畜牧兽医行政争议的内容来看，畜牧兽医行政争议大多是畜牧兽医行政权限争议。根据畜牧兽医行政争议的性质，可将其分为以下几种类型：

①畜牧兽医行政主体之间的争议　如对案件管辖的争议。

②畜牧兽医行政主体与其他国家机关之间的争议　如技术争议等。

③畜牧兽医行政主体与管理相对人之间的争议　在畜牧兽医行政争议中占相当比重的是这类争议。管理相对人只要认为其合法权益受到畜牧兽医行政主体或其工作人员的侵害，就可引起行政争议的产生。

另外，根据行政争议涉及的范围，还可将畜牧兽医行政争议划分为内部行政争议和外部行政争议。

（2）畜牧兽医行政争议产生的原因

①畜牧兽医行政执法人员侵权　畜牧兽医行政主体工作人员法律意识、法律观念淡薄，执法水平不高，其行政行为违法或不当，侵犯了管理相对人的合法权益。

②畜牧兽医行政执法人员违法　少数畜牧兽医行政工作人员任意越权、滥用职权，侵犯了管理相对人的合法权益。

③管理相对人误解　管理相对人错误地认为畜牧兽医行政主体或工作人员的行政行为侵犯了其合法权益，而引起行政争议。

④管理相对人违法　管理相对人故意不遵守法规、规章，不服从畜牧兽医行政主体所作出的正确处理，而引起的行政争议。

⑤技术争议　因技术纠纷引起，请求畜牧兽医行政主体解决的争议。
⑥权限争议　因行政权限划分不明确而引起的行政争议。

3. 畜牧兽医行政争议的解决方法

解决畜牧兽医行政争议的方法一是行政诉讼，就是人民法院依照司法程序解决畜牧兽医行政争议。二是畜牧兽医行政司法，即畜牧兽医行政主体运用行政司法程序解决畜牧兽医行政争议。在畜牧兽医行政司法中，有下列三种处理争议的方法：

（1）行政复议　这种方法在我国台湾省及国外称之为"诉愿"制度。20 世纪 50 年代初，我国就规定了行政复议制度，特别是 1990 年 11 月 9 日经国务院第 11 次常务会议通过，1991 年 1 月 1 日起施行的《行政复议条例》使我国的行政复议制度进一步得到发展，1999 年 4 月 29 日第九届全国人民代表大会常务委员会第九次会议通过并于同年 10 月 1 日起施行的《中华人民共和国复议法》使我国的行政复议制度更加完善。

（2）行政调解　调解是中外最古老的解决纠纷的方式之一，尤以我国盛行。畜牧兽医行政调解更多地适用于解决违反畜牧兽医行政法，给社会或他人造成损害的赔偿案件。当它适用于解决行政争议时，主要涉及的是行政补偿和行政赔偿的争议。

（3）行政赔偿　行政赔偿即国家赔偿，它是指对国家机关及其工作人员在执行职务、行使国家管理职权的过程中，因违法给公民、法人或其他组织的合法权益造成损害，由国家所承担的赔偿责任。国家赔偿责任，也称国家侵权赔偿责任，简称国家赔偿。

三、畜牧兽医行政救济途径

畜牧兽医行政救济途径，是保护管理相对人的合法权益，制裁违反畜牧兽医行政法的行为，保障畜牧兽医行政管理秩序，而采用的方式和办法。它是畜牧兽医行政救济目的能否实现的关键所在。畜牧兽医行政救济途径，使社会主义的民主与法制在畜牧兽医行政管理活动中得到了具体的体现。因此，畜牧兽医行政救济途径在畜牧兽医行政救济中具有十分重要的意义。根据我国现行有关法律的规定，畜牧兽医行政救济的途径主要包括：畜牧兽医行政复议、畜牧兽医行政诉讼、畜牧兽医行政信访接待等三种形式。

1. 畜牧兽医行政复议

畜牧兽医行政复议则是指管理相对人不服畜牧兽医行政主体作出的具体行政行为，依法在规定的期限内向作出决定机构的上一级畜牧兽医行政主体陈述理由，要求重新审议决定的申诉活动。行政复议作为行政机关解决行政争议的一种重要手段，既是一种行政司法行为，又是对行政行为可能违法或不当的救济行为，同时也是行政系统内部的一种行政监督行为。在我国，行政机关的救济主要是通过行政复议实现的。

2. 畜牧兽医行政诉讼

畜牧兽医行政诉讼是指相对人认为畜牧兽医行政机关及其工作人员作出的具体行政行为侵犯其合法权益，依法向人民法院提起诉讼，由人民法院依照法定的审判权和诉讼程序，通过处理和裁决行政争议，纠正行政违法，维护行政相对方的合法权益，监督行政主体的行政活动。

3. 畜牧兽医行政信访接待

畜牧兽医行政信访接待是广义上的畜牧兽医行政救济。它既可以在畜牧兽医行政主体内部进行，也可以在外部进行。它与畜牧兽医行政复议比较具有如下区别：

（1）当事人不同　申请复议的当事人只能是与具体畜牧兽医行政行为有利害关系的管理相对人。而来信、来访的当事人不一定都是与其批评、建议、申诉、控告、检举的事实有利害关系的人，有的可能是局外人。

（2）请求事项的范围不同　行政复议，当事人仅对畜牧兽医行政主体所作的具体行政行为不服，提出复议申请。而来信、来访反映的问题范围特别广，有可能是政策问题、历史积案或违法乱纪问题等。

（3）申诉期限不同　行政复议必须在法定期限内提出，无正当理由超过法定期限提出的，畜牧兽医行政主体可以拒绝受理。而来信、来访反映问题不受期限限制。

（4）法律依据不同　行政复议是当事人依据法律、法规和行政规章的规定请求改变或撤销原行政处理、处罚决定。而来信、来访当事人是依照宪法赋予的民主权利，根据党和国家的政策向有关机关提出申诉或控告，以保护自己或他人的合法权益。

第三节　畜牧兽医行政调解

一、畜牧兽医行政调解的概念与特征

行政调解是指在国家行政机关的主持下，根据自愿和合法的原则，通过说服教育的方法，促使双方当事人友好协商、互谅互让而达成和解协议，以解决其争议的一种诉讼外活动。

凡民事争议均可适用调解解决。调解的目的是为了及时化解矛盾、减少争议、维护安定团结、构建和谐社会，因此古今中外均广为应用。

根据调解主持者的不同，我国的调解可分为人民调解、法庭调解和行政调解三种。

畜牧兽医行政调解是在畜牧兽医行政主体主持下，对涉及畜牧兽医的民事争议案件，以畜牧兽医行政法律、法规及其他有关法律、法规为依据，以双方当事人自愿参与调解为前提，在查明事实、分清是非、明确责任的基础上，以说服教育方法，促成双方当事人友好协商、互谅互让、达成协议、消除纷争的行政活动。

畜牧兽医行政调解的特征是：

1. 是由畜牧兽医行政主体来主持解决争议的一种活动。

2. 以争议双方自愿为原则。亦即是否采用调解的方式解决争议，由当事人自由选择。

3. 适用于解决畜牧兽医行政争议中的有关民事纠纷。违反畜牧兽医法律、法规，给社会或他人造成经济损失的，畜牧兽医行政执法主体应责令当事人赔偿损失。该规定为调解提供了依据。

4. 以说服教育方式为主，不带强制服从。

5. 为诉外调解。

二、行政调解的程序

1. 申请和受理

双方当事人向畜牧兽医行政主体申请调解后,畜牧兽医行政主体应及时进行审查,并根据审查情况决定受理。

2. 调查取证

畜牧兽医行政主体受理调解后,应指派工作人员进行调查取证,查明引发争议的事实依据。

3. 协商调解、达成协议

调查取证结束后,在畜牧兽医行政主体主持下,双方当事人共同参与,根据查明的事实和国家法律、政策,针对当事人争议的问题进行分析,共同对事实进行认定、分清是非、明确责任,通过主持者对双方当事人的说服教育,促成双方友好协商、相互谅解、达成协议。

4. 制作、送达调解书

经调解达成的协议,应由畜牧兽医行政主体制作调解书一式三份,主持调解的畜牧兽医行政主体及双方当事人均应在调解书上签字或盖章,调解书制作好后应依法及时送达。调解书送达后即产生法律效力,双方当事人必须履行。如果不服,双方当事人可向人民法院申请强制执行。

三、畜牧兽医行政调解的法律效果

畜牧兽医行政调解一经依法作出并成立,便可以引起以下三种法律效果:
1. 除特定情况外,畜牧兽医行政机关不能就同一事项再作出行政处理。
2. 对不履行达成调解协议的,权利方可向人民法院申请强制执行。
3. 提起诉讼。

第四节 畜牧兽医行政裁决

一、畜牧兽医行政裁决的概念与特征

畜牧兽医行政裁决是指畜牧兽医行政主体对涉及畜牧兽医事务的畜牧兽医行政执法人员执行行政法的情况和畜牧兽医技术人员在工作中采取的技术措施、判定结果、技术争议、行政附带民事争议等案件进行裁决的行政司法活动。其特征如下:

1. 只有在上述争议发生并向畜牧兽医行政主体提出解决请求时,畜牧兽医行政裁决才适用;
2. 畜牧兽医行政裁决的客体可以是特定的行政争议案件。即管理相对人不服畜牧兽医执法人员或技术人员的处理办法、技术措施和判定结果等具体行政行为的争议案件,也可以是特定的民事争议案件。即双方当事人(均为平等的民事主体)之间发生的争议案件。

二、畜牧兽医行政裁决的种类与构成要件

1. 畜牧兽医行政裁决，根据其受理机关的不同分为原裁决和复议裁决两种

（1）原裁决　是指畜牧兽医行政主体所作的裁决，当事人不服的，可以向上一级兽医行政主体申请复议。

（2）复议裁决　是指上一级畜牧兽医行政主体对当事人不服原裁决而提出的申请进行复议后所作的裁决。当事人对复议裁决不服的，不得再进行复议，只能向人民法院提起诉讼。

2. 畜牧兽医行政裁决的构成要件

（1）当事人对畜牧兽医人员的具体行政行为不服，并提出解决争议的诉求；

（2）索赔请求必须有对方违反畜牧兽医行政法律、法规造成实际损害的事实；

（3）有管辖权的畜牧兽医行政执法主体受理上述案件。

三、畜牧兽医行政裁决程序

畜牧兽医行政裁决的程序与行政复议程序基本相同。主要包括申请、受理、调查取证、审理、裁决和送达执行。

当事人对原裁决不服的，可以在接到裁决决定书之日起15日内，向上一级畜牧兽医行政机关申请复议。对复议不服的，可在接到复议裁决决定书之日起15日内向人民法院起诉。当事人对已经发生法律效力的裁决决定应当自动履行。一方逾期不履行的，另一方当事人可以申请人民法院强制执行。

第五节　畜牧兽医行政复议

一、畜牧兽医行政复议的概述

1. 概念

畜牧兽医行政复议是畜牧兽医行政主体内部进行救济的一种途径。这是由上一级动物防疫监督检验机构，根据管理相对人的请求，依据行政复议法和畜牧兽医行政法的有关规定，对特定的畜牧兽医行政争议进行审查、处理、裁决的一种行政司法活动。其目的是为了防止和纠正畜牧兽医行政主体违法或者不当的具体行政行为，以保护公民、法人和其他组织的合法权益，保障和监督畜牧兽医行政主体依法行使职权。

2. 畜牧兽医行政复议特点

（1）畜牧兽医行政复议是畜牧兽医行政主体的特有活动，即行政复议的主体是畜牧兽医行政主体。

（2）畜牧兽医行政复议适用于解决涉及畜牧兽医的行政争议案件。

（3）畜牧兽医行政复议是以畜牧兽医的管理相对人提出复议请求为前提。

（4）提出的行政复议申请须经上一级监督机构审查，符合受理范围并决定受理后，才能进行。

3. 畜牧兽医行政复议的特征

（1）**行政救济性** 行政救济是指当事人受某一行政机关的违法或不当处分，以致使其合法权益遭受侵害时，依法向有关机关提出申诉，请求给予保护的程序。因行政管理而引起的各类争议大多数具有较强的技术性和专业性，这就使得法院在处理此类案件时面临着一定的困难，自然会影响到解决问题的效率。所以，由行政主体自身建立一套监督机制来解决行政纠纷，无疑具有其现实的合理性和极大的必要性。在司法监控作为最终手段能为管理相对人筑起最后一道防线的情况下，通过作为行政司法形式的畜牧兽医行政复议制度，来恢复和保障管理相对人合法权益的"行政救济"措施，就显得更具现实意义。

（2）**自我监督性** 畜牧兽医行政复议是通过对动物防疫监督机构所作出的具体行政行为的审查，来实现自我监督的一种行政司法活动。它是在对行政权力实行有效监督的基础上，建立起来的以权力制约权力的监督机制。

（3）**衔接性** 我国畜牧兽医行政复议救济实行的是一种双轨制行政救济模式，即管理相对人不服动物防疫监督机构的行政处理处罚时，可采用行政复议或行政诉讼来获得救济的一种方式。我国对行政复议与行政诉讼的协调原则是：根据《行政诉讼法》的有关规定，既肯定了复议选择原则，同时又提倡复议前置原则。

4. 畜牧兽医行政复议的基本要素

畜牧兽医行政复议必须同时具备如下条件：

（1）必须有畜牧兽医行政主体的具体行政行为的存在，即畜牧兽医行政主体对管理相对人作出了处理决定。

（2）必须有管理相对人认为畜牧兽医行政主体的具体行政行为侵犯了自己的合法权益。

（3）必须有管理相对人不服行政处理，并向上一级畜牧兽医行政主体提出申请复议。

（4）必须有管辖权的上一级畜牧兽医行政主体受理管理相对人的复议请求。

二、畜牧兽医行政复议的目的、原则

1. 畜牧兽医行政复议的目的

《行政复议法》最突出的作用就是保护公民不受行政机关的侵害。行政机关实施行政管理时，有国家强制力作后盾。对于被管理的公民或其他单位来讲，行政机关是强者，公民或其他单位是弱者。为了解决这种强弱不平衡造成的不公正问题，国家制定了一批保护公民权益的法律，《行政复议法》就是其中之一。国家要求行政机关依照法律实施管理，理应保护公民的合法权益。但行政机关也是由人组成的，管理过程中难免发生错误。行政复议法的主要作用就是，当公民受到行政机关不公正对待时，及时保护公民的合法权益。换句话说，《行政复议法》是公民自卫的法律武器。

畜牧兽医行政复议的目的是为了防止和纠正畜牧兽医行政主体违法或者不当的具体行政行为，以保护公民、法人和其他组织的合法权益，保障和监督畜牧兽医行政主体依法行使职权。

2. 畜牧兽医行政复议基本原则

（1）**不诉不议原则**　不诉不议原则是指畜牧兽医行政复议必须由管理相对人提起。否则，即使具体的畜牧兽医行政行为确实侵犯了管理相对人的合法权益，管理相对人未提出复议申请的，畜牧兽医行政复议主体也不得主动进行行政复议。

（2）**一级复议原则**　一级复议原则是指畜牧兽医行政复议案件经过某一级畜牧兽医行政复议之后即告结束。根据这一原则，管理相对人仍不服畜牧兽医行政复议决定的，则只有诉诸人民法院而不得再行申请复议。

（3）**对具体行政行为合法适当审查原则**　在畜牧兽医行政复议中，畜牧兽医行政复议主体既要对具体的畜牧兽医行政行为的合法性进行审查，又要对其适当性进行审查。

（4）**合法原则**　合法原则是指承担复议职责的畜牧兽医行政复议主体，必须严格按照法律规定的职责权限，以事实为依据以法律为准绳，对管理相对人提出申请复议的具体行政行为按法定程序进行审查。

（5）**公正原则**　公正原则是指畜牧兽医行政复议主体在实施畜牧兽医行政复议行为时要在程序上平等对待当事人各方。公正原则主要由立案、回避、调查情况、听取意见、审查处理、得出处理意见、经负责人同意或经集体讨论决定等方式加以体现。

（6）**公开原则**　所谓公开，就是要求行政复议机关审理行政复议案件和作出复议决定都应当向社会公开，将行政复议机关进行行政复议的情况置于公众的监督之下。坚持公开原则，其目的是为了接受当事人和公众的监督，使行政复议工作做到合法和公正；向公众进行法制教育，使其增强法制观念，自觉遵守法律。

（7）**效率原则**　畜牧兽医行政复议是畜牧兽医行政内部监督的一种形式，复议决定并非终局裁决，而是还要受到国家的司法监督。因此，畜牧兽医行政复议既要注意维护公正性，又要注意保证其行政效率。负责行政复议的机关，应当严格执行《行政复议法》规定的复议期限，及时受理复议申请、及时进行复议、及时做出复议决定，不能久拖不办、久拖不决。法律规定及时原则，一方面是维护公民、法人或者其他组织的合法权益，另一方面也是为了提高行政机关的工作效率。

（8）**便民原则**　便民是指行政复议机关在行政复议过程中，要方便于民，尽量为复议申请人着想，考虑到各种情况，在复议的受理、复议的程序、复议的手续等方面，使复议申请人感到快捷、简便、省事。

三、畜牧兽医行政复议的基本制度

根据《行政复议法》的规定，行政复议制度主要有：

1. 一级复议制度

一级复议制度，是指行政争议案件经过行政复议机关一次审理并作出决定之后，申请人即使不服也不得再向有关行政机关再次申请复议，而只能向人民法院提起行政诉讼的一种制度。

2. 书面复议制度

书面复议制度是指行政复议机关对行政复议申请人提出的申请、被申请人提交的答辩以及有关被申请人作出的具体行政行为的规范性文件和证据进行非公开对质性审查，并在此基础上作出行政复议决定的制度。

3. 复议不适用调解制度

这一制度的含义，一是指复议机关不能以调解作为复议的必经程序；二是指不能以调解作为复议的结案方式。

四、畜牧兽医行政复议的范围与管辖

1. 申请复议的范围

（1）对具体行政行为申请复议的范围　依照《行政复议法》第6条的规定，畜牧兽医行政复议机关依法可以受理公民、法人或者其他组织就以下事项申请的行政复议：

①对畜牧兽医行政主体作出的警告、罚款、没收违法所得、没收非法财物、责令停产停业、暂扣或者吊销许可证、暂扣或者吊销执照、行政拘留等行政处罚决定不服的。

②对畜牧兽医行政主体作出的查封、扣押、冻结财产等行政强制措施决定不服的。

③对畜牧兽医行政主体作出的有关许可证、执照、资质证、资格证等证书变更、中止、撤销的决定不服的。

④认为畜牧兽医行政主体侵犯合法的经营自主权的。

⑤认为畜牧兽医行政主体违法集资、征收财物、摊派费用或者违法要求履行其他义务的。

⑥认为符合法定条件，申请行政机关颁发许可证、执照、资质证、资格证等证书，或者申请行政机关审批、登记有关事项，畜牧兽行政主体没有依法办理的。

⑦认为畜牧兽医行政主体的其他具体行政行为侵犯其合法权益的。

（2）一并对抽象行政行为申请审查的范围　依照《行政复议法》的规定，公民、法人或者其他组织认为畜牧兽医行政主体的具体行政行为所依据的下列规定不合法，在对具体行政行为申请行政复议时，可以一并向行政复议机关提出对该规定的审查申请：

①国务院部门的规定。

②县级以上地方各级人民政府及其工作部门的规定。

③乡、镇人民政府的规定。

（3）不属于行政复议范围的事项　依照《行政复议法》规定，对下列事项也不能申请行政复议，但可依照有关法律和行政法规规定的途径予以解决：

①不服畜牧兽医行政机关作出的行政处分或者其他人事处理决定的，依照有关法律、行政法规的规定提出申诉。

②不服畜牧兽医行政机关对民事纠纷作出的调解或者其他处理，依法申请仲裁或者向人民法院提起诉讼。

2. 复议管辖

我国的行政复议管辖根据行政组织系统设立的层级特点以及分布的多样性和相关性，确立了以本级政府或上一级主管部门或上一级政府管辖为原则，原作出具体行政行为的行政机关或其他行政机关管辖为特殊的复议管辖制度。

（1）本级政府或上一级畜牧兽医主管部门或上一级政府管辖。

（2）原作出具体行政行为的畜牧兽医行政机关管辖。

（3）其他行政机关管辖。

3. 申请复议与提起诉讼的关系

公民、法人或其他组织对畜牧兽医行政机关的具体行政行为不服,可以先向上一级畜牧兽医行政机关或者法律法规规定的行政机关申请复议,对复议不服的,再向人民法院提起诉讼,也可以直接向人民法院提起诉讼。法律法规规定应当先向畜牧兽医行政机关申请复议,对复议不服再向人民法院起诉的,应按照法律法规规定办理。

行政诉讼和行政复议是两个并行的法律救济制度。对公民、法人和其他组织而言,行政诉讼和行政复议都有对其合法权益保护的救济功能。但两者有着区别,行政复议是行政机关内部的监督制度,是在行政诉讼之前进行的。而行政诉讼是司法救济,由人民法院作出诉讼裁决,是最终的解决办法,也被称作"司法最终救济"原则。两者之间的关系如下:

第一,在效力上看,行政诉讼优于行政复议。行政复议机关根据行政复议申请人的申请对具体行政行为进行审查,行使的只是行政复议权,而不能替代司法机关对行政争议行使高效力的司法裁决;

第二,依赖行政复议机关处理行政争议,存在其自身难以完全克服的不足。因为行政复议机关和被申请人都是行政机关,容易陷入先入为主的境地,从而影响对事实的正确判断和对法律法规的正确理解。在某种情况下,行政机关由于与被申请人存在密切关系,或者因行政争议本身存在牵连关系,出于包庇牵就被申请人的错误思想出发,可能出现有错不纠的现象。因此,法律规定行政复议决定原则上要接受人民法院的司法审查,这体现了法律对保护复议申请人诉讼权的价值取向,也体现国家重视权力之间的制约机制,将行政权充分置于司法监督之下,有利于促使行政复议机关依法公正处理行政复议案件,也有利于监督被申请人依法行使职权。

关于申请行政复议与提起行政诉讼的关系,我国《行政诉讼法》规定了以自由选择为原则,即公民、法人或者其他组织对行政机关的具体行政行为不服的,可以选择先申请行政复议,对行政复议决定不服的,再向人民法院提起行政诉讼;也可以选择直接向人民法院提起行政诉讼,而不必经过行政复议这一程序。但是,如果法律、法规规定必须先向行政机关申请行政复议,对行政复议决定不服再向人民法院提起行政诉讼的,则必须先申请行政复议,而不能直接向人民法院提起行政诉讼,这就是所谓的复议前置原则。

五、畜牧兽医行政复议的机构与复议参加人

1. 复议机构的体制

在我国,复议机构作为复议机关的一个组成部分,必须在复议机关的领导下工作。就其复议活动的性质来看,是通过审理复议案件代表政府或政府职能部门对下级行政主体实施的具体行政行为进行监督。所以复议机构进行复议应当直接对复议机关的行政首长负责。

2. 复议机构的设置与职责

考虑到复议机关行使复议权与政府法制工作有着密切的联系和政府工作精简、高效的要求,行政复议法规定行政复议由复议机关负责法制工作的机构具体承担。

依照行政复议法的规定,行政复议机关负责法制工作的机构在具体办理行政复议事

项中，应当履行下列职责：

（1）受理行政复议申请。

（2）向有关组织和人员调查取证，查阅文件和资料。

（3）审查申请行政复议的具体行政行为是否合法与适当，拟订行政复议决定。

（4）处理或者转送对《行政复议法》第7条所列有关规定的审查申请。

（5）对行政机关违反《行政复议法》规定的行为依照规定的权限和程序提出处理建议。

（6）办理因不服行政复议决定而提起行政诉讼的应诉事项。

（7）法律、法规规定的其他职责。

3. 复议参加人

复议参加人是指参加复议活动并保护自己合法权益的人，包括申请人、被申请人、复议第三人、复议代理人。

六、畜牧兽医行政复议程序

1. 申请

行政复议的申请，也称行政复议的提起，是指公民、法人或其他行政组织依法向行政复议机关提出请求，要求撤销或改变原具体行政行为，以保护其合法权益的行为。

（1）申请复议的条件 对行政处罚不服，申请复议应当具备如下条件：

①必须有符合条件的申请人 申请人必须是认为具体行政行为直接侵犯其合法权益的公民、法人或者其他组织。在特殊情况下，申请人资格也会发生转移，即有权申请复议的公民死亡的，其近亲属可以申请复议；有权申请复议的公民为无行为能力或者限制行为能力的，其法定代理人可以代为申请复议。有权申请复议的法人或者其他组织终止的，承受其权利的法人或其他组织可以申请复议。

②必须有明确的被申请人 申请人在行政复议申请中必须指明被申请人，即作出行政处罚决定侵犯其合法权益的行政主体。没有明确的被申请人，复议机关可以拒绝受理。如果复议机关受理后认为被申请人不合格，则可依法予以更换。

③必须有具体的复议请求和事实根据 复议请求是申请人申请复议所要达到的目的。它有三种情况：其一，是请求撤销违法的具体行政行为决定；其二，是请求变更不适当的具体行政行为；其三，是请求责令被申请人赔偿损失。同时，任何行政复议请求必须以一定的事实根据为基础，否则，不可能得到复议机关的支持。

④必须属于受理复议机关管辖 复议管辖范围是法定的，因此，申请人必须向有管辖权的复议机关提出复议申请。复议机关对不属于自己管辖的复议案件应当告知申请人向有管辖权的复议机关提起申请。

⑤具备法律、法规规定的其他条件。

（2）复议申请期限 复议申请期限是指申请人必须在法定期限内提出复议申请，否则，申请人的申请权不再受法律保护，申请不会产生预定的法律效果。《行政复议法》第九条规定："公民、法人或者其他组织认为具体行政行为侵犯其合法权益的，可以自知道该具体行政行为之日起六十日内提出行政复议申请；但是法律规定的申请期限超过六十日的除外。因不可抗力或者其他正当理由耽误法定申请期限的，申请期限自障碍消除之日起继续计算。"

（3）畜牧兽医行政复议的申请形式　申请行政复议，可以书面申请，也可以口头申请。

①书面申请　请按下列格式书写：

a. 文书名称（行政复议申请书）。

b. 申请人（是公民的，写明姓名、住址、联系电话；是法人或其他组织的，写明名称、地址、法定代表人或者主要负责人姓名、联系电话，代理人姓名、单位、电话）。

c. 被申请人（写明名称、地址、法定代表人姓名及职务）。

d. 行政复议请求。

e. 事实和理由。

f. 行政复议机关名称（如向市政府申请，可写"此致××市人民政府"）。

g. 申请人（签名或盖章）。

h. 申请日期（年、月、日）。

②口头申请　由行政复议接待工作人员当场用"口头申请记录"纸记录。包括 a. 申请人的基本情况和联系途径。b. 复议请求。c. 主要事实和理由。d. 被复议机关。e. 具体行政行为发生的时间记录完毕，申请人认为记录无误，签上自己的名字。

2. 受理

行政复议的受理，是指复议申请人在法定期限内提出复议申请后，经有管辖权的行政复议机关审查，认为符合申请条件决定立案审理的活动。申请人的申请行为与行政复议机关的受理行为相结合，标志着复议申请的成立和复议程序的开始。行政复议机关收到行政复议申请后，应当在五日内进行审查，对不符合《行政复议法》规定的行政复议申请，决定不予受理，并书面告知申请人；对符合《行政复议法》规定，但是不属于本机关受理的行政复议申请，应当告知申请人向有关行政复议机关提出。除不予受理和不属本行政机关管辖范围以外，行政复议申请自行政复议机关负责法制工作的机构收到之日起即为受理。

（1）复议机关对复议申请的审查　复议机关在接到申请人复议申请书后，应当进行认真审查，看其是否符合法定的申请条件，是否有权提起复议，从而保证申请人正确行使申请权，避免复议机关盲目立案。

复议机关主要从以下几个方面对复议申请进行审查：

①审查是否符合申请条件。

②审查是否超过法定的申请期限。如果复议申请超过法定期限，又无正当理由申请延长期限，复议机关不予受理。

③审查是否重复申请。对复议机关已经处理过的行政复议案件或者正在审理的行政复议案件，申请人不能再就同一请求、同一理由向复议机关另行申请复议。

④审查是否已起诉。公民、法人或其他组织已经向人民法院起诉的，不得申请复议。

⑤审查复议申请书是否符合格式要求。申请人是否有行为能力，是否有法定代理人；如果是委托代理的，是否有授权委托书，其代理权限是否清楚；申请人是法人或其

他组织的,是否填写了法定代表人身份证明书;证据的来源和证人的姓名是否清楚等。

⑥审查具体行政行为是否涉及复议申请人的权益,或者复议请求是否有法律、法规或者规章的依据。

(2) 受理的法律效果 受理是复议机关的一种法律行为,复议机关决定受理后,行政复议案件即告成立,复议程序正式开始,从而必然带来以下法律效果:

①申请人、被申请人和复议机关都成为该行政复议法律关系的主体。

提出复议请求人取得了复议申请人的资格,享有申请人的权利,承担申请人的义务;被申请的行政机关也明确了其被申请人的地位,享有被申请人权利,承担被申请人义务。行政复议机关作为行政争议的裁判者,对所受理的复议案件,有进行审理的权利和义务。

②复议机关、申请人和被申请人都必须严格按照行政复议程序进行行政复议活动,否则就要承担相应的法律责任。

③行政复议关系非经法定程序,不得随意中止或终结。如果申请人要求撤回复议申请,需由行政复议机关决定是否准许。

④行政复议期间具体行政行为不停止执行,但有下列情形之一的可以停止执行:a. 被申请人认为需要停止执行的;b. 行政复议机关认为需要停止执行的;c. 申请人申请停止执行,行政复议机关认为其要求合理,决定停止执行的;d. 法律规定应停止执行的。

⑤对复议决定机关发生法律效力的决定,申请人与被申请人都必须执行。如申请人对复议决定不服,在法定期限内可向人民法院起诉。逾期不起诉又不履行复议决定的,原行政机关或复议机关可以申请人民法院强制执行,或者依法强制执行。如果被申请人拒绝履行发生法律效力的复议决定,复议机关可以直接或者建议有关部门对其法定代表人给予行政处分。

(3) 不受理 复议机关认为申请人提出的复议申请不符合法定条件的,裁决不予受理。

复议机关作出不受理的裁决,必须有法定理由。这些理由主要包括:

①具体行政行为不涉及复议申请人的权益。

②无明确的被申请人。

③无具体的复议请求和事实依据。

④不属于申请复议范围。

⑤申请人已就申请复议的具体行政行为向法院起诉并且已被受理。

⑥申请复议已超过法定期限,且无正当理由。

⑦申请人为无民事行为能力或限制民事行为能力人。

复议机关作出不受理的裁决,必须书面告知申请人。

不受理的裁决送达申请人后即发生法律效力。对该裁决,申请人不得再申请复议。

如果申请人不服不予受理的裁决,可以有两种选择,一种是将情况向复议机关的上一级行政机关反映,上级行政机关认为复议机关无正当理由拒绝受理的,应当责令其受理或者必要时可直接受理。另一种是向人民法院提起诉讼。

3. 复议案件的审理

审理是复议机关对复议案件的事实、证据、法律适用及争论的焦点等进行审查的过程。它是行政复议程序的关键阶段。这一阶段的主要内容是：

(1) 审理方式　复议采取书面审理为主，其他方式为辅的审理方式。所谓书面审理是指复议机关仅就双方所提供的书面材料进行审查后作出决定的一种审理方式。这种审理方式较为简便，具有较高的效率，因而符合行政效率的要求。所谓"其他方式"，如开庭审理，即复议机关传唤申请人、被申请人、证人等到场，通过双方对争议的事实、法律依据进行质证、辩论，由复议机关作出决定的审查方式。这种审查方式适用于案件较为复杂、影响较大的行政复议案件。

(2) 审理依据　行政复议机关审理复议案件，必须以法律、行政法规、地方性法规、规章以及上级行政机关依法制定和发布的具有普遍约束力的决定、命令为依据。

(3) 举证责任　在我国法律没有对行政复议举证责任作出明确规定前，根据行政复议的性质和特点，可以参照行政诉讼中举证责任的规定，即应当由被申请人承担举证责任，提供作出行政处罚决定的事实依据和法律依据，以证明其所作出的行政处罚决定的合法性和合理性。

4. 行政复议决定

对复议案件进行审理后，行政复议机关可根据不同情况分别作出不同的决定：

(1) 维持决定　对被申请的行政处罚决定，复议机关认为事实清楚、适用法律、法规、规章和具有普遍约束力的决定、命令正确、符合法定程序和权限的，应当依法作出维持该行政处罚决定的复议决定。

(2) 补正决定　对被申请复议的行政处罚决定，复议机关认为事实清楚、适用法律、法规、规章和具有普遍约束力的决定、命令正确，符合法定权限，但在程序上有欠缺的，应当依法作出补正的决定。

(3) 履行决定　它主要发生在如下两种情况：其一，被申请的行政主体拒不履行法定职责；其二，被申请人拖延履行法定职责。

(4) 撤销决定　对被申请复议的行政处罚决定，经行政复议机关审查认为具有如下情形之一的，应当依法作出撤销决定，必要时，可以附带责令被申请人在一定期限内重新作出具体行政行为的决定：

①主要事实不清的。如果被申请的具体行政行为的某些次要事实不清，则不得成为撤销决定的理由。

②适用法律、法规、规章和具有普遍约束力的决定、命令错误的。

③违反法定程序影响申请人合法权益的。

④超越职权或者滥用职权的。

(5) 变更决定　对被申请复议的行政处罚决定，经复议机关审查认为行政处罚决定明显不当的，应当依法作出变更决定。行政复议机关作出复议决定后，应当依法送达当事人。

(6) 赔偿决定　申请人在申请行政复议时一并提出行政赔偿请求的，行政复议机关经审查，如认为符合国家赔偿法的有关规定应予以赔偿的，应在作出撤销、变更具体行政行为或者确认具体行政行为违法的决定时，同时作出责令被申请人依法给予申请人赔偿的决定。申请人在申请行政复议时如果没有提出行政赔偿请求，行政复议机关在依法决定撤销或变更罚款、撤销违法集资、没收财物、征收财物、摊派费用以及对财产的查封、扣押、冻结等具体行政行为时，应当同时作出责令被申请人返还申请人财产，解除对申请人财产的查封、扣押、冻结措施或者赔偿相应价款的决定。对于这种赔款决定，有两点要注意：一是可以单独作出这样决定，也可以同其他决定一并作出；二是这种赔偿复议可以调解。

5. 复议决定的执行与提起诉讼

行政复议机关应当自受理申请之日起六十日内作出行政复议决定；但是法律规定的行政复议期限少于六十日的除外。情况复杂，不能在规定期限内作出行政复议决定的，经行政复议机关的负责人批准，可以适当延长，并告知申请人和被申请人；但是延长期限最多不超过三十日。行政复议机关作出行政复议决定，应当制作行政复议决定书，并加盖印章。行政复议决定书一经送达，即发生法律效力，申请人和被申请人对复议决定都必须履行。

被申请人不履行或者无正当理由拖延履行行政复议决定的，行政复议机关或者有关上级行政机关应当责令其限期履行。

申请人对行政复议决定不服的，除依法由行政机关最终裁决的行政复议决定外，可在收到行政复议决定书之日起15日内，依法向有管辖权的人民法院提起行政诉讼。

申请人逾期不起诉又不履行行政复议决定的，或者不履行最终裁决的行政复议决定的，按照下列规定分别处理：

（1）维持具体行政行为的行政复议决定，由作出具体行政行为的行政机关依法强制执行，或者申请人民法院强制执行；

（2）变更具体行政行为的行政复议决定，由行政复议机关依法强制执行，或者申请人民法院强制执行。

七、畜牧兽医行政复议法律责任

畜牧兽医行政复议机关违反《行政复议法》规定，无正当理由不予受理依法提出的行政复议申请或者不按照规定转送行政复议申请的，或者在法定期限内不作出行政复议决定的，对直接负责的主管人员和其他直接责任人员依法给予警告、记过、记大过的行政处分；经责令受理仍不受理或者不按照规定转送行政复议申请，造成严重后果的，依法给予降级、撤职、开除的行政处分。

畜牧兽医行政复议机关工作人员在行政复议活动中，徇私舞弊或者有其他渎职、失职行为的，依法给予警告、记过、记大过的行政处分；情节严重的，依法给予降级、撤职、开除的行政处分；构成犯罪的，依法追究刑事责任。

被申请人违反《行政复议法》规定，不提出书面答复或者不提交作出具体行政行为的证据、依据和其他有关材料，或者阻挠、变相阻挠公民、法人或者其他组织依法申请行政复议的，对直接负责的主管人员和其他直接责任人员依法给予警告、记过、记大过的行政处分；进行报复陷害的，依法给予降级、撤职、开除的行政处分；构成犯罪的，依法追究刑事责任。

被申请人不履行或者无正当理由拖延履行行政复议决定的，对直接负责的主管人员和其他直接责任人员依法给予警告、记过、记大过的行政处分；经责令履行仍拒不履行的，依法给予降级、撤职、开除的行政处分。

行政复议机关负责法制工作的机构发现有无正当理由不予受理行政复议申请、不按照规定期限作出行政复议决定、徇私舞弊、对申请人打击报复或者不履行行政复议决定等情形的，应当向有关行政机关提出建议，有关行政机关应当依照本法和有关法律、行政法规的规定作出处理。

思 考 题

1. 在什么情况下才能提起行政复议？
2. 畜牧兽医行政司法主要包括哪些内容？
3. 请举例分析行政复议对公民有什么作用？
4. 根据以下实例写一份畜牧兽医行政复议申请书。

1998年5月6日，四川省合江县食品公司聘用职工张国友在合江县榕山镇综合市场销售猪肉，合江县榕山畜牧兽医站（以下简称榕山兽医站）执法人员发现张国友销售的猪肉未经过定点检验、未加盖检验合格的印章，以此为由，将张国友正在销售的83.85kg猪肉暂扣，并出具了扣押清单收据。当日，榕山兽医站经过调查，认为张国友销售的猪肉是死因不明的猪肉，该行为违反了《中华人民共和国动物防疫法》第18条规定，榕山兽医站以合江县兽医卫生监督检验所的名义，根据《中华人民共和国动物防疫法》第48条规定，对张国友作出责令停止经营、对未出售的猪肉83.85kg予以没收的处罚决定。张国友拒绝签收该处罚决定书，并多次找榕山兽医站要求返还其被扣押的猪肉或赔偿其经济损失，榕山兽医站拒绝了张国友的要求。合江县食品公司认为，张国友是其公司聘用职工，张国友销售的猪肉为本公司所有，榕山兽医站扣押该猪肉并予以没收是违法行为，侵犯了本公司的合法权益（摘自找法网）。

第五章
畜牧兽医行政诉讼赔偿

第一节 畜牧兽医行政诉讼的概念

一、相关概念

1. 行政诉讼

是在人民法院的主持与参与下，诉讼当事人就行政纠纷进行诉讼的行为。

2. 畜牧兽医行政诉讼

在人民法院的主持下，由当事人和其他诉讼参加人，依照法定程序，审理和解决畜牧兽医行政案件的司法活动。

二、产生原因

因管理相对人认为畜牧兽医行政机关及其工作人员做出具体行政行为侵犯其合法权益，依法向人民法院提起行政诉讼，由人民法院进行审理判决。

三、基本原则

1. 独立审判原则，人民法院对畜牧兽医诉讼案件独立行使审判权，不受任何行政机关、人民团体及个人干涉。
2. 以事实为根据，以法律为准绳原则。
3. 当事人法律地位平等原则。
4. 合议、回避、公开审判及两审终审原则。
5. 使用本民族语言文字进行诉讼原则，人民法院应当用当地民族通用语言、文字进行审理和发布法律文书。对不通晓当地民族通用的语言、文字的诉讼参与人提供翻译。
6. 人民检察院监督原则，人民检察院有权对诉讼过程实行法律监督。

第二节 畜牧兽医行政诉讼的受理及管辖

一、受案范围

（一）人民法院受理公民、法人和其他组织对行政行为不服提起的诉讼

根据行政诉讼法的规定，结合畜牧业法规，受案范围为：

1. 对畜牧兽医行政机关作出的警告、罚款、暂扣或吊销许可证、责令停产停业、没收财物等行政处罚不服的；

2. 对畜牧兽医行政机关对财产的查封、扣押动物或动物产品等行政强制措施不服的；

3. 认为畜牧兽医行政机关侵犯法律规定的经营自主权的；

4. 认为符合法定条件申请行政机关颁发或变更许可证或草原使用权证，畜牧兽医行政机关拒绝颁发或者不予答复的；

5. 认为畜牧兽医行政机关违法集资、征收财物、摊派费用或违法要求履行其他义务的；

6. 认为行政机关侵犯其他人身权、财产权的；

7. 其他认为动物防疫监督机构的具体行政行为侵犯其合法权益的。

（二）不受理的事项

1. 国防、外交等国家行为；
2. 行政法规、规章或者行政机关制定、发布的具有普遍约束力的决定、命令；
3. 行政机关对行政机关工作人员的奖惩、任免等决定；
4. 法律规定由行政机关最终裁决的具体行政行为。

二、行政诉讼管辖

行政诉讼管辖是人民法院系统内确定审判第一审行政案件的权限分工，明确当事人在哪一个人民法院起诉，由哪一个人民法院受理的法律制度。有利于保障行政相对方的起诉权、分配人民法院之间的权限和负担，增强人民法院依法办案的责任感。行政诉讼管辖有级别管辖、地域管辖和裁定管辖。

（一）级别管辖

是按案件的性质、复杂程度及是否重大来划分，但第一审行政案件原则上由基层人民法院管辖，复杂案件或重大案件可分别由中级、高级或最高人民法院管辖。

1. 基层人民法院管辖其辖区内普通第一审畜牧兽医行政案件。
2. 中级人民法院管辖的案件有：
（1）涉及专利、海关案件；
（2）对国务院各部门或省、自治区、直辖市人民政府所作的具体行政行为提起诉讼的案件；
（3）本辖区内重大复杂的畜牧兽医行政案件。

3. 高级人民法院管辖的案件有：重大、复杂的第一审畜牧兽医行政诉讼案件。
4. 最高人民法院负责全国范围内重大、复杂的第一审畜牧兽医行政诉讼案件。

（二）地域管辖

是确定第一审行政案件在同级人民法院中，由哪一个人民法院管辖。可分为一般地域管辖与特殊地域管辖。

1. 一般地域管辖

一般地域管辖是指凡未经复议或虽经复议但仍维持原具体行政行为的行政案件由最初作出行政行为的行政机关所在地的人民法院管辖，若复议机关改变原具体行政行为的，既可由最初作出行政行为所在地人民法院管辖，也可由复议机关所在地人民法院管辖。

2. 特殊地域管辖

（1）对限制人身自由的强制措施决定不服，由被告所在地或原告所在地人民法院管辖，即原告有选择权。

（2）因不动产提起的行政诉讼，由不动产所在地人民法院管辖。

（3）两个以上人民法院都有管辖权的案件，原告可以选择其中一个人民法院提起诉讼。

（4）原告向两个以上有管辖权的人民法院起诉的，由最先收到起诉状的人民法院管辖。

（三）裁定管辖

是指人民法院在某些特殊情况下，以裁定方式确定行政案件的管辖法院。包括移送管辖、指定管辖和管辖权的转移三种类型。

1. 移送管辖　是指人民法院将已受理的案件，移送给有管辖权的人民法院受理。
2. 指定管辖　是指上级人民法院以裁定方式指定某个下级人民法院管辖某一个行政案件。
3. 管辖权的转移　是指由上级人民法院决定或者同意，将有管辖权的案件由下级人民法院移送上级人民法院或由上级人民法院移送下级人民法院。
4. 人民法院之间对管辖发生争议，由争议双方协商解决，协商不成，报请共同上级人民法院指定管辖。
5. 有管辖权的人民法院由于特殊原因不能行使行政管辖权的，由上级人民法院指定管辖。

第三节　畜牧兽医行政诉讼参加人及证据

一、诉讼参加人

行政诉讼参加人是指参加整个或部分行政诉讼过程中的行政活动，并与案件的审理结果有利害关系的人。行政诉讼参加人包括当事人和具有类似当事人诉讼地位的诉讼代理人。其中，当事人包括原告、被告、共同诉讼人、第三人；诉讼代理人包括法定代理人和委托代理人。

（一）原告

原告是指以自己的名义向人民法院提起行政诉讼要求保护其合法权益的公民、法人和其他组织。

畜牧兽医行政诉讼中，原告指因认为畜牧兽医行政机关的具体行政行为侵犯其合法权益，依照行政诉讼法向人民法院提起诉讼，请求人民法院对该行政行为的合法性进行审查，并受人民法院裁判拘束的公民、法人或者其他组织。

（二）被告

是指由原告起诉，经人民法院受理后通知其应诉的行政机关。行政诉讼法规定的被告有五种情况：

1. 公民、法人或者其他组织直接向人民法院提起诉讼的，作出具体行政行为的行政机关是被告。

2. 经复议的案件，复议机关决定维持原具体行政行为的，作出原具体行政行为的行政机关是被告；复议机关改变原具体行政行为的，复议机关是被告。

3. 两个以上行政机关作出同一具体行政行为的，共同作出具体行政行为的行政机关是共同被告。

4. 由法律、法规授权的组织所作的具体行政行为，该组织是被告；由行政机关委托的组织所作的具体行政行为，委托的行政机关是被告。

5. 行政机关被撤销的，继续行使其职权的行政机关是被告。

（三）共同诉讼人

当事人一方或双方为二人以上，因同一具体行政行为发生的行政案件，或者因同样的具体行政行为发生的行政案件、人民法院认为可以合并审理的，为共同诉讼。共同诉讼的原告和被告统称为共同诉讼人。

（四）第三人

同提起诉讼的具体行政行为有利害关系的公民、法人或者其他组织，可以作为第三人申请参加诉讼，或者由人民法院通知参加诉讼。行政诉讼第三人有权提出与本案有关的诉讼请求，例如要求维持、撤销或变更具体行政行为；对人民法院的一审判决不服，有上诉权。

（五）行政诉讼代理人

是指根据法律规定或受当事人的委托，以当事人名义在代理权限内进行诉讼活动的人。分为法定代理人和委托代理人。

没有诉讼行为能力的公民，其父母（或养父母）、配偶、子女（或养子女）、监护人等都可担任法定代理人。法定代理人互相推诿代理责任的，由人民法院指定其中一人代为诉讼。委托代理人是指受当事人或其法定代理人委托代理诉讼的人，一般可以委托一至二人代为诉讼。

二、证据

（一）证据的种类

1. 以下证据经法定审查属实，才能作为定案的证据。

（1）书证　是指以文字、符号、图案等形式记载的，能表达人的思想和行为，用来证明具体行政诉讼案件事实的物品。例如：行政处理（罚）决定书、罚款收据、许可证、执照、公文信函、委托书、证明书等。

（2）物证　是指以其本身固有的形态、品质、规格而存在，并用来证明行政诉讼案件事实的物品或痕迹。例如被封存的假劣兽药、病害肉等。

（3）视听资料　是指利用录音、录像、计算机存储等手段取得的，并用来证明行政诉讼案件事实的音响、图像材料和其他存储的数据材料。包括照片、录像带、录音带、光盘、传真资料、电子计算机软盘等。

（4）证人证言　是指当事人以外的其他人就其所了解的案件情况，向人民法院或其他提取证据的人所作的陈述。

（5）当事人的陈述　是指当事人在诉讼过程中向人民法院所作的说明和表述。

（6）鉴定结论　是指由具有法定专业鉴定权利的机构运用专门知识、利用专门的材料、设备和科学技术对有关案件事实的专门技术性问题进行分析鉴别所作出的科学判断和结论。

（7）勘验笔录和现场笔录　勘验笔录是对与案件有关的场所和物品进行勘查、检验所作的书面笔录。

2. 被告对所做出的具体行政行为负有举证责任，应当提供其作出该具体行政行为的证据和所依据的法律、法规。

3. 证据的收集：当事人提供或补充的；人民法院自行调取的；人民法院交由或指定法定鉴定部门进行的鉴定。

4. 在诉讼过程中，被告不得自行向原告和证人收集证据。

5. 在证据可能消失或者以后难以取得的情况下，诉讼参加人可以向人民法院申请保全证据，人民法院也可以主动采取保全措施。

（二）举证时效

举证时效是指举证的有效期，即负有举证责任的行政机关在法定举证期限内没有提供或者超期提供证据，即使是真实的，法院也不予以采信，这是畜牧兽医行政机关应该注意的。举证时应注意：

1. 被告应当在收到起诉状副本之日起10日内向法院提交答辩状，并提供作出具体行政行为时的证据、依据；被告不提供或者无正当理由逾期提供的，应当认定该具体行政行为没有证据、依据。

2. 下列证据不能作为被诉具体行政行为合法的根据：

（1）被告及其诉讼代理人在作出具体行政行为后自行收集的证据。

（2）被告严重违反法定程序收集的其他证据。

3. 未经法庭质证的证据不能作为人民法院裁判的根据。复议机关在复议过程中收集和补充的证据，不能作为人民法院维持原具体行政行为的根据。被告在二审过程中向法院提交在一审过程中没有提交的证据，不能作为二审法院撤销或者变更一审裁判的根据。

第四节 畜牧兽医行政诉讼审理、判决与执行

一、畜牧兽医行政诉讼审理、判决

行政诉讼审理程序分为第一审程序、第二审程序和审判监督程序三大部分，第一审程序是所有的行政案件必经程序，而第二审程序和审判监督程序不是所有的行政案件都会经历的。

（一）第一审程序

1. 起诉

起诉是原告的单方诉讼行为，指公民、法人或其他组织认为行政机关的具体行政行为侵犯了其合法权益时，依法请示人民法院行使司法审判权，对其合法权益予以保护的诉讼行为。

（1）起诉的条件

①原告是认为具体行政行为侵犯其合法权益的公民、法人或者其他组织。

②有明确的被告。

③有具体的诉讼请求和事实根据。

④属于人民法院受案范围和受诉人民法院管辖。

（2）起诉的时间限制

①公民、法人或者其他组织向行政机关申请复议的，复议机关应当在收到申请书之日起两个月内作出决定。

②申请人不服复议决定的，可以在收到复议决定书之日起十五日内向人民法院提起诉讼。复议机关逾期不作决定的，申请人可以在复议期满之日起十五日内向人民法院提起诉讼。

③公民、法人或者其他组织直接向人民法院提起诉讼的，应当在知道作出具体行政行为之日起三个月内提出。

④公民、法人或者其他组织因不可抗力（如战争、洪水或地震等）或者其他特殊情况（如生病、法定代理人突然变动等）耽误法定期限的，在障碍消除后的十日内，可以申请延长期限，由人民法院决定。

2. 受理

受理是指人民法院通过审查原告的起诉，认为符合法律规定的起诉条件，决定立案审理的行为，是决定行政诉讼程序能否开始并继续下去的关键。

人民法院接到原告起诉后，要审查起诉是否符合起诉条件。《行政诉讼法》第42条规定，对符合起诉条件的，人民法院应当在接到起诉状之日起七日立案受理，认为不符合条件的应当在七日内做出不予受理的裁定，当事人不服，可以上诉。

3. 审理

（1）审理前的准备

①确定审判人员，组成合议庭。《行政诉讼法》第46条规定："人民法院审理行政

案件，由审判员组成合议庭，或者由审判员、陪审员组成合议庭。合议庭的成员，应当是三人以上的单数。"合议庭中由一名审判员担任审判长。

②通知被告应诉，送达诉状副本。人民法院在立案之日起5日内，将起诉状的副本送给被告。被告应当在收到起诉状副本之日起10日内向人民法院提交作出具体行政行为的有关证据材料，并提出答辩状。人民法院应当在收到答辩状之日起5日内，将答辩状的副本送给原告，被告不提出答辩状的，不影响人民法院对案件的受理。

③审查诉讼材料，调查收集证据。审查原告的起诉状、被告的答辩状和双方提交的各种证据。审查确定当事人的资格，决定和通知第三人参加诉讼。通过对诉讼材料的审查，人民法院可以了解原告的诉讼请求和理由、了解被告的答辩理由，从而确定案件的焦点。人民法院可根据审判需要决定是否调查和收集有关证据，决定是否要求当事人补充证据，是否合并审理，是否停止被诉具体行政行为的执行，是否需要采取证据保全措施，是否公开审理等。

（2）开庭审理

开庭审理是指在合议庭主持下，依法定程序对当事人之间的行政争议案件进行审查，并作出裁判的活动。开庭审理有公开审理和不公开审理两种方式，除涉及国家秘密、个人隐私和法律另有规定的以外，行政案件都应公开审理。

（3）一审判决与裁定

判决是指人民法院对审理终结的行政诉讼案件做出的实体裁决。它主要包括维持判决、撤销判决、变更判决和限期履行法定义务的判决等。裁定是指人民法院对行政诉讼程序问题做出的裁决。它与判决一样具有法律效力。裁定的种类有：裁定不予受理；裁定驳回起诉；裁定诉讼期间停止行政行为的执行或驳回停止执行申请；裁定财产保全和先予执行；裁定准许撤诉或不准许撤诉；裁定中止或终止、终结诉讼；裁定补正判决书中的笔误；裁定中止或终结执行；裁定重审或再审；裁定其他事项。

（二）第二审程序

在我国，人民法院审判案件，实行两审终审制，即除最高人民法院审理的第一审案件以外，一个行政案件经过两级人民法院审判即告终结的制度。

第二审程序是指基于当事人的上诉，上级人民法院对第一审人民法院作出的未生效的判决、裁定，依法进行审理的程序。并不是每个案件都必须经历第二审程序。如果一个案件经过第一审，当事人没有异议，或者在法定期限内不提起上诉，就不会引起第二审程序的发生。

1. 上诉的提起与受理

（1）提起上诉的条件

①必须是法定的上诉人和被上诉人。第一审中的当事人，包括原告、被告、第三人、法定代理人、法定代表人都有资格提起上诉。

②必须是针对第一审人民法院作出的尚未发生法律效力的裁定、判决而提起。

③上诉必须在法定期限内提起。当事人不服人民法院第一审判决的，有权在判决书送达之日起15日内向上一级人民法院提起上诉；当事人不服人民法院第一审裁定的，有权在裁定书送达之日起10日内向上一级人民法院提起上诉。当事人逾期不上诉的，人民法院的第一审裁定、判决即发生法律效力。

④上诉必须递交上诉状和交纳上诉费。

（2）上诉的受理　第一审人民法院收到上诉后，应在5日内将上诉状副本送达对方当事人，对方当事人在收到上诉状副本后应当在10日内提出答辩状。被上诉人不提交答辩状的，不影响案件的审理。同时第一审人民法院要审查上诉是否符合条件，对于符合上诉条件的，应将上诉状、答辩状连同第一审案卷及证据材料、报送第二审法院。

2. 上诉的撤回

上诉人在第二审人民法院受理上诉至作出第二审裁判之前，可以向第二审人民法院申请撤回上诉。撤回上诉应当递交撤诉状。是否允许撤回上诉，由二审人民法院裁定。

有下列情形时不准撤诉：

（1）原审人民法院的裁判确有错误，应予以纠正或者发回重审的。

（2）发现行政机关对上诉人有胁迫的情况或者行政机关对上诉人作了违法让步的。

（3）双方当事人都提出上诉，而只有一方当事人提出撤回上诉的。

3. 第二审案件的审理

第二审是在第一审的基础上进行的。第二审与第一审在审理程序上基本相同，但也有许多独特之处。审理方式有开庭审理和书面审理两种形式。

（1）开庭审理　程序与第一审程序相同，开庭审理主要适用于当事人对第一审人民法院认定事实有争议或者认为第一审人民法院认定事实不清、证据不足的案件。第二审的内容不受第一审裁判与当事人上诉范围的限制，人民法院应对案件进行全面审查。即对一审法院认定的事实是否清楚、适用法律法规是否正确，审理是否符合法定程序等进行审查，以保证行政审判的正确性、公正性，并对下级法院有效实施的监督。

（2）书面审理　《行政诉讼法》第59条规定：人民法院对上诉案件，认为事实清楚的，可以实行书面审理。书面审理的过程是合议庭成员共同阅卷共同审查的过程，在此基础上，再进行合议庭评议。这种审理方式既有利于提高结案效率，又能保证办案质量。

4. 二审案件的裁判

（1）维持原判　原判决认定事实清楚，适用法律、法规正确的，判决驳回上诉，维持原判。

（2）依法改判　原判决认定事实清楚，但是适用法律、法规错误的，依法改判。

（3）发回重审　由于违反法定程序可能影响案件正确判决的，裁定撤销原判，发回原审人民法院重审。

（4）自行改判　原判决认定事实不清，证据不足，查清事实后改判。

（三）审判监督程序

人民法院对本院已经发生法律效力的判决、裁定，发现违反法律、法规规定依法对案件再次审理的程序。该程序提起诉讼的主体必须是本级人民法院或上级人民法院及人民检察院。

审判监督程序可分为再审和提审两种程序。

1. 再审

是指人民法院为了纠正已经发生法律效力的判决、裁定的错误，依照法定程序对案件再次审判的活动。它分为上级人民法院的指令再审和本院审判委员会决定的自行再审。

2. 提审

是指上级人民法院对下级人民法院已发生法律效力的判决、裁定认为确有错误的，自行审理的活动。

人民检察院对人民法院已经发生法律效力的判决、裁定，发现违反法律、法规的，有权依法提出抗诉。

二、执行

执行是指人民法院按照法定程序，在负有义务的一方当事人拒不履行已生效的判决、裁定所确定的义务时，强制其履行义务的活动。其特征为：执行的主体是人民法院；执行的根据是人民法院已经生效的判决、裁定，义务人拒绝履行法定义务；申请执行人可以是行政机关，也可能是行政相对人。

1. 管理相对人拒绝履行判决裁定的，畜牧兽医行政机关可以向第一审人民法院申请强制执行，或依法强制执行。

2. 畜牧兽医行政机关拒绝履行人民法院判决、裁定的，第一审人民法院可以采取下列措施：

①对应当归还的罚款或应当给付的赔偿金，可通知银行从相关的银行中直接划拨。

②在规定的期限内不履行判决、裁定的，从期满之日起，对该行政机关按日处以罚款。

③向该行政机关的上级部门或监督人事部门提出司法建议，接受建议的单位要将处理情况告知人民法院。

④拒绝履行判决、裁定，情节严重或构成犯罪的，要依法追究主管人员和相关责任人的刑事责任。

3. 对管理相对人在法定的期限内不提起诉讼又不履行的，畜牧兽医行政机关可以申请人民法院强制执行或者依法强制执行。

第五节　畜牧兽医行政责任及侵权赔偿

一、畜牧兽医行政责任

畜牧兽医行政责任是畜牧兽医行政法律责任的简称，指畜牧兽医行政机关或其工作人员有违反有关行政管理的法律、法规的规定，但尚未构成犯罪的行为所依法应当承担的法律后果。

行政责任分为行政处分和行政处罚。

1. 行政处分

行政处分是对国家工作人员及由国家机关委派到企业事业单位任职的人员的行政违法行为，给予的一种制裁性处理。行政处分的种类包括警告、记过、降级、降职、撤职、开除等。

2. 行政处罚

行政处罚是指国家行政机关及其他依法可以实施行政处罚权的组织，对违反行政法律、法规、规章，尚不构成犯罪的公民、法人及其他组织实施的一种制裁行为。主要包括警告、罚款、没收违法所得、没收非法财物、责令停产停业、暂扣或者吊销许可证、暂扣或者吊销执照、行政拘留等。

二、畜牧兽医侵权赔偿

畜牧兽医行政侵权赔偿是指畜牧兽医行政机关及其工作人员违法行使职权，侵犯公民、法人和其他组织的合法权益造成的损害，而引起的国家赔偿。

（一）畜牧兽医行政赔偿的范围

1. 对侵犯人身权的赔偿

（1）非法拘禁或者以其他方法非法剥夺公民人身自由的。

（2）以殴打等暴力行为或者唆使他人以殴打等暴力行为造成公民身体伤害或者死亡的。

（3）造成公民身体伤害或者死亡的其他违法行为。

2. 对侵犯财产权的赔偿

（1）违法实施罚款、吊销许可证和执照、责令停产停业、没收财物等行政处罚的。

（2）违法对财产采取查封、扣押、冻结等行政强制措施的。

（3）违反国家规定征收财物、摊派费用的。

（4）造成财产损害的其他违法行为。

3. 下列情况国家不予赔偿：

（1）行政机关工作人员与行使职权无关的个人行为。例如个人从事兽药经营给他人造成损失的，不属于国家赔偿。

（2）因公民、法人和其他组织自己的行为致使损害发生的。

（3）法律规定的其他情形。

（二）赔偿请求人和赔偿义务机关

1. 赔偿请求人包括

（1）受害的公民、法人或者其他组织有权要求赔偿。

（2）受害的公民死亡，其继承人和其他有扶养关系的亲属有权要求赔偿。

（3）受害的法人或者其他组织终止，承受其权利的法人或者其他组织有权要求赔偿。

2. 赔偿义务机关

（1）畜牧兽医行政机关及其工作人员行使行政职权侵犯公民、法人和其他组织的合法权益造成损害的，该行政机关为赔偿义务机关。

①两个以上行政机关共同行使行政职权时侵犯公民、法人和其他组织的合法权益造成损害的，共同行使行政职权的行政机关为共同赔偿义务机关。

②法律法规授权的组织在行使行政权利时，侵犯了公民、法人和其他组织等管理相对人的合法权益，造成损害的，被授权的组织为赔偿义务机关。

③受行政机关委托的组织或者个人在行使受委托的行政权力时侵犯公民、法人和其

他组织的合法权益造成损害的,委托的行政机关为赔偿义务机关。

④赔偿机关撤销的,继续行使其职权的机关为赔偿义务机关,没有继续行使其职权的行政机关的,撤销该赔偿义务机关的行政机关为赔偿义务机关。

(2)经复议机关复议的,最初造成侵权行为的行政机关为赔偿义务机关,但复议机关的复议决定加重损害的,复议机关对加重的部分履行赔偿义务。

(三)行政赔偿程序

1. 赔偿请求人提交申请书

提出行政赔偿可能有以下几种程序。

(1)受害人提出赔偿请求的,应当首先向赔偿义务机关提出,也可以在申请行政复议或提起行政诉讼时,将确认具体行政行为违法与要求赔偿一并提出。

(2)赔偿请求人可以向共同赔偿机关中的任何一个赔偿义务机关要求赔偿,该赔偿机关应当先赔偿,然后再要求其他赔偿义务机关负担相应赔偿费用。

(3)根据受到的损害不同,受害人可以同时提出数项相应的赔偿请求。

2. 赔偿的受理与处理

(1)赔偿请求人要求赔偿,应先向赔偿义务机关提出。

(2)赔偿义务机关应当自收到申请之日起两个月内,审查核实,认为赔偿申请符合条件的,给予赔偿;逾期不予赔偿或者赔偿请求人对赔偿数额有异议的,赔偿请求人可以自期间届满之日起三十日内向其上一级机关申请复议。

(3)复议机关应当自收到申请之日起两个月内作出决定。赔偿请求人不服复议决定的,可以在收到复议决定之日起三十日内向复议机关所在地的同级人民法院赔偿委员会申请作出赔偿决定。

(4)中级以上人民法院设立赔偿委员会,实行少数服从多数的决定原则。

(5)赔偿义务机关赔偿损失后,依法责令有过错的有关组织和个人承担部分或全部赔偿费用。

(四)赔偿请求时效

赔偿请求人请求国家赔偿的时效为两年,自国家机关及其工作人员行使职权时的行为被依法确认为违法之日起计算,但被羁押期间不计算在内。

赔偿请求人在赔偿请求时效的最后六个月内,因不可抗力或者其他障碍不能行使请求权的,时效中止。从中止时效的原因消除之日起,赔偿请求时效期间继续计算。

(五)赔偿方式和计算标准

1. 侵犯公民、法人和其他组织的财产权造成损害的,按照下列规定处理:

(1)处罚款、罚金、追缴、没收财产或者违反国家规定征收财物、摊派费用的,返还财产。

(2)查封、扣押、冻结财产的,解除对财产的查封、扣押、冻结,造成财产损坏或者灭失的,依照本条第(3)项、第(4)项的规定赔偿。

(3)应当返还的财产损坏的,能够恢复原状的恢复原状,不能恢复原状的,按照损害程度给付相应的赔偿金。

(4)应当返还的财产灭失的,给付相应的赔偿金。

(5)财产已经拍卖的,给付拍卖所得的价款。

（6）吊销许可证和执照、责令停产停业的，赔偿停产停业期间必要的经常性费用开支。

（7）对财产权造成其他损害的，按照直接损失给予赔偿。

2. 侵犯公民人身自由的，每日的赔偿金按照国家上年度职工日平均工资计算。

3. 侵犯公民生命健康权的，按下列标准赔偿：

（1）造成身体伤害的，应支付医疗费、误工费；

（2）造成部分或者全部丧失劳动能力的，应支付医疗费、残疾赔偿金；造成全部丧失劳动能力的，还应支付其抚养的无劳动能力者的生活费；

（3）造成死亡的，应支付死亡赔偿金、丧葬费及死者生前抚养的无劳动能力人员的生活费。

思 考 题

1. 畜牧兽医行政诉讼的受案范围。
2. 行政诉讼参加人指什么。
3. 畜牧兽医行政诉讼审理。
4. 畜牧兽医行政诉讼判决。
5. 什么是畜牧兽医行政责任。
6. 畜牧兽医行政赔偿的范围。
7. 行政赔偿程序。

第六章

动物防疫监督管理

动物卫生是世界三大卫生之一，它标志着一个国家物质、精神两个文明建设发达的程度，也是政治稳定、经济繁荣的具体体现。在世界经济日益全球化的今天，动物和动物产品的国际贸易日益繁荣，为防止国外动物疫病传入我国，不断提高我国动物疫病的防疫水平，使我国的动物防疫工作与国际惯例接轨促进我国畜产品出口，保证我国畜牧业持续稳定地增长。

第一节 《中华人民共和国动物防疫法》概述

《中华人民共和国动物防疫法》（以下简称《动物防疫法》）于1997年7月3日第八届全国人民代表大会常务委员会第二十次会议通过并公布，自1998年1月1日起施行。为了更好地控制疫病，保障养殖户的合法权益，以及与国际通行做法接轨，《动物防疫法》由中华人民共和国第十届全国人民代表大会常务委员会第二十九次会议于2007年8月30日修订通过，自2008年1月1日起施行。它是我国动物防疫工作的第一部法律，为动物防疫工作提供了法律保障。它对动物疫病的预防、动物疫病的控制和扑灭、动物和动物产品的检疫、动物防疫监督及其违反本法应当承担的法律责任作了详尽的规定。

一、《动物防疫法》的主要内容

本法针对现实生活中的突出问题，总结实践经验，按照预防为主，加强对动物防疫活动的管理，预防、控制和扑灭动物疫病，促进养殖业发展，保护人体健康，维护公共卫生安全，规定了一系列相应的制度和措施，主要内容是：规定了国家对动物防疫工作实行预防为主的方针，明确指出各级人民政府应当加强对动物防疫工作的领导。在管理体制上，规定了国务院畜牧兽医行政管理部门主管全国的动物防疫工作，县级以上地方人民政府畜牧兽医行政管理部门主管本行政区域内的动物防疫工作，县级以上人民政府所属的动物防疫监督机构实施动物防疫和动物防疫监督。同时规定动物防疫监督机构应当加强对动物疫病预防的宣传教育和技术指导、技术培训、咨询服务，并组织实施动物强制免疫，种用和乳用动物的管理、疫情的报告和疫区的封锁。动物防疫监督机构实施动物防疫和动物防疫监督。规定诊疗许可、风险评估制度、追溯管理、疫情预警、区域化管理、疫情认定、国际通报、官方兽医、执业兽医、官方兽医签字、保障措施和补偿制度，动物疫病的控制和扑灭措施，动物和动物产品的检疫措施等。规定了对动物防的实施进行监督管理，对违法行为应承担的法律责也作了明确的规定。

二、《动物防疫法》的立法宗旨

动物卫生是指防治动物疾病、保障动物健康和动物环境卫生以及保证动物及其产品对人体健康无害的一切措施。动物卫生状况关系到一个国家的政治、经济和社会稳定，其本质在于动物、动物产品是否能给畜牧业经济和人民的健康带来风险。所以《动物防疫法》的立法宗旨：

1. 预防、控制和扑灭动物疫病，促进养殖业发展

动物在人类社会发展过程中起着重要的作用。从原始社会开始，人类就大量猎捕动物以获取食物，并逐步饲养动物，出现了家畜家禽。随着社会的发展与进步，动物的用途逐步多样化，除主要供食用外，还用于役使、观赏、守卫、伴侣、演艺等各个方面，涉及生产、生活、科研、国防等各个领域。动物与人类的关系越来越密切，已成为人类生活和社会发展不可或缺的重要方面。我国是一个动物养殖大国，特别是改革开放以来，人民生活水平不断提高，皮、毛、裘、革、肉、禽、蛋、乳的需求量日益增加，与此相适应，作为国民经济重要组成部分的养殖业得到了迅猛发展。1996年肉类产量达5 900万吨，超过世界总产量的1/4；其中猪肉产量约占世界总产量的45%；人均肉类占有量已超过世界平均水平。禽蛋人均达16千克，超过发达国家的平均水平。水产品人均占有量也超过了世界平均水平。我国的养殖业虽然取得了很大成绩，但动物疫病多仍然是严重影响养殖业发展的重大障碍。因此，制定动物防疫法，预防、控制和扑灭动物疫病，对促进养殖业发展具有十分重要的意义。

2. 保护人体健康

搞好动物防疫不仅仅是为了保护动物健康，促进养殖业发展，更重要的一方面是为了保护人体健康。这是因为很多动物疫病同样可以传染给人。目前世界上已知的人畜共患病包括病毒病、寄生虫病，还有衣原体病、真菌病等达几百种，其中如血吸虫病、狂犬病、布氏杆菌病、结核病、炭疽病等，都曾给人类带来灾难性的危害。现在还有一些新的人畜共患病在继续被发现和证实。一些国家发生的动物传染病由于对人体健康有影响，不仅对其经济造成重大损失，也产生了强烈的政治影响，如英国发生的疯牛病就是一例。因此，制定动物防疫法，预防、控制和扑灭动物疫病，使人民群众食肉安全，对保护人体健康具有十分重要的意义。

3. 维护社会公共卫生安全

兽医工作是公共卫生安全的第一道防线，也是公共卫生的一个重要组成部分。可以说是一个国家公共安全、公共服务的一项基础性的工作，从国际上来看，动物疫病不仅影响到人体的健康，造成一些经济的损失，同时也会产生一些政治的、社会的影响。比如说我们发生的禽流感，英国发生的疯牛病、口蹄疫，都造成了世界性的恐慌。另一方面从我国的经济发展和对外开放角度来看，我们也是逐步和全球融在一起，我们恢复了在OIE组织的地位，当然要履行其中很多的义务。而动物卫生和兽医公共卫生的职能更多的就体现在这些方面。非典和禽流感的发生与防控也说明，兽医工作不仅仅是动物疫情和畜牧业发展的问题，不仅关系到人的健康问题、农民致富、农村经济发展和社会稳定，也关系到社会安全。正是基于这种认识，在立法目的上强调了公共卫生安全，也

具有前瞻性。

三、制定颁布《动物防疫法》的意义、目的

（一）制定《动物防疫法》的意义

1. 保护生产、发展生产

动物疫病是畜牧业生产的大敌，在中国的历史上和许多国家的历史上，都有因动物疫病流行而严重毁损畜牧业生产的记载，比如，中国在20世纪的30至40年代，每年死于牛瘟的牛达一二百万头；19世纪末，南美洲牛瘟大流行，九百万头牛死亡百分之九十以上。而在现代，由于科学技术的进步，人们掌握了更多的防治动物疫病的手段，但是动物疫病仍然是畜牧业生产的大敌，近年来在一些国家、一些地区仍然存在由于动物疫病而使畜牧业生产遭受摧毁性打击的事实，或者说，有些动物疫病即使未造成摧毁性打击，但也严重地影响着畜牧业的发展，所造成的后果是惊人的。所以，要保护畜牧业生产就要防治动物疫病，只有有效地防治动物疫病，才能在保护生产的基础上发展畜牧业生产。制定动物防疫法的重要意义就在于，通过强化对动物疫病的防治，以发挥对保护畜牧业生产、发展畜牧业生产的作用。

2. 保护人体健康

动物疫病不仅给畜牧业生产造成经济损失，而且也会危害人体健康。据专家所述，在已知的二百多种动物传染病和一百五十多种动物寄生虫病中，至少有一百六十多种可以传染给人，并且还推测远远不止此数；传播的途径可以通过人与患病动物的直接接触，也可经由动物媒介和受病源污染的空气、水和食品等。人体受某些动物疫病的传染，不仅有害健康，而且会造成严重的危害，在历史上和现实中都有许多事实存在。有的动物疫病能致人死命；有的虽不迅速使人致死，但使人长期虚弱丧失劳动力；有的因食品源或职业活动而感染某些动物疾病，患上疾病。因此，防治动物疫病是保护人体健康，扑灭和控制人畜共患疾病的必要措施，或者说是一个重要前提，制定动物防疫法，保护人的健康，会涉及每一个人，所以它又是有很重要意义的。

3. 有利于繁荣农村经济

在农村经济中，畜牧业的生产经营始终占有重要地位，在农村经济的进一步发展中，这种地位不会减弱，而且会显得更重要。不仅能改善农民生活，增加农民收入，而且为市场提供更多的畜产品，丰富市场。因此，强化动物疫病的防治，对保护和发展畜牧业，减少因动物疫病而造成的损失，稳定和增加农民的收入，为市场提供合格的畜产品都有直接的意义，为繁荣农村经济创造了有利的条件。

4. 促进实现动物防疫活动的规范化，使之纳入法制的轨道

动物防疫，它关系到国家利益，又直接关系到群众的利益；它所采取的措施有些是在教育动员基础上的，有一些则是由政府采取的强制性措施。因此，这项工作应当规范化，采用法律的形式确立各有关方面的行为规则，行政管理部门和动物防疫监督机构依照法律所授予的权力，履行自己法定的职责，应当是具有权威性的；有关的生产者、经营者，无论是单位还是个人，凡是依照法律所应遵行的事项，就是一种法定的义务，而不允许任凭其意愿自行其是；涉及动物防疫的运输部门、卫生行政部门以及其他有关部门及人员，都必须依法行事，行使法定的职权或履行法定的义务。只有这样，将动物防

疫工作纳入法制的轨道，以法律作为保障，实现动物防疫的目的，才是推行动物防疫的有力保证，也是强化动物防疫的正确途径。所以，制定动物防疫法，从当前的现实需要到长远的制度建设，都具有重要的意义。实际上，这意味着将动物防疫工作推向了一个以法制为基础的新的阶段。当然，这里面还有大量的艰巨的工作，但是应当肯定，这是一个新的阶段的开始。

5. 通过立法工作，全面推进动物防疫工作水平的提高

制定动物防疫法，实现规范化的管理，将会大大促进广大的生产者、经营者以至消费者树立动物防疫意识，提高自觉性；促使各有关管理部门和执法人员提高管理水平，严格执法。

6. 有助于开拓动物产品国际市场

中国是动物及动物产品生产的大国，但却是动物产品出口小国。我国加入WTO前夕，许多业内人士分析，加入WTO后，我国动物产品是最具竞争力的农副产品之一。但入世以来，我国动物产品出口却阴雨连绵、困境重重，多种出口产品在一些国家和地区纷纷遭到封杀、退货。因此，下大工夫抓好动物产品生产中的疫病控制与药物残留，不断提高动物产品质量，保证动物产品卫生安全，是我国加入WTO应对错综复杂国际市场的畜牧业工作的切入点。

（二）颁布《动物防疫法》的目的

1. 预防、控制和扑灭动物疫病的需要。
2. 保护和促进养殖业生产发展的需要。
3. 维护消费者合法权益和人体健康的需要。
4. 加强对动物防疫工作的管理，将其纳入法制化轨道的需要。
5. 理顺动物防疫管理体制，完善调整范围，健全防疫制度，建立防疫秩序的需要。

四、《动物防疫法》的调整对象和范围

（一）调整对象

《动物防疫法》从动物、动物产品、动物疫病，动物防疫四个方面对调整对象作了规定。

1. 动物

动物防疫法中的动物一词，并不是一个统称，它包括不了整个动物界，不能是泛指所有的动物，而是有特定的含义，也就是法律上的含义，是指家畜家禽和人工饲养、合法捕获的其他动物。这里就对动物防疫法的调整范围作了明确的界定，即家畜家禽，人工饲养的家畜家禽以外的一些动物，合法捕获的一些野生动物。

2. 动物产品

是供食用、饲料用、药用、农用或工业用的动物源性产品。《动物防疫法》所称动物产品，是指动物的肉、生皮、原毛、绒、脏器、脂、血液、精液、卵、胚胎、骨、蹄、头、角、筋以及可能传播动物疫病的奶、蛋等。

3. 动物疫病

主要是指生物性病原引起的动物群发性疾病，包括动物传染病、寄生虫病。

4. 动物防疫

动物防疫法对动物防疫一词作了法律上的界定，也就是明确它包括动物疫病的预防、控制、扑灭和动物、动物产品的检疫。这实际上是以法律的形式对动物防疫工作、动物防疫活动涉及的范围作了界定，应当在这个范围内行使权力，履行职责。预防、控制、扑灭疫病是对动物而言的，检疫则是对动物、动物产品两者而言的，两者之间有密切的关系。

（二）调整范围

所谓调整范围就是《动物防疫法》所适用的范围。本法适用于在中华人民共和国领域内的动物防疫活动。我国《动物防疫法》调整范围相当广泛，包括：

1. 区域范围

中华人民共和国领域内（地方法规为本省、自治区、直辖市境内）的动物防疫及其监督管理活动。

2. 相对人范围

与畜牧兽医卫生有关的所辖区域内的单位、集体和个人（包括进入我国境内的外国人）。

3. 行为种类范围

动物传染病、寄生虫病的预防、控制、扑灭，动物检疫，兽药、饲料的生产、经营和使用，诊疗许可，风险评估制，国际通报，官方兽医、执业兽医，保障措施和补偿制度等。

4. 动物对象范围

包括猪、牛、羊、马、骡、驴、骆驼、鹿、兔、犬、鸡、鸭、鹅及人工饲养、合法捕获的其他动物。

5. 产品范围

主要有生皮、原毛、精液、胚胎、种蛋以及动物的肉、脂、脏器、血液、绒、骨、角、头、蹄等，以及兽药、兽药制剂、新兽药、兽药新制剂、单一饲料、配合饲料、预混合饲料、浓缩饲料、饲料添加剂和新饲料、饲料添加剂等。

第二节 动物疫病的预防

在当前形势下，做好动物防疫工作具有特别重要的意义。做好动物防疫工作，有利于促进农民增收；有利于农业和农村经济结构调整；有利于树立良好的国际形象，促进对外贸易发展；有利于国民经济发展和社会稳定。

一、动物疫病预防的概念

预防是采取措施防止疫病发生和流行。动物疫病的预防是根据动物疫病流行特点和规律，采用预防医学的理论、技术及行政管理、行政执法等手段，防止动物疫病发生和流行。动物疫病的预防，不仅关系畜牧业的发展，而且关系到经济发展、人民健康和社会稳定。

《动物防疫法》规定："国家对动物疫病实行预防为主的方针"，这是国家实行的带有强制性的措施，它贯穿于整篇《动物防疫法》，是整个动物防疫工作的主线。实践证明，预防工作做好了，可收到事半功倍的效果，可用小的投入减少大的损失；如果动物疫病暴发流行后再去扑灭、控制，将损耗大量的人力物力，并将影响畜牧业健康发展，社会稳定。在动物饲养、动物防疫工作中必须坚持预防为主的方针。

二、动物疫病的分类

为集中力量、统一行动、抓住重点、兼顾一般，预防、控制和扑灭动物疫病，国家对动物疫病实行分类管理。根据动物疫病对养殖业生产和人体健康的危害程度，《动物防疫法》把动物疫病分为三类：一类动物疫病，二类动物疫病和三类动物疫病。一类、二类、三类动物疫病具体病种名录由国务院兽医主管部门制定并公布。

据农业部于2008年12月11日公布的动物疫病名录统计，将动物疫病分为一类、二类、三类。

1. 一类

口蹄疫、猪水泡病、猪瘟、非洲猪瘟、高致病性猪蓝耳病、非洲马瘟、牛瘟、牛传染性胸膜肺炎、牛海绵状脑病、痒病、蓝舌病、小反刍兽疫、绵羊痘和山羊痘、高致病性禽流感、新城疫、鲤春病毒血症、白斑综合征。

2. 二类

多种动物共患病：狂犬病、布氏杆菌病、炭疽、伪狂犬病、魏氏梭菌病、副结核病、弓形虫病、棘球蚴病、钩端螺旋体病。

牛病：牛结核病、牛传染性鼻气管炎、牛恶性卡他热、牛白血病、牛出血性败血病、牛梨形虫病（牛焦虫病）、牛锥虫病、日本血吸虫病。

绵羊和山羊病：山羊关节炎/脑炎、梅迪-维斯纳病。

猪病：猪繁殖与呼吸综合征（经典猪蓝耳病）、猪乙型脑炎、猪细小病毒病、猪丹毒、猪肺疫、猪链球菌病、猪传染性萎缩性鼻炎、猪支原体肺炎、旋毛虫病、猪囊尾蚴病、猪圆环病毒病、副猪嗜血杆菌病。

马病：马传染性贫血、马流行性淋巴管炎、马鼻疽、马巴贝斯虫病、伊氏锥虫病。

禽病：鸡传染性喉气管炎、鸡传染性支气管炎、传染性法氏囊病、马立克氏病、产蛋下降综合征、禽白血病、禽痘、鸭瘟、鸭病毒性肝炎、鸭浆膜炎、小鹅瘟、禽霍乱、鸡白痢、禽伤寒、鸡败血支原体感染、鸡球虫病、低致病性禽流感、禽网状内皮组织增殖症。

兔病：兔病毒性出血病、兔黏液瘤病、兔出血热、兔球虫病。

蜜蜂病：美洲幼虫腐臭病、欧洲幼虫腐臭病。

鱼类病：草鱼出血病、传染性脾肾坏死病、锦鲤疱疹病毒病、刺激隐核虫病、淡水鱼细菌性败血症、病毒性神经坏死病、流行性造血器官坏死病、斑点叉尾鮰病毒病、传染性造血器官坏死病、病毒性出血性败血症、流行性溃疡综合征。

甲壳类病：桃拉综合征、黄头病、罗氏沼虾白尾病、对虾杆状病毒病、传染性皮下和造血器官坏死病、传染性肌肉坏死病。

3. 三类

多种动物共患病：大肠杆菌病、李氏杆菌病、类鼻疽、放线菌病、肝片吸虫病、丝虫病、附红细胞体病、Q热。

牛病：牛流行热、牛病毒性腹泻/黏膜病、牛生殖器弯曲杆菌病、毛滴虫病、牛皮蝇蛆病。

绵羊和山羊病：肺腺瘤病、传染性脓疱、羊肠毒血症、干酪性淋巴结炎、绵羊疥癣、绵羊地方性流产。

马病：马流行性感冒、马腺疫、马鼻腔肺炎、溃疡性淋巴管炎、马媾疫。

猪病：猪传染性胃肠炎、猪流行性感冒、猪副伤寒、猪密螺旋体痢疾。

禽病：鸡病毒性关节炎、禽传染性脑脊髓炎、传染性鼻炎、禽结核病。

蚕、蜂病：蚕型多角体病、蚕白僵病、蜂螨病、瓦螨病、亮热厉螨病、蜜蜂孢子虫病、白垩病。

犬猫等动物病：水貂阿留申病、水貂病毒性肠炎、犬瘟热、犬细小病毒病、犬传染性肝炎、猫泛白细胞减少症、利什曼病。

鱼类病：鮰类肠败血症、迟缓爱德华氏菌病、小瓜虫病、黏孢子虫病、三代虫病、指环虫病、链球菌病。

甲壳类病：河蟹颤抖病、斑节对虾杆状病毒病。

贝类病：鲍脓疱病、鲍立克次体病、鲍病毒性死亡病、包纳米虫病、折光马尔太虫病、奥尔森派琴虫病。

两栖与爬行类病：鳖腮腺炎病、蛙脑膜炎败血金黄杆菌病。

世界动物卫生组织（OIE）出版的《国际动物卫生法典》将动物疫病分为A、B两类，A类疫病包括15种动物疫病，B类包括66种动物疫病。

1. A类疫病

指超越国界，具有非常严重而快速的传播潜力，引起严重社会经济或公共卫生后果，并对动物和动物产品国际贸易具有重大影响的传染病。包括：口蹄疫、水疱性口炎、猪水泡病、牛瘟、小反刍兽疫、牛传染性胸膜肺炎、节结性皮肤病、裂谷热、蓝舌病、绵羊痘和山羊痘、非洲马瘟、非洲猪瘟、古典猪瘟、高致病性禽流感、新城疫，15种动物疫病。

2. B类疫病

指在国内对社会经济或公共卫生具有影响，并在动物和动物产品国际贸易中具有明显影响的传染病。

（1）多种动物共患病9种 包括炭疽病、伪狂犬病、棘球蚴病、钩端螺旋体病、狂犬病、副结核病、心水病、新大陆螺旋蝇蛆病和旧大陆螺旋蝇蛆病、旋毛虫病。

（2）牛病13种 包括牛布氏杆菌病、牛生殖道弯曲杆菌病、牛结核病、地方性牛白血病、牛传染性鼻气管炎/传染性脓疱阴道炎、毛滴虫病、牛边虫病、牛巴贝斯虫病、牛囊尾蚴病、嗜皮菌病、泰勒氏菌病、出血性败血病、牛海绵状脑病。

（3）绵羊和山羊病7种 包括绵羊附睾炎、山羊和绵羊布氏杆菌病、接触传染性无乳症、山羊关节炎/脑炎、梅迪-维斯纳病、山羊传染性胸膜肺炎、母羊地方性流产（绵羊衣原体病）。

(4) 马病 14 种　马传染性子宫炎、马媾疫、马脑脊髓炎、马传染性贫血、马流感、马焦虫病、马鼻肺炎、马鼻疽、马痘、马病毒性动脉炎、马螨病、委内瑞拉马脑脊髓炎、流行性淋巴管炎、日本脑炎。

(5) 猪病 4 种　包括猪萎缩性鼻炎、猪布氏杆菌病、肠病毒性脑脊髓炎、传染性胃肠炎。

(6) 禽病 11 种　包括传染性法氏囊病、马立克氏病、禽支原体病、禽衣原体病、鸡伤寒和鸡白痢、禽传染性支气管炎、禽传染性喉气管炎、禽结核病、鸭病毒性肝炎、鸭病毒性肠炎、禽霍乱。

(7) 兔病 3 种　包括黏液瘤病、土拉杆菌病、兔出血热病。

(8) 蜂病 5 种　包括蜂螨病、美洲幼虫腐臭病、欧洲幼虫腐臭病、蜂孢子虫病、马螨病。

三、《动物防疫法》对动物疫病预防的有关规定

(一) 法律法规对各级人民政府、工作部门的要求

1. 国务院兽医主管部门对动物疫病状况进行风险评估，根据评估结果制定相应的动物疫病预防、控制措施。国务院兽医主管部门根据国内外动物疫情和保护养殖业生产及人体健康的需要，及时制定并公布动物疫病预防、控制技术规范。

2. 国家对严重危害养殖业生产和人体健康的动物疫病实施强制免疫。国务院兽医主管部门确定强制免疫的动物疫病病种和区域，并会同国务院有关部门制定国家动物疫病强制免疫计划。省、自治区、直辖市人民政府兽医主管部门根据国家动物疫病强制免疫计划，制定本行政区域的强制免疫计划；并可以根据本行政区域内动物疫病流行情况增加实施强制免疫的动物疫病病种和区域，报本级人民政府批准后执行，并报国务院兽医主管部门备案。

3. 县级以上地方人民政府兽医主管部门组织实施动物疫病强制免疫计划。乡级人民政府、城市街道办事处应当组织本管辖区域内饲养动物的单位和个人做好强制免疫工作。饲养动物的单位和个人应当依法履行动物疫病强制免疫义务，按照兽医主管部门的要求做好强制免疫工作。经强制免疫的动物，应当按照国务院兽医主管部门的规定建立免疫档案，加施畜禽标识，实施可追溯管理。

4. 县级以上人民政府应当建立健全动物疫情监测网络，加强动物疫情监测。国务院兽医主管部门应当制定国家动物疫病监测计划。省、自治区、直辖市人民政府兽医主管部门应当根据国家动物疫病监测计划，制定本行政区域的动物疫病监测计划。动物疫病预防控制机构应当按照国务院兽医主管部门的规定，对动物疫病的发生、流行等情况进行监测；从事动物饲养、屠宰、经营、隔离、运输以及动物产品生产、经营、加工、贮藏等活动的单位和个人不得拒绝或者阻碍。

5. 国务院兽医主管部门和省、自治区、直辖市人民政府兽医主管部门应当根据对动物疫病发生、流行趋势的预测，及时发出动物疫情预警。地方各级人民政府接到动物疫情预警后，应当采取相应的预防、控制措施。

6. 国家对动物疫病实行区域化管理，逐步建立无规定动物疫病区。无规定动物疫病区应当符合国务院兽医主管部门规定的标准，经国务院兽医主管部门验收合格予以

公布。

（二）动物防疫法律法规对饲养、经营动物和生产、经营动物产品的单位和个人的要求

1. 从事动物饲养、屠宰、经营、隔离、运输以及动物产品生产、经营、加工、贮藏等活动的单位和个人，应当依照本法和国务院兽医主管部门的规定，做好免疫、消毒等动物疫病预防工作。

2. 种用、乳用动物和宠物应当符合国务院兽医主管部门规定的健康标准。种用、乳用动物应当接受动物疫病预防控制机构的定期检测；检测不合格的，应当按照国务院兽医主管部门的规定予以处理。

3. 动物饲养场（养殖小区）和隔离场所，动物屠宰加工场所，以及动物和动物产品无害化处理场所，应当符合下列动物防疫条件：

（1）场所的位置与居民生活区、生活饮用水源地、学校、医院等公共场所的距离符合国务院兽医主管部门规定的标准；

（2）生产区封闭隔离，工程设计和工艺流程符合动物防疫要求；

（3）有相应的污水、污物、病死动物、染疫动物产品的无害化处理设施设备和清洗消毒设施设备；

（4）有为其服务的动物防疫技术人员；

（5）有完善的动物防疫制度；

（6）具备国务院兽医主管部门规定的其他动物防疫条件。

4. 兴办动物饲养场（养殖小区）和隔离场所，动物屠宰加工场所，以及动物和动物产品无害化处理场所，应当向县级以上地方人民政府兽医主管部门提出申请，并附具相关材料。受理申请的兽医主管部门应当依照本法和《中华人民共和国行政许可法》的规定进行审查。经审查合格的，发给动物防疫条件合格证；不合格的，应当通知申请人并说明理由。需要办理工商登记的，申请人凭动物防疫条件合格证向工商行政管理部门申请办理登记注册手续。动物防疫条件合格证应当载明申请人的名称、场（厂）址等事项。经营动物、动物产品的集贸市场应当具备国务院兽医主管部门规定的动物防疫条件，并接受动物卫生监督机构的监督检查。

5. 动物、动物产品的运载工具、垫料、包装物、容器等应当符合国务院兽医主管部门规定的动物防疫要求。染疫动物及其排泄物、染疫动物产品，病死或者死因不明的动物尸体，运载工具中的动物排泄物以及垫料、包装物、容器等污染物，应当按照国务院兽医主管部门的规定处理，不得随意处置。

6. 禁止屠宰、经营、运输下列动物和生产、经营、加工、贮藏、运输下列动物产品：

（1）封锁疫区内与所发生动物疫病有关的；

（2）疫区内易感染的；

（3）依法应当检疫而未经检疫或者检疫不合格的；

（4）染疫或者疑似染疫的；

（5）病死或者死因不明的；

（6）其他不符合国务院兽医主管部门有关动物防疫规定的。

四、动物防疫工作的基本原则和内容

（一）动物防疫工作的基本原则

1. 建立和健全各级动物防疫监督机构，充分发挥防疫机构和工作人员的作用，以保证动物防疫措施的贯彻。动物防疫工作是一项与农业、商业、外贸、卫生、交通等部门都有密切关系的重要工作。只有在各地区、各部门密切配合下，从全局出发，大力合作，统一部署，全面安排，才能把动物防疫工作做好。

2. 认真贯彻国家有关的动物卫生法规，依法管理动物防疫工作。2007年由全国人大常委会通过并由国家主席公布，自2008年1月1日起施行的修订后的《动物防疫法》对我国动物防疫工作的政策和基本原则作了进一步明确而具体的叙述。在国家的有关动物卫生法规原则指导下，各省区根据本地区的特点，制定相关的法律法规，为我国的动物卫生工作正常、规范开展奠定了良好的基础。

3. 贯彻"预防为主"的方针。搞好饲养管理、防疫卫生、预防接种、检疫、隔离、消毒等综合性防疫措施，以达到提高动物的健康水平和抗病能力，控制和杜绝疫病的传播蔓延，降低发病率和死亡率。

4. 完善各项防疫措施，消除疫病发生和流行的条件。随着畜牧业生产的发展，动物卫生科技水平的不断提高，我国广大动物卫生工作者在实践中逐步形成并总结出了一套较为完整的防疫技术措施。在动物防疫工作中，要根据本单位、本地区动物疫情及动物种类、数量等，因病而异，及时调整、制定相应的疫病防制对策，有侧重地采取相应的措施。

（二）动物防疫工作的基本内容

1. 平时的预防措施

（1）加强饲养管理，搞好卫生消毒工作，增强动物机体抗病能力，减少疫病传播。

（2）拟定和执行定期预防接种和补种计划。

（3）定期杀虫、灭鼠，进行粪便无害化处理。

（4）认真贯彻执行国境检疫、运输检疫、产地检疫和屠宰检疫等各项工作，以及时发现并消灭传染源。

（5）各地防疫监督机构应调查研究当地疫情分布，与相邻地区搞好动物疫病的联防协作，有计划地进行消灭和控制，并防止外来疫病的侵入。

2. 发生疫病时的扑灭措施

（1）及时发现、诊断和上报疫情，并通知邻近单位做好预防工作。

（2）迅速隔离病畜禽，污染的地方进行紧急消毒。若发生危害性大的疫病如口蹄疫、炭疽等应采取封锁等综合性措施。

（3）用疫苗实行紧急接种，对病畜进行及时和合理的治疗。

（4）合理处理死畜和淘汰病畜。

五、动物免疫标识管理

（一）免疫标识管理制度的概念

免疫标识管理制度是指畜牧兽医行政主体为防止动物传染病的发生和传播，对需要强制免疫的防疫对象，采取免疫接种措施，并对经免动物发放免疫证明的社会防范措施。

采取这一措施必须具备两个条件：①主要适用急性、烈性、危害较大的动物传染病；②必须研制并能生产出有效的疫苗。

（二）动物免疫的管理

1. 决定免疫接种对象

免疫接种对象是指采取免疫接种措施所预防的动物传染病。为提高免疫接种管理的计划性，防止发生免疫接种混乱，兽医行政主管部门统一规定，哪些动物传染病实行免疫证明管理制度。我国一般实行两级管理，国务院兽医行政主管部门规定在全国范围内必须统一实行免疫对象；省级兽医行政主管部门根据实际需要决定一个行政区域内需统一接种的防疫对象。

2. 决定所用疫苗的种类

由于高效的疫苗是免疫接种措施的条件之一，对于已经决定的免疫接种对象，使用何种疫苗应由兽医行政主管部门决定，以经济、安全、稳定、特异高效为标准，以科学试验为依据，慎重决定。

3. 决定免疫程序

免疫程序是免疫接种的方式与步骤。包括适用动物的种类、免疫方式、免疫剂量、免疫时间（一般按日龄、月龄计算）、免疫次数以及几次免疫之间的间隔时间。

4. 决定免疫效果的监测方法和标准

免疫后的效果如何应有一定的标准，并通过统一的方法进行监测、鉴定。

5. 决定免疫证明的种类和样式

凡强制免疫接种的防疫对象，对已按规定免疫的动物应出具免疫证明，这是具有法律效果的凭证，不能随意设置。须由畜牧兽医主管部门统一设置、设计，并按规定统一监制，责成专门机构进行管理。

（三）动物免疫标识管理

动物免疫标识包括免疫耳标，免疫档案，其适用范围视实际需要由畜牧兽医主管部门具体规定。

1. 适用范围

在我国境内从事免疫标识生产、供应、使用，以及从事动物饲养、经营、屠宰、加工等动物防疫活动有关单位和个人。凡国家规定对动物疫病实行强制免疫的，均须建立免疫档案管理制度，对猪、牛、羊佩戴免疫耳标，其他动物的免疫标识制度，参照《动物免疫标识管理办法》执行。

2. 填写免疫档案

免疫过程中，要及时、准确填写免疫档案。内容包括：畜主姓名、动物种类、品种、性别、年（月、日）龄、接种日期、接种途径、疫苗名称、疫苗批号、生产厂家、销售商、接种头数、接种剂量、免疫耳标号、防疫员签字等。

3. 免疫耳标供应

免疫耳标由省级动物防疫监督机构统一组织定点生产，逐级供应，县级动物防疫监督机构负责本行政区域内免疫标识的计划订购和供应工作。

各级动物防疫监督机构、乡镇畜牧兽医站免疫人员和经批准实施强制免疫的场方兽医人员不得从非法渠道获取免疫耳标。

4. 免疫耳标的佩戴

（1）从事动物强制免疫的防疫人员，在实施动物免疫时，负责对免疫过的猪、牛、羊佩戴免疫耳标。

（2）免疫耳标首次佩戴在动物左耳。从境外调入的饲养动物，需再次实施强制免疫的，免疫耳标佩戴在右耳，同时重新建立免疫档案。

（3）对种畜和奶牛，应按畜只建立单独的免疫档案，调运时注明调出和调入地，已经佩戴耳标且在免疫有效期的，不必重新佩戴耳标和建立档案。

（4）免疫耳标必须一次性使用，免疫耳标和耳标钳使用时须严格消毒。

（5）经强制免疫的动物，免疫耳标自然缺损和脱落的，动物防疫人员应当凭免疫档案重新佩戴免疫耳标，不得重复收费。

（6）对动物实施产地检疫时，检疫员必须将免疫标识作为出具检疫合格证明的必要条件之一，注明耳标编码和免疫内容，并保存备查。对没有免疫标识或者免疫标识不符合规定的，不得出具动物检疫合格证明。动物检疫合格证明上注明的耳标编号应当与免疫耳标编号相符。

（7）任何单位和个人，不得收购、屠宰、运输无免疫耳标的动物。

（8）动物凭免疫耳标和动物检疫合格证明上市、买卖和运输。

六、动物防疫证章标志管理

（一）证章标志概述

1998年1月1日《中华人民共和国动物防疫法》正式实施，标志着我国动物防疫工作进入了正规化、法制化的轨道。为了充分实现动物防疫法赋予各级畜牧兽医行政主管部门的权力，加强动物防疫证章、标志的管理是非常重要的。

证、章、标志是指畜牧兽医行政主管部门为履行其法定职能，统一设置，制作管理的畜牧兽医书证、证件、许可类证书和其他特定标志、标记作用的物品。

1. 证章标志种类

（1）证　证包括动物防疫、检疫（验）以及行政处理、处罚等方面的书面凭证；公务员执行公务所需的证明身份的证件、动物防疫合格证、许可证、注册证等。

（2）章　章是指畜牧兽医业务专用章，如动物防疫验讫印章、检疫、监督业务专用章等。

（3）标志　标志是指畜牧兽医方面特定的证明、鉴别或显示作用的标牌、标签、标记、徽章、图案、颜色等。

2. 证章标志设置制作

（1）全国通用证章标志的设置　全国通用的证、章、标志由国务院畜牧兽医行政主管机关统一制定格式和内容，并指定厂家，监督制作。

（2）地方用证章标志的设置　地方用证、章、标志由省级畜牧兽医行政主管机关根据实际需要制定并指定厂点监制。

（二）证章标志的管理

1. 证章标志管理主体

（1）制证机关　我国只有国务院和省级畜牧兽医行政主管机关有制证权。

（2）出证机关

①动物卫生行政主管机关颁发动物防疫合格证、从业许可证和执行公务用的身份证等。

②动物卫生监督检验机构，审批动物防疫合格证，从业许可证，报动物卫生行政主管机关颁发，出具动物卫生监测、检验、鉴定和行政处理、处罚等书证，使用规定标志。

③动物防疫检疫机构及乡镇兽医站，按权限出具或使用防疫、检疫（验）书证及规定的标志。

④被委托检疫检验单位，出具检疫检验书证，使用检疫业务专用章，验讫印章以及与检疫检验工作有关的规定标志。

⑤屠宰厂、肉类联合加工厂，对本厂动物产品实施检疫检验，出具和使用检疫证明和规定标志。

（3）管理机关　县以上各级监督机构，具体负责辖区内证、章、标志的领取、保管、审批（核）、发放和监督检查等日常管理工作。

（4）证的签发

①防疫、检疫（验）及有关书证、必须由法规、规章规定的人员签发有效；

②监督管理书证，必须由经办的动物卫生监督员，检验员依权限签发有效；

③屠宰厂、肉类联合加工厂畜禽产品的检疫（验）证明，必须由本厂的专职卫检人员签发有效。

（5）书证的填写　书证的填写必须按统一规定填写。直联单书须用复写方法填写，执行公务所需的身份证明和动物防疫合格证、从业许可证等，必须用蓝、黑墨水钢笔、毛笔、签字笔填写。

（6）书证的保存　书证存根或副本保存期2年以上，合格证、从业许可证档案和证件档案自撤销之日起保存三年。销毁存根、副本或档案，必须经单位负责人批准，涉及财务管理的须按财政部门有关规定处理。

（7）有关禁止行为　严禁出具伪证，严禁伪造、涂改、买卖动物防疫证、章、标志。向持证人索验证、章、标志必须按规定执行。不得以地方规定否定全国规定，以下级规定否定上级规定。严禁无理扣押、吊销持证人依法取得的动物防疫证、章、标志，不得将出证单位的责任转嫁给持证人。

2. 违章处理

违反规定，动物卫生行政主管部门可视情节依法处理。

检疫证明和标志是畜主（货主）出售、运输、屠宰动物及其产品的凭证。同时，正确使用证章、标志是保证动物防疫监督各项制度顺利落实的重要手段。同时，全面认识、了解新检疫证章标志和认真学习《动物防疫证照填写及应用规范》是加强动物防疫监督工作的当务之急。

第三节　动物疫病的控制和扑灭

一、动物疫病监控和认证体系

（一）动物疫病监控和认证体系

国家动物疫病监测、控制和认证体系是指由国家兽医行政管理部门，针对某些长期存在的动物疫病或可能对国家造成威胁的外来病，通过制定科学合理的监测和控制计划，并实施疾病监测、控制和扑灭措施，最终获得无疫病认证或证实无疫病的工作体系。

发达国家，特别是畜牧业发达国家非常注重这一体系的建设工作，并采取了切实有力的措施，使许多长期危害动物和人类健康的疫病得到了有效控制。如欧盟实施的口蹄疫监控计划；美国实施的布氏杆菌病、结核病、伪狂犬病、马传染性贫血等监控计划；澳大利亚和新西兰实施的布氏杆菌病、结核病、副结核病监控计划等，都取得了巨大成就。

国家兽医行政管理部门要统筹安排，稳步提出疫病监控和扑灭计划。疫病监控和扑灭计划的提出涉及多方面因素，如疫病流行状况、国家财力情况、兽医人员队伍、疫病诊断和防制水平等。国家行政管理部门在提出某种或某几种动物疫病控制方案时，必须综合考虑上述因素。如果盲目提出某种或某几种疫病监控计划，而才力、人力或疫病诊断或防制水平达不到，则是不可能达到预期效果的。故国家兽医管理部门必须统筹安排，稳步提出疫病监控和扑灭计划。美国、澳大利亚在此方面就做的较好。

（二）我国在动物疫病监控方面存在的问题

我国硬件体系已经基本完备，如国家动物疫情测报中心、国家动物流行病学研究中心、农业部动物及动物产品检测中心、畜禽产品检测中心等都属于这一体系的建设内容。在硬件部分基本具备的情况下，尽快制定科学的疫病监控和扑灭计划，应当是当务之急。无规定动物疫病区建设就是在这种情况下制定的。应当说，无规定动物疫病区建设方案从整体思路上是非常正确的，无论是 OIE《国际动物卫生法典》，还是 WTO-SPS 协议，都承认并推荐地理环境复杂的国家实施疫病区域化认证制度。但和发达国家在此方面的做法相比，我们应当意识到：

1. 疫病监控和扑灭计划应稳步提出，逐步开展，涉及的疫病不可太多。

2. 动物疫病防控和认证计划必须有长远打算，不可一蹴而就：如美国对结核病和布氏杆菌病的扑灭工作已经持续了近 40 年，伪狂犬病加速扑灭计划仍未达到目标。故我国的动物防疫计划也必须有长远打算。

3. 动物疫病监控和认证计划地制定应进一步提高技术含量，应由专家参与制定，并应由专业机构参与执行。

二、疫病监测

疫病监测又称疾病监察、监视或监督。即通过系统、完整、连续和规则地观察一种疾病在一地或各地的分布动态，调查其影响因子，以便及时采取正确防治对策和措施的方法。制定疫情监测规划和计划，科学、全面、准确地开展动物疫情监测预报，是做好防疫工作的重要内容。通过监测，正确评估动物生活环境的卫生状况，为适时使用疫（菌）苗及药物预防等有效措施提供科学依据，从而真正做到防患于未然。这对于保障动物健康，减少疫病的发生，具有十分重要意义。

动物防疫监督机构应当根据国家和本省动物疫情监测计划和监测对象的规定，定期对本地区的易感动物进行疫情监测和免疫效果监测。一般每年两次实验室监测；每月进行一次流行病学调查。对检疫、监测和临床发现的染疫动物、动物产品，当地人民政府应当依法组织有关单位对染疫动物及其同群动物进行强制性扑杀、销毁、消毒，对同批动物产品进行无害化处理。

通过监测，还可以对免疫、消毒效果进行正确评价，以便找出解决存在问题的关键，及时调整免疫程序或应用药物进行预防。

监测方法包括流行病学调查、临床诊断、病理学检查、病原分离或免疫学检测等。

（一）监测对象

第一，对种用、役用动物监测以下疫病：

猪：口蹄疫、猪水泡病、猪瘟、伪狂犬病、猪呼吸与繁殖综合征；

牛：口蹄疫、结核、布氏杆菌病、疯牛病；

羊：口蹄疫、布氏杆菌病、山羊/绵羊痘、痒病；

马属动物：马传贫、马鼻疽；

家禽：新城疫、禽流感。

第二，对非种用、非役用动物须测报以下疫病：口蹄疫、猪水泡病、猪瘟、新城疫、禽流感、马传贫、马鼻疽、布氏杆菌病、奶牛结核病、蓝舌病、伪狂犬病、疯牛病、痒病。

第三，边境地区须测报以下疫病：口蹄疫、猪水泡病、猪瘟、新城疫、禽流感、马传贫、马鼻疽、布氏杆菌病、蓝舌病、牛瘟、牛肺疫、疯牛病、痒病。

根据疫病防治需要，国务院兽医行政部门可对动物疫情测报对象做适当调整。省级兽医行政部门可依据本地情况在国务院兽医行政部门规定基础上，适当增加监测对象，并报国务院畜牧兽医行政管理部门备案。

（二）监测方式

1. 实验室监测：每年监测两次。

2. 流行病学调查：每月进行一次，调查范围：每次监测3个乡，每乡2个村，每村20个农户，每个乡各抽查规模猪场、羊场、牛场、禽场各1个。

3. 重点对种畜禽场、规模饲养场以及疑似有本病的动物和历史上曾经发生过本病或周边地区流行本病的动物进行采样监测，按规定做好样品的记录、保存、送检。

4. 监测方法包括流行病学调查、临床诊断、病理学检查、病原分离或免疫学检测等，已有国家技术规范的按照规范要求进行，没有技术规范的由国务院畜牧兽医行政管理部门统一确定。

（三）疫情报告

1. 疫情报告制度

动物疫情是指动物疫病发生、发展的情况。任何饲养、生产、经营、屠宰、加工、运输动物及其产品的单位和个人，当发现或疑似传染病时，必须立即报告当地动物防疫检疫机构。特别是可疑为口蹄疫、炭疽、狂犬病、牛瘟、猪瘟、鸡新城疫、牛流行热、禽流感等重要传染病时，一定要迅速向上级部门报告，并通知邻近有关单位注意预防工作。上级部门接到报告后，除及时派人到现场协助诊断和紧急处理外，根据情况逐级上报。当兽医人员尚未到达现场或尚未作出诊断前，应对现场采取以下措施：将疑似传染病的动物进行隔离，派专人管理；对患病动物停留过或疑似污染的环境、用具等进行消毒；尸体应保留完整；非动物医学人员不得对动物进行宰杀；宰杀后的动物的皮、肉、内脏未经检验不许食用。任何单位和个人不得以任何理由瞒报、谎报、阻碍他人报告疫情。如有引起疫情扩散和造成损失的，依法追究当事人的责任，触犯刑律的交由司法部门处理。

各级动物防疫监督机构实施辖区内动物疫情报告工作，县级以上地方人民政府畜牧兽医行政管理部门主管本行政区内的动物疫情报告工作，国务院畜牧兽医行政管理部门主管全国动物疫情报告工作。国务院畜牧兽医行政管理部门统一公布动物疫情。未经授权，其他任何单位和个人不得以任何方式公布动物疫情。

动物疫情实行逐级报告制度。县、地、省动物防疫监督机构、全国畜牧兽医总站建立四级疫情报告系统。国务院畜牧兽医行政管理部门在全国布设的动物疫情测报点（简称"国家测报点"）直接向全国畜牧兽医总站报告。若为紧急疫情，应以最迅速的方式上报有关领导部门。

2. 疫情报告时限

动物疫情报告实行快报、月报和年报制度。

（1）快报　有下列情形之一的必须快报：发生一类或者疑似一类动物疫病；二类、三类或者其他动物疫病呈暴发性流行；新发现的动物疫情；已经消灭又发生的动物疫病。

（2）月报　县级动物防疫监督机构对辖区内当月发生的动物疫情，于下一个月5日前将疫情报告地级动物防疫监督机构；地级动物防疫监督机构每月10日前，报告省级动物防疫监督机构，省级动物防疫监督机构于每月15日前报全国畜牧兽医总站；全国畜牧兽医总站将汇总分析结果于每月20日前报国务院畜牧兽医行政管理部门。

（3）年报　县级动物防疫监督机构每年应将辖区内上一年的动物疫情在1月10日前报告地（市）级动物防疫监督机构，省级动物防疫监督机构应当在1月30日前报全国畜牧兽医总站，全国畜牧兽医总站将汇总分析结果于2月10日前报国务院畜牧兽医行政管理部门。

3. 疫情报告形式

动物防疫网络化建设是我国动物防疫工作实现从传统走向现代的一个重要标志，是新形势下加强动物防疫管理的一项重要举措。利用计算机网络和动物防疫网络化系统软件逐级上报动物疫情是当前疫情报告的主要形式。各省、市、自治区应结合当地省情，按照动物防疫工作的要求，制定省级《动物防疫网络化管理办法》。

（1）总体要求　地（市）级要求：地（市）级畜牧兽医站疫情管理人员每天从网上下载本地（市）所辖县上传的动物疫情，并认真检查，如有错误和不实的录入，电话通知录入单位，责其改正后，再上传，对本单位监测的动物疫情，按省《动物防疫网络化管理办法》规定录入计算机并传输，同时填写动物疫情报表，存档。

县（市）级要求：动物防疫网络化管理系统以县（市）级为录入基点，县（市）级畜牧兽医站网络化管理操作人员要认真收集、汇总乡（镇）、村畜牧兽医站动物疫情报告人员报告的动物疫情，按省《动物防疫网络化管理办法》的规定及时录入微机并进行传输，同时填写动物疫情报表；并存档。

口蹄疫、高致病性禽流感疫情不通过网络传输，但是用手工报送的方式，逐级快报至上级重大动物疫病指挥部。

（2）录入规范

①疫情快报表填写及录入要求　填表单位、填表人、负责人、联系人、联系电话、填表日期，按实际情况填写。

文字材料的填写该次疫情的发生情况，现存栏的易感动物的种类，数量等有关内容，将文字材料录入计算机时，不能超过50字。

病名：应填写该病的正规名称，不得填写俗语，所在下拉菜单中选择病名。若是临床诊断，要有详细的诊断报告，诊断报告要有负责人签字，并存档，以便查阅。

畜种：即发生疫情的动物种类，一页填写一种，若两种动物同时发生该病则填写两种，以此类推。

疫点：填写具体的发病疫点，应具体到一页填写一个疫点，若两个村同时发生该病则填写两页，以此类推。

养殖方式：根据实际情况填写，达到以下标准的养殖规模养殖场（户），禽年饲养量10 000只以上，猪年饲养量500头以上，羊年饲养量1 000只以上，牛年饲养量100头以上，达不到以上标准即为散养。

诊断方法：根据实际情况填写；可直接单击录入框右侧的下拉按钮进行选择，若下拉按钮中无所选择的诊断方法，在可直接手工录入。

诊断单位：对疫病进行诊断并出具诊断报告的单位名称。

诊断液提供单位：提供诊断液的单位名称。

控制措施：选择代码进行填写。

存栏数：发生疫情时的规模场或散养户饲养的易感动物数。

发病数：发生疫病的动物数。

死亡数：该种动物因疫病导致的死亡数。

扑杀数：根据实际扑杀情况填写，不包括因病死亡数。

疫病发现时间：发现疫病的时间。

确诊时间：该病被确诊的时间。

备注：对需要说明的几项进行补充说明

②疫情月报填写及录入要求　填表单位、填表人、负责人、填表日期、根据实际情况填写。

病名：应填写该病的正式名称，不得填写俗语，并在下拉菜单中选择病名，若是临床要有详细的诊断报告，诊断报告要有负责人签字，并存档，以便日后查阅。

疫点：以村为单位，一页填写一个疫点，若两种动物同时发病则填写两页，以此类推。

畜种：发生疫情的动物种类，一页填写一种，若两种动物发生该病则填写两类，以此类推。

养殖方式：与快报相同。

疫病状况：选择代码填写。

存栏数：该次疫情发生时，易感动物的存栏数。

发病数：该种动物该次疫病发病数。

死亡数：该种动物因该疫病导致的死亡数。

扑杀数：根据实际扑杀情况填写，不包括因病死亡数。

扑杀无害化：选择代码填写。

疫苗：该次疫采取紧急免疫措施时，所使用的疫苗名称。

应免疫数：应进行紧急免疫接种的动物数。

免疫数：已进行紧急免疫接种的动物数量。

药品：控制该疫情时，除疫苗外的治疗和消毒药品名称。

治疗数：控制该疫病时，进行治疗的动物数。

药品数量：控制该疫病时，治疗及消毒使用的药品数量。

消毒面积：为控制该疫情对圈舍、场所、环境实施消毒的面积总和。

疫病发现时间：发现疫病的时间。

封锁发布日：封锁实施的发布日期。

封锁解除日：封锁实施解除日期。

控制措施：选择代码填写。

经费补助：主要指控制该疫病财政补助经费。

补助发放时间：控制该疫病财政补助经费发放时间。

备注：对需要补充的事项进行说明。

③无疫情月报表录入要求　填表时间、填表人、负责人，根据实际情况填写。

无疫病状况表

疫病状况：选择代码填写，录入微机时，可直接点击下拉按钮进行选择。

应免疫数：填写应免疫的动物总数，包括规模场免疫数和散养免疫数。如目前无疫苗，免疫的疫病则可不填免疫数。

患病状况表

疫病名称：录入人员输入时间限制后，可直接点击按钮取数字。

应免疫数：填写发病时，针对发病动物进行紧急免疫的数字，包括规模场免疫数和散养免疫数。如目前无疫苗免疫的疫病则可不填免疫数。

4. 疫情义务报告人

（1）义务报告人　发现动物传染病或疑似动物传染病的单位和个人，必须迅速采取隔离措施，并立即报告当地动物防疫监督机构，接受其防疫指导和监督检查。

疫情报告单，应填写报告发病时间、地点、单位、流行情况、临床症状、发病种类、头数、传染来源、死亡情况和扑灭措施等。

(2) 必报传染病

①必报传染病 是指一旦发现这类传染病，必须立即采取紧急、严厉的措施，迅速扑灭的动物传染病。主要有：一类动物传染病；二类传染病呈暴发流行；当地新发现的动物传染病；纳入国家扑灭计划的疫病。

②应报传染病 是指一旦发现就应该报告的动物传染病。主要是指二类、三类动物传染病。这类传染病在发现后按规定的期限报告，一般分月报、季报和年报等。

三、动物疫病控制和扑灭的法律规定

动物疫病的控制，就是采取措施使动物疫病不再继续蔓延和发展。动物疫病的扑灭就是在一定区域内，采取紧急措施以迅速消灭某一疫病，这是动物疫病预防的目的和落脚点。预防，就要求控制和扑灭动物疫病；而有效的控制和扑灭动物疫病是动物疫病预防的继续和补充。控制和扑灭动物疫病与预防动物疫病是相互联系、互为补充的。

动物疫病的控制能力是衡量一个国家兽医事业发展水平的主要标志，也是国家之间进行兽医卫生认证的重要内容。实践证明，对动物疫病采取严格的控制和坚决果断的扑灭措施，就能够使各种损害减到最小程度。

（一）《动物防疫法》对动物疫病的控制和扑灭措施作了一系规定

1. 疫情管理

各地区要认真执行《动物防疫法》和《动物疫情报告管理办法》的有关规定，发生疫情后，要通过疫情报告体系及时上报。严格执行国家保密法规，对违反规定造成泄密的要严肃查处。国家动物疫情测报体系由中央、省、县三级及技术支撑单位组成。即国家动物疫情测报中心（全国畜牧兽医总站）、省级动物疫情测报中心、县级动物疫情测报站和边境动物疫情监测站；技术支撑单位包括国家动物流行病学研究中心（农业部动物检疫所）、农业部兽医诊断中心及相关国家动物疫病诊断实验室。

2. 发生一类动物疫病和二类、三类动物疫病呈现暴发流行时

应当采取下列控制和扑灭措施：

（1）当地县级以上地方人民政府兽医主管部门应当立即派人到现场，划定疫点、疫区、受威胁区，调查疫源，及时报请本级人民政府对疫区实行封锁。疫区范围涉及两个以上行政区域的，由有关行政区域共同的上一级人民政府对疫区实行封锁，或者由各有关行政区域的上一级人民政府共同对疫区实行封锁。必要时，上级人民政府可以责成下级人民政府对疫区实行封锁。

（2）县级以上地方人民政府应当立即组织有关部门和单位采取封锁、隔离、扑杀、销毁、消毒、无害化处理、紧急免疫接种等强制性措施，迅速扑灭疫病。

（3）在封锁期间，禁止染疫、疑似染疫和易感染的动物、动物产品流出疫区，禁止非疫区的易感染动物进入疫区，并根据扑灭动物疫病的需要对出入疫区的人员、运输工具及有关物品采取消毒和其他限制性措施。

3. 发生二类动物疫病时的处理

当地县级以上地方人民政府兽医主管部门应当划定疫点、疫区、受威胁区。县级以上地方人民政府根据需要组织有关部门和单位采取隔离、扑杀、销毁、消毒、无害化处

理、紧急免疫接种、限制易感染的动物和动物产品及有关物品出入等控制、扑灭措施。

4. 发生三类动物疫病时

当地县级、乡级人民政府应当按照国务院兽医主管部门的规定组织防治和净化。

5. 人畜共患疫病的控制和扑灭

人畜共患病是指在人类和脊椎动物之间自然传播的疾病和感染，即人类和脊椎动物由同一种病原体引起的、在流行病学上相互关联的一类疾病。此类动物疫病既危害畜牧业生产，又严重影响人体健康及公共卫生，对其防治是畜牧兽医和卫生行政管理部门的共同任务，因此发生人畜共患病时有关畜牧兽医和卫生行政管理部门及有关单位应当互相通报疫情，及时采取控制、扑灭措施。人畜共患病的历史悠久，种类繁多，传播途径多样，病原宿主广泛，危害严重。因此，人畜共患病的防制工作是一项长久的、艰巨的、复杂的系统工程。只有相关部门、相关学科密切合作，协调一致，采取综合防制措施，才能有效地控制或消灭危害严重的人畜共患病。

建立健全的国际、国内各级研究、监测、防制机构是十分必要的。国际专门机构，有联合国世界卫生组织（WHO）中设有卫生防疫部和兽医公共卫生部；在联合国粮农组织（FAO）中设有动物健康部、世界动物卫生组织（OIE）。国内专门机构，卫生防疫方面有卫生部卫生防疫司，下设急性传染病管理处、寄生虫病和慢性传染病管理处等。动物防疫方面有农业部畜牧兽医局，下设动物卫生处、综合防治处等。

（二）疫情报告

1. 从事动物疫情监测、检验检疫、疫病研究与诊疗以及动物饲养、屠宰、经营、隔离、运输等活动的单位和个人，发现动物染疫或者疑似染疫的，应当立即向当地兽医主管部门、动物卫生监督机构或者动物疫病预防控制机构报告，并采取隔离等控制措施，防止动物疫情扩散。其他单位和个人发现动物染疫或者疑似染疫的，应当及时报告。接到动物疫情报告的单位，应当及时采取必要的控制处理措施，并按照国家规定的程序上报。

2. 动物疫情由县级以上人民政府兽医主管部门认定；其中重大动物疫情由省、自治区、直辖市人民政府兽医主管部门认定，必要时报国务院兽医主管部门认定。

3. 国务院兽医主管部门应当及时向国务院有关部门和军队有关部门以及省、自治区、直辖市人民政府兽医主管部门通报重大动物疫情的发生和处理情况；发生人畜共患传染病的，县级以上人民政府兽医主管部门与同级卫生主管部门应当及时相互通报。国务院兽医主管部门应当依照我国缔结或者参加的条约、协定，及时向有关国际组织或者贸易方通报重大动物疫情的发生和处理情况。

4. 国务院兽医主管部门负责向社会及时公布全国动物疫情，也可以根据需要授权省、自治区、直辖市人民政府兽医主管部门公布本行政区域内的动物疫情。其他单位和个人不得发布动物疫情。

5. 任何单位和个人不得瞒报、谎报、迟报、漏报动物疫情，不得授意他人瞒报、谎报、迟报动物疫情，不得阻碍他人报告动物疫情。

四、隔离

（一）隔离的意义

隔离病畜和可疑感染的病畜是防制动物疫病的重要措施之一。隔离病畜是为了控制传染源，防止病畜继续受到传染，以便将疫情控制在最小范围内加以就地扑灭。为此，在发生传染病流行时，应首先查明畜群中蔓延的程度，应逐头检查临诊症状，必要时进行血清学和变态反应检查（当进行大批家畜逐头检查时，应注意不能使检查工作成为散播传染的因素）。

（二）隔离的对象和方法

根据诊断检疫的结果，可将全部受检家畜分为病畜、可疑感染家畜和假定健康家畜等三类，以便分别对待。

1. 病畜

包括有典型症状或类似症状，或其他特殊检查阳性的家畜。它们是危险性最大的传染源，应选择不易散播病原体、消毒处理方便的场所或房舍进行隔离。如病畜数目较多，可集中隔离在原来的畜舍里。特别注意严密消毒，加强卫生和护理工作，须有专人看管和及时进行治疗。隔离场所禁止闲杂人畜出入和接近。工作人员出入应遵守消毒制度。隔离区内的用具、饲料、粪便等，未经彻底消毒处理，不得运出，没有治疗价值的家畜，由兽医根据国家有关规定进行严密处理。

2. 可疑感染家畜

未发现任何症状，但与病畜及其污染的环境有过明显的接触，如同群、同圈、同槽、同牧、使用共同的水源、用具等。这类家畜有可能处在潜伏期，并有排菌（毒）的危险，应在消毒后另选地方将其隔离、看管，限制其活动，详加观察，出现症状的则按病畜处理。有条件时应立即进行紧急免疫接种或预防性治疗。隔离观察时间的长短，根据该种传染病的潜伏期长短而定，经一定时间不发病者，可取消其限制。

3. 假定健康家畜

除上述两类外，疫区内其他易感家畜都属于此类。应与上述两类严格隔离饲养，加强防疫消毒和相应的保护措施，立即进行紧急免疫接种，必要时可根据实际情况分散喂养或转移至偏僻牧地。

（三）隔离的类型

隔离可分为临时性隔离和长期隔离两种。

1. 临时性隔离

主要用于急件传染病，或尚未得出诊断结论的患病动物及其同群动物。在采取扑杀、治疗、消毒等措施扑灭疫情后，可解除隔离。

2. 长期性隔离

主要用于慢性传染病患病动物，这类患病动物由于所患传染病病程很长，一时难治愈，又难以进行扑杀、销毁等措施予以扑灭。

（四）采取隔离措施主体

隔离措施的主体包括兽医行政主管部门、监督机构和防检机构。他们代表国家行政，以国家强制力为后盾，以兽医行政法为依据，任何单位和个人不得干扰、阻挠和拒绝。

（五）隔离措施要求

1. 隔离场所应选择在不易散布病原体，消毒方便，便于实施处理措施的地方，并进行严格的消毒。

2. 隔离期间不准无关人员、动物进入隔离场所，对可疑患病动物应另选场所，经过消毒后进行隔离，同时采取紧急预防措施。

3. 疫区易感动物应该与患病或可疑患病动物分开，并采取预防接种等紧急预防措施。对废弃物应进行无害化处理。

五、封锁

（一）封锁概念及适用条件

1. 封锁是指在发生严重危害人畜健康的动物传染病时，由国家将动物发病地点和周围的一定范围的地区封闭起来，禁止随意出入，以切断动物传染病的传播途径，迅速扑灭疫情的一项严格的行政措施。由于采取封锁措施，会影响封锁区内生产和人民群众生活，我国兽医行政法对封锁适用情况及发布封锁令的机关有严格的限制性规定。

2. 封锁只适用于：发生一类动物传染病时；二类动物传染病呈暴发流行时；发生当地新发现的动物传染病时。

发布封锁令的机关是法定的国家机关，即县以上地方各级人民政府和国家最高兽医行政主管机关。除法定国家机关外，其他任何单位和个人均不得擅自封锁。

（二）封锁的对象、原则

当发生某些重要传染病时，对疫源地进行封闭，防止疫病向安全区散播和健康动物误入疫区而被传染，以达到保护其他地区动物的安全和人体健康，迅速控制疫情和集中力量就地扑灭的目的。

根据《中华人民共和国动物防疫法》的规定，当确诊为口蹄疫、猪水泡病、猪瘟、非洲猪瘟、非洲马瘟、牛瘟、牛传染性胸膜肺炎、牛海绵状脑病、痒病、蓝舌病、小反刍兽疫、绵羊痘和山羊痘、禽流行性感冒、鸡新城疫等一类传染病或当地新发现传染病时，当地县级以上地方人民政府畜牧兽医行政管理部门应当立即派人到现场，确定疫点、疫区和受威胁区。

执行封锁时掌握"早、快、严、小"的原则，即发现疫情时报告和执行封锁要早，行动要快，封锁要严，范围要小。

（三）封锁区的划分

根据该病的特点、流行规律、动物分布、地理环境、居民点以及交通等条件确定疫点、疫区和受威胁区。

（四）封锁程序

1. 划定疫点、疫区、受威胁区

动物传染病的疫点、疫区、受威胁区，由各级兽医行政主管部门所属动物防疫检疫机构，根据各种传染病的特点、畜禽分布、地理环境、居民点以及交通等条件划定。

2. 发布封锁令

兽医行政主管部门划定疫点、疫区、受威胁区后，及时报请县级以上人民政府或国家最高兽医行政机关发布封锁令。封锁令的发布机关视情况不同而异，疫区范围涉及两个以上行政区域的，由有关行政区域共同的上一级人民政府决定对疫区实行封锁，或者由各有关行政区域的上一级人民政府共同决定对疫区实行封锁，并通报毗邻地区。

（五）封锁区的措施

1. 封锁的疫点必须采取的措施

严禁人、畜禽及其他动物、车辆出入和畜禽产品及可能污染的物品运出。在特殊情况下必须出入时，须经当地兽医行政主管机关许可，严格消毒后出入。

对病、死畜禽及其同群畜禽，县级以上兽医行政主管机关有权采取扑杀、销毁或无害化处理等措施，畜主不得拒绝。

疫点出入口必须有消毒设施，疫点内用具、圈舍、场地必须进行严格消毒。动物粪便、垫草、受污染的物品，必须在兽医人员监督指导下进行无害化处理。

2. 封锁的疫区必须采取的措施

交通要道必须建立临时性检疫、消毒哨卡，备有专人和消毒设备，监视动物、动物产品的移动，对出入人员、车辆进行消毒。

停止集市贸易和疫区内动物、动物产品的交易。

对易感动物，必须进行检疫或预防注射；饲养的动物必须圈养或在指定地点放养，役用动物限制在疫区内使役。

3. 受威胁地区必须采取的措施

当地人民政府应当动员组织有关单位、个人采取防御性措施。

由动物防疫监督机构、乡镇畜牧兽医站随时监测疫情动态。

（六）解除封锁

疫区（点）内最后一头患病动物扑杀或痊愈后。经过该病一个潜伏期以上的检测、观察，未再出现患病动物时，经彻底消毒清扫，由县级以上畜牧兽医行政管理部门检查合格后，经原发布封锁令的政府发布解除封锁，并通报毗邻地区和有关部门。病愈动物则根据带菌（毒）时间，控制在原疫区范围，不能将其调出安全区。

六、重大动物疫情反应体系

国家紧急动物疫病反应体系是指由国家动物疫病应急组织，按照应急计划，在外来病、突发病及新发病暴发并对国家畜牧业构成威胁时，充分利用各方资源（包括技术资源、物质储备资源等）快速有效扑灭疫情的综合反应体系，是动物防疫工作极为重要的关键环节之一。动物疫病紧急反应体系涉及疫病的诊断、监测、流行病学分析、疫情控制和扑灭等多个方面，故和其他各个体系有着十分密切的关系，也可以说，其他各个体系是本体系的支持体系。

（一）重大动物疫情应急预案

为控制、扑灭重大动物疫情，应建立重大动物疫情应急预案。重大动物疫情应急工作按照属地管理的原则，实行政府统一领导、部门分工负责，逐级建立责任制。县级以上人民政府兽医主管部门具体负责组织重大动物疫情的监测、调查、控制、扑灭等应急工作。县级以上人民政府林业主管部门、兽医主管部门按照职责分工，加强对陆生野生动物疫源疫病的监测。县级以上人民政府其他有关部门在各自的职责范围内，做好重大动物疫情的应急工作。

1. 重大动物疫情发生后，国务院和有关地方人民政府设立的重大动物疫情应急指挥部统一领导、指挥重大动物疫情应急工作。

2. 重大动物疫情发生后，县级以上地方人民政府兽医主管部门应当立即划定疫点、疫区和受威胁区，调查疫源，向本级人民政府提出启动重大动物疫情应急指挥系统、应急预案和对疫区实行封锁的建议，有关人民政府应当立即作出决定。疫点、疫区和受威胁区的范围应当按照不同动物疫病病种及其流行特点和危害程度划定，具体划定标准由国务院兽医主管部门制定。

3. 国家对重大动物疫情应急处理实行分级管理，按照应急预案确定的疫情等级，由有关人民政府采取相应的应急控制措施。

4. 对疫点应当采取下列措施：扑杀并销毁染疫动物和易感染的动物及其产品；对病死的动物、动物排泄物、被污染饲料、垫料、污水进行无害化处理；对被污染的物品、用具、动物圈舍、场地进行严格消毒。

5. 对疫区应当采取下列措施：在疫区周围设置警示标志，在出入疫区的交通路口设置临时动物检疫消毒站，对出入的人员和车辆进行消毒；扑杀并销毁染疫和疑似染疫动物及其同群动物，销毁染疫和疑似染疫的动物产品，对其他易感染的动物实行圈养或者在指定地点放养，役用动物限制在疫区内使役；对易感染的动物进行监测，并按照国务院兽医主管部门的规定实施紧急免疫接种，必要时对易感染的动物进行扑杀；关闭动物及动物产品交易市场，禁止动物进出疫区和动物产品运出疫区；对动物圈舍、动物排泄物、垫料、污水和其他可能受污染的物品、场地，进行消毒或者无害化处理。

6. 对受威胁区应当采取下列措施：对易感染的动物进行监测；对易感染的动物根据需要实施紧急免疫接种。

7. 重大动物疫情应急处理中设置临时动物检疫消毒站以及采取隔离、扑杀、销毁、消毒、紧急免疫接种等控制、扑灭措施的，由有关重大动物疫情应急指挥部决定，有关单位和个人必须服从；拒不服从的，由公安机关协助执行。

8. 国家对疫区、受威胁区内易感染的动物免费实施紧急免疫接种；对因采取扑杀、销毁等措施给当事人造成的已经证实的损失，给予合理补偿。紧急免疫接种和补偿所需费用，由中央财政和地方财政分担。

9. 重大动物疫情发生后，县级以上人民政府兽医主管部门应当及时提出疫点、疫区、受威胁区的处理方案，加强疫情监测、流行病学调查、疫源追踪工作，对染疫和疑似染疫动物及其同群动物和其他易感染动物的扑杀、销毁进行技术指导，并组织实施检验检疫、消毒、无害化处理和紧急免疫接种。

10. 自疫区内最后一头（只）发病动物及其同群动物处理完毕起，经过一个潜伏期以上的监测，未出现新的病例的，彻底消毒后，经上一级动物防疫监督机构验收合格，由原发布封锁令的人民政府宣布解除封锁，撤销疫区；由原批准机关撤销在该疫区设立的临时动物检疫消毒站。

11. 县级以上人民政府应当将重大动物疫情确认、疫区封锁、扑杀及其补偿、消毒、无害化处理、疫源追踪、疫情监测以及应急物资储备等应急经费列入本级财政预算。

（二）重大动物疫情上报

1. 县（市）动物防疫监督机构接到报告后，应当立即赶赴现场调查核实

初步认为属于重大动物疫情的，应当在2h内将情况逐级报省、自治区、直辖市动物防疫监督机构，并同时报所在地人民政府兽医主管部门；兽医主管部门应当及时通报同级卫生主管部门。省、自治区、直辖市动物防疫监督机构应当在接到报告后1h内，向省、自治区、直辖市人民政府兽医主管部门和国务院兽医主管部门所属的动物防疫监督机构报告。省、自治区、直辖市人民政府兽医主管部门应当在接到报告后1h内报本级人民政府和国务院兽医主管部门。重大动物疫情发生后，省、自治区、直辖市人民政府和国务院兽医主管部门应当在4h内向国务院报告。

2. 重大动物疫情报告包括下列内容

疫情发生的时间、地点；染疫、疑似染疫动物种类和数量、同群动物数量、免疫情况、死亡数量、临床症状、病理变化、诊断情况；流行病学和疫源追踪情况；已采取的控制措施；疫情报告的单位、负责人、报告人及联系方式。

第四节 动物防疫监督

一、动物防疫监督的概念

动物防疫监督是指动物防疫监督机构对各项有关动物防疫的法律、法规、标准、措施执行情况进行检查，并依据检查情况按规定进行督促、批评以至处罚。

二、监督主体

为保障动物防疫监督管理工作的正常开展。在各级政府的支持下，动物防疫监督机构的建设取得了长足发展。1986年内蒙古自治区率先成立了我国第一个兽医卫生监督检验所，1992年4月8日农业部10号令《家畜家禽防疫条例实施细则》中以规章的形式明确了动物防疫监督机构，1998年实施的《动物防疫法》把该机构以法律的形式固定下来。2007年修订后的《动物防疫法》第8条规定，县级以上地方人民政府设立的动物卫生监督机构依照本法规定，负责动物、动物产品的检疫工作和其他有关动物防疫的监督管理执法工作。可见，动物防疫监督机构是法律授权的组织，具有行政执法主体资格，能以自己的名义作出行政处罚等具体行政行为。

三、动物防疫监督机构的职权

由于动物防疫监督检验机构对动物防疫工作所实施的监督管理，既具有行政强制力，同时又具有技术上的权威性，因此动物防疫监督检验机构是集技术与行政措施为一体的专业执法机构。动物防疫监督机构的行政执法职能决定了它的工作人员必须是熟悉法律知识的兽医专业人员。

（一）行使职权的有效区域

动物防疫监督检验机构行使职权时遵循的是地域管辖为主，级别管辖为辅的原则。即在同级人民政府所管辖的行政区域内行使动物卫生行政管理职权。这就是说，在行政区域管辖范围内，无论任何单位或个人，只要与动物卫生行政法调整范围及对象有关，均须接受管辖区动物防疫监督检验机构的监督管理。

但是，对于那些影响较大的案件，技术层次要求高的案件，也可由上一级动物防疫监督检验机构管辖。

（二）行使职权的种类

动物防疫监督管理机构代表国家行使下列行政管理职权：

1. 监督管理权

动物防疫监督检验机构对辖区内的有关单位和个人遵守、执行国家动物卫生行政法律规范的情况，具体实施监督检查、监测、评价和管理。这些单位和个人是指：饲养、生产、收购、屠宰、加工、贮藏、运输、销售动物及动物产品的公民、法人或其他组织；动物防疫、检疫、医疗保健、科研教育、技术咨询等动物防疫机构和动物防疫工作人员及兽医从业人员，以及下级动物防疫监督检验机构及其工作人员等。

2. 行政执法权

动物防疫监督检验机构可依法纠正和制裁违反动物卫生行政法律规范的行为，决定和执行动物卫生行政处理及行政处罚。

行政处理包括发现可能扩散病原的动物、动物产品或根据工作的需要，有权按规定无偿采样、封存、留验，有权扣押、没收、销毁和责令追回违禁动物、动物产品及有关物品，并进行无害化处理等。

3. 行政司法权

动物防疫监督检验机构可依法受理动物卫生行政赔偿案件；复议、裁决动物卫生行政纠纷；鉴定裁决动物防疫技术争议。

4. 证照审发权

动物防疫监督检验机构依法承担有关动物防疫证、章、标志的审批、发放及管理。

5. 工程审验权

动物防疫监督检验机构对饲养、经营动物和生产、经营动物产品的场所、设施、建筑等，按动物环境卫生、动物产品卫生、社会公共卫生的要求和动物防疫标准的要求进行审查、批准和验收，以防止动物疫病传播。

6. 监测权

这是指动物防疫监督检验机构依照国家和行业的动物防疫标准或要求，对有关单位和个人饲养、生产、屠宰、加工、贮运的动物或动物产品，及有关物品、环境场所的卫生状况所实施的定期或不定期的技术监测。它与疫情监测有本质的不同。

凡是属于保证国家标准或质量要求而实施的监督、测试均属于动物防疫监督检验机构的行政管理职权。

7. 其他职权

动物防疫监督检验机构监督有权对进入流通环节的动物、动物产品实施监督检查，并按规定分别情况进行抽检、补检和重检，以及采样、取证等职权。

四、动物防疫监督员条件和职责

动物防疫监督员,经省级畜牧兽医行政管理部门批准,由国务院畜牧兽医行政管理部颁发证件的专业执法人员。

我国的动物防疫监督员是指国家授权,经省级农牧行政部门考核批准,由农业部颁发证书,是国家确认的行使动物卫生行政监督管理、行政处理、行政执法、行政司法职权的动物卫生行政执法人员。动物防疫监督员是一种职务,它有法定的条件、职责和社会地位。国际上称之为"兽医官员"或"官方兽医"。为此,动物卫生行政法对动物防疫监督员的选拔、考核、任免、职权、守则、奖惩及管理作了严格的规定。

(一)动物防疫监督员必须具备的条件

1. 必须是畜牧兽医行政管理部门所属的国家工作人员;
2. 坚持四项基本原则,遵纪守法,秉公办事,作风正派;
3. 具有兽医专业大专以上学历或相当于同等学力水平,并连续从事兽医工作三年以上;
4. 熟悉动物卫生行政法规,具备法律基本常识;
5. 具备独立从事动物防疫监督工作的实际工作能力。

(二)动物防疫监督员的职权

1. 有权对所辖区域内有关单位和个人以及动物防疫、检疫机构的防疫检疫人员执行动物卫生行政法的情况进行监督检查;
2. 有权对动物及其产品在生产、经营流通各环节进行监督检查。监督检查的方式包括直观检查、取样检验、查阅资料、询问和调查取证等;
3. 有权在证据可能灭失或者以后难以取得的情况下,经本机关负责人批准,可以先行登记保存;
4. 有权对动物检疫员的判定结论、检疫结果、处理情况进行监督检查和裁决,或报畜牧兽医行政管理部门裁决;
5. 有权制止、制裁违反动物卫生行政法的行为,决定和执行警告、没收和罚款(公民50元,单位1 000元以下)的行政处罚;
6. 承办上级监督检验机关交办的动物防疫监督管理任务。

(三)动物防疫监督员守则

动物防疫监督员执行职务时,应做到:

1. 携带证件、佩戴标志、衣着整洁、风纪严明;
2. 秉公执法,坚持以事实为依据,以法律为准绳,严格执行动物防疫法及有关规定;
3. 尊重当事人的合法权益,对索取、查阅的资料要保守秘密。取样、处罚、没收须出具法定文书,手续必须完备;
4. 不以权谋私,索钱要物;
5. 办案及时,不无故拖延或拒绝;
6. 文明执法,礼貌待人,遵纪守法。

五、动物防疫监督的对象

(一) 行为监督

对管理相对人和下级动物防疫监督机构的各项活动，包括生产、经营、行使职权、履行义务等是否符合动物防疫法律、法规的规定，依法实施监督检查并对违法行为依法采取制止、纠正、处理、处罚等行政措施。

(二) 技术监督

对动物和动物产品以及包装、环境、场所、设计、操作方法、建筑设计和有关物品是否符合动物防疫法律、法规的标准、条件和要求实施监测和监督检查。

六、动物防疫监督的方式及措施

1. 调查

通过了解管理相对人和下级动物防疫监督机构的情况，以便采取相应措施。

2. 检查

分专题、综合、平时、年终检查等。

3. 审查

对管理相对人和下级动物防疫监督机构的文字材料、证件、政章、标志等进行审查，以便确定真伪、了解情况。

4. 索证验证

依法检查管理相对人是否持有规定的动物防疫证、章、标志，以及所持证、章、标志是否合法。

5. 采样

是指动物防疫监督机构根据动物防疫法律、法规规定的范围、条件、程序等对动物与动物产品所采集的样品。

6. 留验

是指动物防疫监督机构在监督检查动物、动物产品的过程中发现可疑问题时，可以依法将其扣留并采取必要检验的措施。

7. 抽检

是指依照法律规定对动物、动物产品进行定期或者不定期的抽查检验，一般多用于饲养场、屠宰厂、冷藏厂等场所的检验、监督。

8. 补检与重检

补检是指对未经检疫进入运输、加工、仓储、市场等环节的动物、动物产品检疫；重检是指对检疫证明过期或证物数量不符的动物、动物产品所进行的检疫。

9. 隔离、封存、处理

隔离指将患病或者疑似染疫的动物同健康的动物分别开来，并限制其移动、不让其接触，防止疫情扩散与传播的一种强制性措施；封存是指对于染疫动物产品进行查封存放的一种强制性措施；处理是指对染疫或者疑似染疫的动物及其同群动物、染疫的动物产品及其被污染的动物产品进行防疫消毒和采取其他无害化或者予以销毁的一种强制性措施。

10. **责令追回违禁物品**

对已经售出或运出禁止经营的动物、动物产品和有关物品，责令当事人将其追回所采取的强制性措施。

11. **代执行（代作处理）**

是指义务人不履行义务时，该义务由他人依法代为履行能达到同样目的并向义务人征收代执行所需的费用的强制性措施。

七、法律责任

饲养经营动物、生产经营动物产品和从事动物诊疗的单位和个人违反《动物防疫法》应当承担的法律责任：

1. 违反动物防疫法规定，有下列行为之一的，由动物卫生监督机构责令改正，给予警告；拒不改正的，由动物卫生监督机构代作处理，所需处理费用由违法行为人承担，可以处一千元以下罚款：

（1）对饲养的动物不按照动物疫病强制免疫计划进行免疫接种的；

（2）种用、乳用动物未经检测或者经检测不合格而不按照规定处理的；

（3）动物、动物产品的运载工具在装载前和卸载后没有及时清洗、消毒的。

2. 对经强制免疫的动物未按照国务院兽医主管部门规定建立免疫档案、加施畜禽标识的，依照《中华人民共和国畜牧法》的有关规定处罚。

3. 不按照国务院兽医主管部门规定处置染疫动物及其排泄物，染疫动物产品，病死或者死因不明的动物尸体，运载工具中的动物排泄物以及垫料、包装物、容器等污染物以及其他经检疫不合格的动物、动物产品的，由动物卫生监督机构责令无害化处理，所需处理费用由违法行为人承担，可以处三千元以下罚款。

4. 违反动物防疫法规定，屠宰、经营、运输动物或者生产、经营、加工、贮藏、运输动物产品的，由动物卫生监督机构责令改正、采取补救措施，没收违法所得和动物、动物产品，并处同类检疫合格动物、动物产品货值金额一倍以上五倍以下罚款。

5. 违反动物防疫法规定，有下列行为之一的，由动物卫生监督机构责令改正，处一千元以上一万元以下罚款；情节严重的，处一万元以上十万元以下罚款：

（1）兴办动物饲养场（养殖小区）和隔离场所，动物屠宰加工场所，以及动物和动物产品无害化处理场所，未取得动物防疫条件合格证的；

（2）未办理审批手续，跨省、自治区、直辖市引进乳用动物、种用动物及其精液、胚胎、种蛋的；

（3）未经检疫，向无规定动物疫病区输入动物、动物产品的。

6. 屠宰、经营、运输的动物未附有检疫证明，经营和运输的动物产品未附有检疫证明、检疫标志的，由动物卫生监督机构责令改正，处同类检疫合格动物、动物产品货值金额百分之十以上百分之五十以下罚款；对货主以外的承运人处运输费用一倍以上三倍以下罚款。

参加展览、演出和比赛的动物未附有检疫证明的，由动物卫生监督机构责令改正，处一千元以上三千元以下罚款。

7. 转让、伪造或者变造检疫证明、检疫标志或者畜禽标识的，由动物卫生监督机构没收违法所得,收缴检疫证明、检疫标志或者畜禽标识,并处三千元以上三万元以下罚款。

8. 违反动物防疫法规定,有下列行为之一的,由动物卫生监督机构责令改正,处一千元以上一万元以下罚款:

(1) 不遵守县级以上人民政府及其兽医主管部门依法作出的有关控制、扑灭动物疫病规定的;

(2) 藏匿、转移、盗掘已被依法隔离、封存、处理的动物和动物产品的;

(3) 发布动物疫情的。

9. 违反动物防疫法规定,未取得动物诊疗许可证从事动物诊疗活动的,由动物卫生监督机构责令停止诊疗活动,没收违法所得;违法所得在三万元以上的,并处违法所得一倍以上三倍以下罚款;没有违法所得或者违法所得不足三万元的,并处三千元以上三万元以下罚款。动物诊疗机构违反本法规定,造成动物疫病扩散的,由动物卫生监督机构责令改正,处一万元以上五万元以下罚款;情节严重的,由发证机关吊销动物诊疗许可证。

10. 未经兽医执业注册从事动物诊疗活动的,由动物卫生监督机构责令停止动物诊疗活动,没收违法所得,并处一千元以上一万元以下罚款。

执业兽医有下列行为之一的,由动物卫生监督机构给予警告,责令暂停六个月以上一年以下动物诊疗活动;情节严重的,由发证机关吊销注册证书:

(1) 违反有关动物诊疗的操作技术规范,造成或者可能造成动物疫病传播、流行的;

(2) 使用不符合国家规定的兽药和兽医器械的;

(3) 不按照当地人民政府或者兽医主管部门要求参加动物疫病预防、控制和扑灭活动的。

11. 从事动物疫病研究与诊疗和动物饲养、屠宰、经营、隔离、运输,以及动物产品生产、经营、加工、贮藏等活动的单位和个人,有下列行为之一的,由动物卫生监督机构责令改正;拒不改正的,对违法行为单位处一千元以上一万元以下罚款,对违法行为个人可以处五百元以下罚款:

(1) 不履行动物疫情报告义务的;

(2) 不如实提供与动物防疫活动有关资料的;

(3) 拒绝动物卫生监督机构进行监督检查的;

(4) 拒绝动物疫病预防控制机构进行动物疫病监测、检测的。

12. 构成犯罪的,依法追究刑事责任。导致动物疫病传播、流行等,给他人人身、财产造成损害的,依法承担民事责任。

思 考 题

一、名词解释

1. 动物卫生法

2. 疫情报告
3. 隔离
4. 扑杀
5. 封锁
6. 疫点、疫区、受威胁区
7. 紧急免疫接种
8. 动物防疫监督
9. 动物疫病
10. 动物防疫

二、问答题

1. 动物防疫法的立法宗旨是什么？调整范围和对象有哪些？
2. 疫情报告、隔离和封锁在实际扑灭疫病中有什么作用？解除封锁条件有哪些？
3. 《动物防疫法》中规定的发生一类传染病时应采取的紧急措施是什么？
4. 我国规定的国内动物检疫对象名录是什么？

第七章

动物检疫监督管理

第一节 动物检疫的范围、对象、分类和方法

一、动物检疫概述

(一) 动物检疫的概念

检疫（quarantine）一词，原意为隔离40d。它起源于14世纪的欧洲。当时意大利为阻止欧洲流行的黑死病、霍乱等传染病，规定对怀疑感染传染病的外来抵港船只，一律隔离检查，观察40d。如未发现疫病则允许离船登陆。可见检疫起初只是为了防止疫病传播，是国际港口执行卫生检查的一种强制性措施。最后，经过多年的实践，形成了现在法律上的动物检疫制度。在我国，动物检疫早已实施，但随着人民生活水平的提高和对外贸易的发展，动物检疫工作显得越来越重要。《动植物检疫法》、《动物防疫法》及《动物检疫管理办法》等一系列法规。特别是《国际动物卫生法》的出台，它已成为各国执行动物检疫共同遵守的原则。由此可见，检疫由开始的卫生检查发展到动物检疫及动物产品的检疫，其宗旨是为了加强对动物防疫工作的管理，预防、控制和扑灭动物疫病，促进养殖业发展，保护人体健康。为此，可以把动物检疫概括为：动物防疫监督机构按照国家标准、国务院畜牧兽医行政管理部门规定的行业标准和有关规定对动物、动物产品进行的是否感染特定疫病或是否有传播这些疫病危险的检查以及检查定性后的处理。

(二) 动物检疫的性质

1. 检疫是一种以技术为依托的政府监督管理职能，而不是职业行为或企业行为。
2. 检疫是由法律法规规定的技术性强制措施，不是可做可不做、愿意做不愿意做的行为。凡饲养、经营动物和生产、经营动物产品的单位和个人，必须依法接受检疫，抗拒、逃避检疫，则将受到法律制裁。
3. 检疫技术方面的标准和处理方法具有法律的规范性。
4. 检疫是一种法律规定的具体行为。

二、动物检疫的范围

动物检疫的范围是指动物检疫的责任界限，它是动物检疫员在组织、实施动物检疫过程中必须明确的一项具体内容，只有严格按照所界定的范围开展工作，才能做好动物检疫工作。

（一）动物检疫实物范围

1. 国内动物检疫的范围

国内动物检疫的范围包括动物和动物产品（见第六章第一节）。

2. 进出境动物检疫的范围

进出境动物检疫的范围包括动物、动物产品和其他检疫物。动物是指饲养、野生的活动物，包括畜、禽、兽、蛇、龟、鱼、虾、蟹、贝、蚕、蜂等；动物产品是指来源于动物未经加工或者虽经加工但仍可能传播疫病的产品，包括生皮张、毛类、肉类、脏器、油脂、水产品、奶制品、血液、精液、胚胎、骨、蹄、角等；其他检疫物是指疫苗、血清、诊断液、动物性废弃物等。

3. 运载饲养动物及其产品的工具

包括车、船、飞机、包装物、饲料和铺垫材料、饲养工具等。

（二）动物检疫的性质范围

1. 生产性检疫

包括对国有农场、牧场、部队、集体或个人饲养的动物。

2. 贸易性检疫

包括对进出境、市场交易、运输、屠宰的动物及其产品。

3. 非贸易性检疫

包括对国际邮包、展品、援助、交换、赠送以及旅客携带的动物等。

4. 观赏性检疫

包括对动物园的观赏动物、艺术团体的演艺动物等。

5. 过境性检疫

包括对通过国境的列车、汽车、飞机等运载的动物及其产品。

三、动物检疫的对象

动物检疫对象是指动物检疫中政府规定的动物疫病。

动物疫病的种类很多，动物检疫只是把其中的一部分疫病规定为动物检疫对象，而不是所有的动物疫病。《中华人民共和国动物防疫法》第四条规定，全国动物检疫对象的具体病种名录由国务院畜牧兽医行政管理部门规定并公布。《中华人民共和国进出境动植物检疫法》第十八条规定，进境动物检疫对象的名录由国务院农业行政主管部门制定并公布。重点检疫对象，是人畜和多种动物共患的疫病，如炭疽、结核病、布氏杆菌病、狂犬病等；危害性大而目前预防控制困难的动物疫病，如口蹄疫、牛海绵状脑病、痒病、梅迪-维斯纳病等；急性烈性动物疫病，如猪瘟、鸡新城疫等；我国尚未发现的国外传染病，如非洲猪瘟、非洲马瘟等。

（一）全国动物检疫对象

全国动物检疫对象共分三类（见第六章第二节）。

（二）进境动物检疫对象

为防止国外动物疫病的侵入，我国由国务院农业行政主管部门制定并公布了《中华人民共和国进境动物一类、二类传染病、寄生虫病名录》，现介绍如下。

1. 一类传染病、寄生虫病

口蹄疫、非洲猪瘟、猪水泡病、猪瘟、牛瘟、小反刍兽疫、蓝舌病、痒病、牛海绵状脑病、非洲马瘟、鸡瘟、新城疫、鸭瘟、牛肺疫、牛结节疹（15 种）。

2. 二类传染病、寄生虫病

共患病：炭疽病、伪狂犬病、心水病、狂犬病、Q 热、裂谷热、副结核病、巴氏杆菌病、布氏杆菌病、结核病、鹿流行性出血热、细小病毒病、梨形虫病（13 种）。

牛病：锥虫病、边虫病、牛地方流行性白血病、牛传染性鼻气管炎、牛病毒性腹泻/黏膜病、牛生殖道弯曲杆菌病、赤羽病、中山病、水泡性口炎、牛流行热、茨城病（11 种）。

绵羊和山羊病：绵羊痘和山羊痘，衣原体病、梅迪-维斯纳病、边界病、绵羊肺腺瘤病、山羊关节炎/脑炎（6 种）。

猪病：猪传染性脑脊髓炎、猪传染性胃肠炎、猪流行性腹泻、猪密螺旋体痢疾（猪血痢）、猪传染性胸膜肺炎，猪繁殖与呼吸综合征（蓝耳病）（6 种）。

马病：马传染性贫血、马脑脊髓炎、委内瑞拉马脑脊髓炎、马鼻疽、马流行性淋巴管炎、马沙门氏菌病（马流产沙门氏菌病）、炎鼻疽、马传染性动脉炎、马鼻腔肺炎（9 种）。

禽病：鸡传染性支气管炎、鸡传染性喉气管炎、鸡传染性法氏囊病、鸭病毒性肝炎、鸡伤寒、禽痘、鹅螺旋体病、马立克氏病、住白细胞原虫病、鸡白痢、家禽支原体病、鹦鹉热（鸟疫）、鸡病毒性关节炎、禽白血病（14 种）。

啮齿动物病：兔病毒性出血症（兔瘟）、兔黏液瘤病、兔出血热（3 种）。

水生动物病：鲑鱼传染性胰脏坏死、鱼传染性造血器官坏死、鲤春病毒血症、鲑鳟鱼病毒性出血性败血症、鱼鳔炎病、鱼眩晕病、鱼鳃霉病、鱼疖疮病、异尖线虫病、对虾杆状病毒病、斑节对虾杆状病毒病（11 种）。

蜂病：美洲幼虫腐臭病、欧洲幼虫腐臭病、蜂螨病、瓦螨病、蜂孢子虫病（5 种）。

其他动物疫病：蚕微粒子病、水貂阿留申病、犬瘟热、利什曼病（4 种）。

（三）国际动物检疫对象

1986 年国际兽疫局委员会修订的《国际动物卫生法典》规定，国际动物检疫对象分两类，A 类 16 种，B 类 79 种，共 95 种（名录见第六章第二节）。

四、动物检疫分类

根据动物及其产品的动态和运转形式，动物检疫可分为国内检疫和国境检疫两大类。

（一）国内检疫

对国内动物及动物产品进行检疫叫国内检疫，简称内检。主要包括产地检疫、屠宰检疫、运输检疫和市场检疫监督。

国内检疫有国务院畜牧兽医行政管理部门（农业部）主管，县级以上畜牧兽医行政管理部门主管本行政区域内的动物检疫工作。

（二）国境检疫

对出入国境的动物及动物产品进行的检疫叫国境检疫，又叫进出境检疫或口岸检疫，简称外检。

国家进出境检验检疫局统一管理全国进出境动物检疫工作，在对外开放的口岸和进出境动物检疫业务集中的地点设口岸动植物检疫机关，实施进出境动物检疫。外检包括进境检疫、出境检疫、过境检疫、携带及邮寄物检疫和运输工具检疫等。

五、动物检疫的方式

动物检疫的方式可分为现场检疫和隔离检疫两大类。

（一）现场检疫

1. 现场检疫的概念

现场检疫是指动物在集中现场进行的检疫方式。它是内检、外检中常用的检疫方式，如进境动物在口岸经现场检疫合格后，准予入境。产地检疫时亦采用现场检疫的方式。

2. 现场检疫的内容

现场检疫的内容是验证查物和三观一察。

（1）验证查物 验证就是查看有无检疫证明，检疫证明的出证机关的合法性，检疫证明是否在有效期内，进出境动物及其产品的贸易单据、合同及其他有关证明，产地检疫时还要查验免疫证明。查物就是核对被检动物的种类、品种、数量及免疫标记等，必须做证物相符。

（2）三观一察 三观是指临床检查中群体检疫的静态、动态和饮食状态观察。一察是指个体检疫。这是动物检疫中常用的方法，即通过"三观"发现可疑病态动物，再对可疑病态动物进行个体检疫，以确定动物是否健康。

当然，在某种情况下，现场检疫可能还有其他内容，譬如疫病流行病学调查、病理剖检、采样送检、监督货主对染疫动物及其产品、包装物、垫料、运载工具、尸体、污染场地等进行消毒和处理等。

（二）隔离检疫

隔离检疫是指动物在一定条件下的隔离进行的检疫方式。主要用于进出境动物的检疫、种畜禽调运前后的检疫，有可疑检疫对象发生时或建立健康畜群时的检疫。如调运种畜禽一般于起运前 15～30d 在原种畜禽场或隔离场进行检疫。到场后可根据需要，隔离 15～30d。

隔离检疫的内容主要包括临诊检查和实验室检查。即在指定的隔离场内，在正常饲养条件下，对动物进行经常性的临诊检查（临诊检疫和个体检疫），发现异常及时采取病料送检，有病死动物应及时剖检（可疑炭疽病畜禁止剖检）、确诊，同时按照有关法规或贸易合同要求或两国政府签订的条款进行规定项目的实验室检查。以上情况均应记录下来。

六、动物检疫的方法

动物检疫的方法包括临场检疫和实验室检疫两种方法。

临场检疫是指能够在现场进行并得到一般检查结果的检疫方法，一般包括流行病学调查法、兽医临床检查法，有时还要配合病理剖检的方法。实验室检疫是指采用实验手段并能得出确定检查结果的检疫方法,主要包括病原体检查、免疫学检查及病理组织学检查等。以上方法并不是每次检疫都要用到,而是根据具体情况选择适宜的方法,以达到在最短的时间内得到准确检疫结果的目的。

(一) 流行病学调查

1. 询问调查

这是流行病学调查中一个最主要的方法。询问的对象主要是畜主、管理人员、当地居民等。通过座谈等方式询问疫情,力求查明传染源、传播媒介等问题。将收集到的材料记入调查表。

2. 现场观察

现场观察可根据不同种类的疫病,进行重点内容的观察。如发生肠道疫病时,应注意饲料的来源和质量、水源卫生状况、粪便和尸体的处理情况等;如发生呼吸道疫病,应重点检查畜舍卫生、直接接触等情况;发生由吸血昆虫动物传播的疫病时,应注意调查当地吸血昆虫的种类、分布、生态习性等。疫区的兽医卫生情况、地理分布、地形特点和气候条件等也应注意调查。

3. 查验有关资料

如查验免疫接种记录等。

4. 实验室检查

目的是为了进一步确诊,发现传染源、证实传播途径等,常用病原学方法、血清学方法、变态反应、尸体剖检、理化学检查等方法。为了解外界环境因素在流行病学上的作用,可对有污染嫌疑的各种物体(水、饲草、土壤、动物产品、节肢动物或野生动物等)进行实验室检查,以确定可能的传播媒介或传染源。

5. 数理统计

为了对调查中获得的各处数据进行比较分析,找出疫情,可以应用统计学方法,对畜禽的存栏数、死亡数、屠宰数及预防接种头数等加以统计和整理分析。

在动物检疫中进行流行病学调查有两个意义:一是指导检疫工作,使检疫员有意识地注意某些疫病的存在;二是为最终得到检疫结果提供依据。

(二) 临床检查

又称临诊检查,即应用兽医临床诊断方法,对动物进行群体检疫和个体检疫,以分辨病健,并得出是否是某种检疫对象的结论和印象。动物临床检查的方法应用于产地、屠宰等流通环节的动物检疫,是动物检疫中最常用的方法。

1. 群体检疫

群体检疫是指对待检动物群体进行现场临诊观察。检查时以群为单位,将来自同一地区或同一批的动物为一群,或将一圈、一舍的动物划为一群。禽、兔、犬等可按笼、箱、舍划分,运输中可以同一车、船或机舱的动物为一群。群体检疫的方法内容,一般是先静态检查,再动态检查,后饮食状态检查。

(1) 静态检查 在动物安静的情况下,观察其精神状态、外貌、营养、立卧姿势、呼吸、反刍状态、羽、冠、髯等,注意有无咳嗽、气喘、呻吟、嗜睡、流涎、孤立一隅等反常现象,从中发现可疑病态动物。

(2) 动态检查 静态检查后,先看动物自然活动,后看驱赶活动。观察其起立姿势、行动姿态、精神状态和排泄姿势。注意有无行动困难、肢体麻痹、步态蹒跚跛行、屈背弓腰、离群掉队及运动后咳嗽或呼吸异常现象，并注意排泄物的质度、颜色、混合物、气味等。

(3) 饮食状态检查　检查饮食、咀嚼、吞咽时的反应状态。注意有无不食不饮、少食少饮、异常采食以及吞咽困难、呕吐、流涎、退槽、异常鸣叫等现象。

以上各步检查中，有异常表现或临床症状的动物须标上记号，单独隔离，进一步做个体检疫。

2. 个体检疫

个体检疫是指对群体检疫中检出的可疑动物进行系统的临诊检查。其目的在于初步鉴定动物是否患病、是否为检疫对象。一般群体检疫无异常的也要抽检5%～20%作个体检疫，若个体检疫发现患病动物，应再抽检10%，必要时可全群复检。个体检疫的方法内容，一般有视诊、触诊、听诊等。

(1) 视诊　利用肉眼观察动物，要求检疫员有敏锐的观察能力和系统的检查经验。检查精神状态、营养状况、姿态与步样、被毛和皮肤、反刍和呼吸及排泄物等。

(2) 触诊　触诊耳朵、角根，初步确定体温变化情况；触摸皮肤弹性；检查胸廓、腹部敏感性；检查体表淋巴结等。

(3) 听诊　听叫声、咳嗽声，如牛呻吟见于疼痛或病重期，鸡新城疫时发出"咯咯"声；肺部炎症表现为湿咳。借助听诊器听心、肺、胃肠音有无异常。

(4) 检查"三数"　即体温、脉搏、呼吸数，是动物生命活动的重要生理常数，其变化可提示许多疫病。

(三) 病理剖检

当有病死动物或患病动物，无法用临床检查方法确诊时，可进行病理解剖，根据其病理变化特征初步确定是何种检疫对象，或提出可疑疫病范围以便进一步确诊。

剖检时，可选病死或典型症状动物剖检（最急性死亡的动物病理特征往往尚未出现）。另外怀疑是炭疽的不能剖检。各种动物的剖检术式和方法不尽相同，但一般都包括外部检查和内部检查两部分。

(四) 病原体检查

要进行实验室检查，必须准确地采集病料，才能得到准确的结果。所以我们在采集病料前必须根据临场检疫结果，针对可疑检疫对象存在的部位，选择适宜的病料送检。如布氏杆菌病采血清，传染性萎缩性鼻炎采鼻腔分泌物等。另外，注意采集典型病例的病料，死后须立即取材，防止组织腐败，同时避免污染。

(五) 免疫学检查

1. 血清学试验

即体外的抗原抗体反应，由于抗体主要存在于血清中，所以称血清学试验。

2. 变态反应试验

变态反应是以病原体或其代谢产物为变应原，刺激机体产生Ⅳ型变态反应以检疫疫病（如结核病、鼻疽等）。常用的变态反应为点眼法和皮内注射法。

七、动物检疫管理

动物防疫监督机构对动物和动物产品的产地检疫和屠宰检疫情况进行监督。强化检疫监督，消除疫情隐患。抓好流通环节的监督检查，发挥公路等动物防疫监督检查站的作用，一旦发现染疫动物，必须依法就地处理，不得放行。

对经营依法应当检疫而没有检疫证明的动物、动物产品的，由动物防疫监督机构责令停止经营，没收违法所得。对尚未出售的动物、动物产品，未经检疫或者无检疫合格证明的依法实施补检；证物不符、检疫合格证明失效的依法实施重检。对动物、动物产品实施补检或者重检，应当按照《动物检疫管理办法》第二章、第三章规定的检疫程序进行。对补检或者重检合格的动物、动物产品，出具检疫合格证明。对检疫不合格或者疑似染疫的，按照《动物检疫管理办法》规定进行无害化处理，并依照《动物防疫法》第 78 条的规定予以处罚。对涂改、伪造、转让检疫合格证明的，依照《动物防疫法》第 79 条的规定予以处罚。

动物检疫员实施产地检疫和屠宰检疫必须按照《动物防疫法》、《动物检疫管理办法》规定进行，并出具相应的检疫证明。对不出具或不使用国家统一规定检疫证明的，或者不按规定程序实施检疫的，或者对未经检疫或者检疫不合格的动物、动物产品出具检疫合格证明、加盖验讫印章的，由其所在单位或者上级主管机关给予记过或者撤销动物检疫员资格的处分；情节严重的，给予开除公职处分。

各级畜牧兽医行政管理部门要加强对检疫工作的监督管理。对重复检疫、重复收费等违法行为的责任人及主管领导，要追究其行政责任。

对动物检疫员应当加强培训、考核和管理工作，建立健全内部任免、奖惩机制。

第二节　产地检疫

一、产地检疫的概念、意义

（一）产地检疫的概念

产地检疫是指动物、动物产品在离开饲养地或生产地之前进行的检疫。它是一项基层检疫工作。产地检疫的目的是及时发现染疫动物、动物产品及病死动物，将其控制在原产地，并在原产地安全处理，防止进入流通环节。

（二）产地检疫的意义

我国是农业大国，在农村，特别是社区、农牧兼作地区及农区，家家户户几乎都饲养着一定种类和数量的畜禽，存栏、出栏各异，这种分散饲养的方式目前仍是我国养殖业的主要生产方式，因此，产地检疫范围广，工作量大，难度也大。搞好产地检疫，可以最大限度地把动物疫病控制消灭在动物原产地，防止动物疫病的传播和流行，减少流通环节中的贸易损失和检疫压力。所以产地检疫是屠宰、运输和市场检疫监督的基础。产地检疫与动物免疫病实行预防为主的方针，调动畜主的防疫积极性，促进基层动物防疫工作开展，促进养殖业健康、稳定发展，真正实现以检促防，防检结合，防检一体化。产地检疫是我国动物检疫工作的基础、重点和关键。

二、产地检疫的分类、要求

(一) 产地检疫的分类

产地检疫可根据检疫环节的不同分以下几类：

1. 产地售前检疫

对畜禽养殖场或个人、动物产品生产加工单位或个人准备出售畜禽、动物产品在出售前进行的检疫。

2. 产地常规检疫

对正在饲养过程中的畜禽按常年检疫计划进行的检疫。

3. 产地隔离检疫

对准备出口的畜禽未进入口岸前在产地隔离进行的检疫。国内异地调运种用畜禽，运前在原种畜禽场隔离进行的检疫和产地引种饲养调回动物后进行的隔离观察亦属产地隔离检疫。

(二) 产地检疫的要求

1. 对动物、动物产品经营者的要求

（1）自觉报检 动物、动物产品离开饲养地或生产地之前，经营者必须向当地动物防疫监督机构或派遣到乡（镇）畜牧兽医站的动物检疫员报检，接受产地检疫。

（2）按规定交费。

2. 对动物防疫监督机构及人员的要求

（1）提高自身素质 动物检疫员要不断学习，提高自身的政治素质和业务水平。增强检疫执法责任感，要到场入户或到指定地点进行现场检疫。严把产地检疫各关口，防止漏检。

（2）做好产地售前检疫 动物、动物产品售前检疫是产地检疫的核心和关键，是保证采购质量、减少采购损失、防止疫病传播的重要环节，也是最容易漏检的一个环节。在实际检疫工作中，个别经营者往往法制观念不强，认识不到检疫的重要性，不能自觉报检接受检疫，这就要求检疫员要做好法律法规的宣传，提高全社会动物防疫意识，使人们明白养殖业要发展、农民要增收、防疫是基础。

（3）做好产地定期普遍检疫 对于正在饲养过程中的畜禽，要按检疫要求，每年对畜禽进行某些疫病的定期普遍检疫，尤其是大型养殖场和种畜禽场。

大型养殖场和种畜禽场的动物检疫，应由省地（市）或有条件的县级动物防疫监督机构组织实施。

（4）做好引进检疫 国内异地引进或由国外引进种用动物及其精液、胚胎、种蛋，或补充畜群时，畜禽到场入户后应在隔离舍内隔离观察一段时间，同时严格检疫，确认健康并经预防注射和驱虫后才能供繁殖用或与本场动物混群饲养。

（5）做好隔离检疫 对于集结后准备出口的动物，必须由县级以上动物防疫监督机构，按出境检疫的要求进行产地隔离检疫，出具证明，以维护我国动物出口信誉。

（6）因地制宜，采取多种形式进行产地检疫 我国地域广阔，各地养殖业发展不均衡，地理条件差异大，必须采取多种检疫形式，才能大幅度提高产地检疫的受检率，促进基层动检队伍的建设。

①平原、丘陵地区　以县动检站为中心，乡镇兽医站为重点，村级助理检疫员为分支形成县、乡、村三级检疫网络，开展产地检疫。县动检站向乡镇派驻业务水平高的检疫员，分片承包，责任到人。由于村级助理检疫员最了解养殖户的情况，负责提供产地信息。基层动物检疫员到场入户实施检疫。

②山区　人口密度小，交通不便，住户分散，畜禽数量少，可在山沟入口处或自然交易市场设置检疫点，检疫人员按时到点进行检疫。

③养殖业发达的地区　规模化养殖程度较高，动物相对集中，存栏出栏整齐，实行饲养全过程建档管理，出栏前报检，检疫员到场检疫。

④结合预防注射、去势进行检疫　对生猪结合预防注射和去势进行检疫，既能及时了解产地疫情，发现染疫动物，又能及时发现新的饲养户，这对推行养殖户建档管理检疫具有重要作用。

另外，基层动检站或动物检疫员要熟悉当地畜禽饲养、动物产品生产情况，并尽可能熟悉畜禽收购单位、贩运人的情况。当收购者批量收购畜禽时，动检站能为客户提供销售信息并派员作向导，做到随收购随检疫。

(7) 做好产地检疫的统计与分析　产地检疫时对检出疫病进行统计与分析，是获取动物疫病流行病学资料的重要来源之一，是制定畜禽防疫计划的重要依据，应切实做好疫病的统计、分类与分析。

三、动物产地售前检疫的程序和内容

（一）检疫的程序

动物产地售前检疫的程序是：疫情调查→查验免疫证明→临床健康检查→检疫收费→符合出证条件的出证；不符合出证条件的按规定处理。

有运载工具的，对运载工具消毒。消毒合格后，收取消毒费用，并出具运载工具消毒证明。

（二）检疫的内容

1. 疫情调查

通过询问有关人员（畜主、饲养管理人员、防疫员等）和对检疫现场的实际观察，了解当地疫情及邻近地疫情动态，确定被检动物是否处在非疫区或来自非疫区。即被检动物是否存在于或来自于发生传染病的村、屯以外的地区。

2. 检验免疫证明

向有关人员索验畜禽免疫接种证明或查验动物体表是否有圆形针码免疫、检疫印章。检查畜禽养殖场或养殖户，是否对国家规定或地方规定必须强制免疫的疫病进行了免疫；动物是否处在免疫保护期内，如国家强制免疫的猪瘟、鸡新城疫等畜禽疫病；奶牛场每年 3~4 月份必须进行无毒炭疽芽孢苗的注射，且密度不得低于 95%，某些地方强制免疫的猪丹毒、猪肺疫、羊痘、鸡痘等疫病，如果未按规定进行免疫，或虽然免疫但已不在免疫保护期内，要以合格疫苗再次接种，出具免疫证明。

各种疫苗的免疫保护期不同，检验员必须熟悉，如猪瘟兔化弱毒冻干苗，注射后 4d 就可产生免疫力，免疫期 1.5 年；而猪瘟、猪丹毒、猪肺疫三联冻干苗注射后 2~3

周产生免疫力,免疫期 6 个月。无毒炭疽芽孢苗注射后 14d 产生免疫力,免疫期为 1 年。

《动物免疫证》的适用范围:用于证明已经免疫的动物,由实施免疫的人员填写,在免疫后发给畜主保存。有的动物体表留有免疫标志,如猪注射猪瘟疫苗后可在其耳部轧打塑料标牌,或在其左肩胛部盖有圆形印章。

3. 临床健康检查

对被检动物进行临床检查,确定动物是否健康。对即将屠宰的畜禽进行临床观察,对种用、乳用、实验动物及役用动物除临床检查外,按检疫要求进行特定项目的实验室检验,如奶牛结核病变态反应检查等。

4. 检疫收费

按规定收费。

5. 出具产地检疫证明

动物售前经检疫符合出证条件的出具检疫证明。

6. 有运载工具的进行运载工具消毒

对运载动物、动物产品的车辆、船舶等运载工具在装前、卸后进行消毒。消毒合格后,出具运载工具消毒证明。

关于动物产品的售前检疫,因产品种类不同其检疫内容有区别。肉品按肉品卫生检验的内容进行检验。骨、蹄、角应检查是否经过外包装消毒。骨是否带有未剔除干净的残肉、结缔组织等,是否有异臭。皮毛是否经过氧乙酸、环氧乙烷消毒或是否经炭疽沉淀试验。种蛋、精液要了解种畜防疫状况和供体健康状况,种蛋出场前是否经福尔马林、高锰酸钾等消毒,精液是否进行品质检查。但不论何处动物产品,都应首先确定是否在非疫区。

四、产地检疫的出证

产地检疫的出证是指经过产地检疫后对合格的动物、动物产品出具《动物产地检疫合格证明》和《动物产品检疫合格证明》。

(一)产地检疫的出证条件

1. 动物须具备的条件

(1)被检动物在非疫区。
(2)动物免疫接种在有效期内。
(3)动物临床健康,需要做实验室检验的经检验结果为阴性。

2. 动物产品须具备的条件

(1)被检动物产品在非疫区。
(2)肉类经检验合格、胴体上加盖合格的验讫印章或加封检疫标志。
(3)骨、蹄、角经外包装消毒。
(4)种蛋、精液的供体健康,种蛋出场前已熏蒸消毒。
(5)皮毛做炭疽沉淀反应呈阴性或经环氧乙烷、过氧乙酸消毒合格。

(二)产地检疫证明的适用范围、有效期

1. 产地检疫证明的适用范围

产地检疫证明仅限于本县境内交易、运输的动物、动物产品使用。两县毗邻乡镇之

间的交易的动物、动物产品,经两县动物防疫监督机构协商同意,也可出具此证明。

2. 产地检疫证明的有效期

《动物产地检疫合格证明》的有效期,一般在1~2d,必要时可适当延长,但最长不得超过7d。《动物产品检疫合格证明》的有效期一般在1~2d,最长不得超过30d。动物产品种类多,证明有效期应视产品的种类、用途、保存条件、运输距离以及环境因素等综合考虑。在夏季无冷藏条件销售鲜肉类,有效期限在当日,而对保存条件好的可适当延长有效期。对非食用性动物产品,经检疫消毒合格后有效期可长些。总之,应以保证动物产品的安全、卫生质量为前提确定有效期。有效期从签发日期当天算起。

第三节 运输检疫

一、运输检疫的概念、意义

(一) 运输检疫的概念

运输检疫是指出县境的动物、动物产品在运输过程中进行的检疫。运输检疫的目的是防止动物疫病远距离跨地区传播,减少途病途亡。

(二) 运输检疫的意义

由于产地的分散性经营,动物、动物产品一般是汇集到一定数量才运往加工基地或养殖基地或仓库。活畜禽在此过程中,由于相互接触,感染疫病的机会增多。由于生活环境突然改变,受许多不良因素刺激,如挤压、驱赶等,抗病能力下降,极易暴发疾病。另外,随着交通运输业的发展,直达运输成为动物、动物产品主要的运输方式,这样做虽然缩短了在途时间,减少途中损耗,但也使疾病传播速度相应加快。因此,搞好运输检疫,及时查出未经检疫或检疫不合格的动物、动物产品以及违法贩运的动物尸体,对防止动物疾病远距离传播,起到重要的把关作用,并监督和促进产地检疫工作的开展。

二、运输检疫的分类、要求

(一) 运输检疫的分类

运输检疫根据运输方式不同可分为铁路运输检疫、公路运输检疫、航空运输检疫、水路运输检疫及赶运检疫等。

(二) 对运输检疫的要求

指对托运人、承运人以及动物防疫监督机构的要求。

1. 运输动物、动物产品要提出申请

需要出县境运输动物、动物产品的单位或个人,应向当地动物防疫监督机构提出申请,说明运输目的和运输动物种类等情况。动物防疫监督机构要根据国内疫情或目的地疫情做出答复。准许运输的,由当地县级动物防疫监督机构进行检疫,出具证明。

2. 凭检疫证明运输

经铁路、公路、航空等运输途径运输动物、动物产品时,托运人必须持有效期内的检疫证明，承运人必须凭检疫证明承运。动物防疫监督机构对动物、动物产品的运输，依法进行监督检查。

对中转出境的动物、动物产品，承运人凭始发地动物防疫监督机构出具的检疫证明承运。

3. 加强运输管理

运输途中不准宰杀、销售染疫动物和病、死动物以及死因不明的动物。病、死动物及其粪便、垫料和其他污物要在指定站或到达站卸下，在动物防疫监督员的监督下进行无害化处理。

4. 运载工具要消毒

装载动物、动物产品的运载工具、饲养用具、包装物在装前卸后要进行清扫、洗刷和消毒。清除的垫草、粪便、污物要进行无害化处理。批量运输的禽蛋亦要进行消毒。动物防疫监督机构在消毒后出具消毒证明。

5. 赶运动物时的要求

赶运是活畜特殊的运输方式，在农村和牧区多见，由于不涉及运载工具，往往忽视其检疫。赶运动物必须报检，接受当地动物防疫监督机构检疫。

三、种用动物的运输检疫

（一）种用动物运输检疫程序

一般包括运前检疫、运输时的检疫、到达目的地后的检疫三个环节。

（二）检疫内容

1. 起运前的检疫

起运前检疫的目的是确定种用动物是否患有检疫对象，是否处在非疫区。

（1）检疫时间和地点　国内异地引进种用畜禽时，于起运前15~30d在原种畜禽场或隔离场进行隔离检疫。

（2）检疫内容

①疫情了解　了解该种畜禽场近6个月以来的疫情。若发现种畜禽患有一类检疫对象及炭疽、鼻疽、猪密螺旋体痢疾、绵羊梅迪-维斯纳病、兔病毒性出血症时停止调运。

②查免疫情况　通过查验免疫证明或查阅其他资料，核实被检种畜禽是否按规定进行免疫，是否免疫合格。

③临床检查和实验室检验　应作临床检查和实验室检验的疫病即种用畜禽的检疫对象。根据产地实际，可以增减检疫对象。临床检查是对全部准备调运的畜禽进行群体和个体检查。

实验室检验是对全部准备调运的畜禽进行某些疫病特异性项目的检验，如奶牛结核病变态反应检查、布氏杆菌病凝集反应检查、马传贫琼脂扩散试验、鸡白痢全血平板凝集反应等。

（3）检疫标准　种用畜禽临床检查应达到的标准是没有患检疫对象，且临床检查健康。实验室检验应达到的标准是某些项目实验室检验结果呈阴性。通过临床检查和实验室检查，健康的动物出具检疫证明，准予起运。

2. 运输时的检疫

（1）装运时的检疫　装运时的检疫着重指以下两点：

①运载工具消毒　装运种畜禽的运载工具及饲养用具等，装运前进行清扫、洗刷，由当地防疫监督机构实施装前消毒后，出具运载工具消毒证明。

②验证查物、签章　畜禽在装运时，须经派驻在铁路、公路、航空等运输部门的动物防疫监督机构的人员查验《出县境动物检疫合格证明》，并对即将装运的动物抽检。未发现异常时，动物防疫监督员在证明上签字，并加盖动物防疫监督机构或其派驻机构专用印章，准予运输。

（2）运输途中的检疫　着重指以下几点：

①及时发现病、死畜禽　运输途中押运人员要经常观察畜禽表现，当发现病、死动物或有其他异常时，及时与当地动物防疫监督机构联系，妥善处理。

②草料的添加　运输途中草料和其他物资的添加，要符合防疫要求。

3. 到达目的地后的检疫

（1）验证查物　种用畜禽经运输到达目的地后，在未卸离运载工具前，目的地动物防疫监督人员要验证查物，了解途中情况，未发现异常时，准予卸离运载工具，并对运载工具进行卸后消毒，填写消毒证明。

（2）隔离检疫　种畜禽入场后须进行 15～30d 的隔离，在隔离期间实施临床检查和必要的实验室检验，确认为健康动物，方可使用。

四、运输检疫的出证和运输检疫注意事项

（一）运输检疫的出证

运出县境的动物和动物产品，由当地县级动物防疫监督机构实施检疫，合格的出具检疫证明：

1.《出县境动物检疫合格证明》

适用范围和有效期　限于运出县境的动物使用，有效期从签发日期当天算起，视运抵到达地点所需要的时间填写，最长不得超过 7d。

2.《出县境动物产品检疫合格证明》

适用范围和有效期　限于运出县境的动物产品使用，有效期从签发日期当天算起，以运抵到达地点所需时间为限，最长不得超过 30d。

3.《动物及动物产品运载工具消毒证明》

（二）运输检疫注意事项

1. 防止违法运输

随着我国经济体制改革不断深入，铁路、公路等运输部门营运机制发生变革，如长途客运汽车、列车上的行李车包租给个人，这使违法托运未经检疫检验的动物、动物产品者有机可乘。因此动物防疫监督机构与铁路等运输部门应密切配合，制定制度，向托运人、承运人，特别是一些常年托运动物、动物产品的托运人宣传动物防疫法，并采取联合检查行动，严防疫区动物、动物产品和私屠乱宰的动物产品运输。除此，加大检疫执法力度，严防贩运动物尸体。

2. 赶运动物注意事项

由于赶运的动物易与沿途动物直接接触,造成疫病传播。首先要选好赶运路线,如避开疫区、避开公路,尽量避免与当地动物接触。途中病、死动物不能随意丢弃。当发现动物有异常时,及时与沿途动物防疫监督机构取得联系,进行妥善处理。

3. 合理运输

动物、动物产品运输不同于其他物资,活畜禽易掉膘死亡,肉类易腐败变质,禽蛋易碎。这样不仅给经营者造成损失,且会直接或间接引发疾病,造成环境污染。因此,运输动物、动物产品时要结合实际,选择合理的运载工具和运输线路,采用科学的装运方法和管理方法,减少中途死亡,方便检疫,使整个运输过程符合卫生防疫要求。

第四节 屠宰检疫

屠宰检疫是指肉用畜禽在屠宰加工过程中进行的检疫,包括宰前检疫和宰后检验。

一、宰前检疫

(一)宰前检疫的目的、意义

宰前检疫即动物在屠宰前的活体检疫。宰前检疫是屠宰检疫的重要组成部分。

1. 宰前检疫的目的

宰前检疫的主要目的是发现患病动物和伤残动物,使病、健分离,达到病、健分宰,减轻肉品污染,提高肉品卫生质量,降低生产成本,增加经济效益。

2. 宰前检疫的意义

通过宰前检疫,将一些临床症状和体温反应明显的患病动物及时查出,做到早发现,早处理,防止疫病扩散。尤其对临床症状明显而宰后却难以发现的人畜共患病,如狂犬病、破伤风等和某些中毒性疾病的检疫具有重要意义。因此,宰前检疫可以弥补宰后检验不足,减轻宰后检验的压力,对保证肉品卫生质量起着重要的把关作用。同时,通过宰前验证,促进动物产地检疫。防止无证收购、无证宰杀。

(二)宰前检疫的内容和方法

1. 验证查物

动物到屠宰场后,在没有卸载之前,驻场检疫员查验检疫证明。县境内的畜禽查《动物产地检疫合格证明》,外地调入的畜禽查《出县境动物检疫合格证明》,有运载工具的查《动物和动物产品运载工具消毒证明》。验证的同时核对动物种类、数量,询问动物途中的病、亡情况,观察动物表现,一切正常方可卸载。

2. 临床检查

动物宰前临床检查分两个时段,一是在卸载之前;二是在待宰期间。待宰期间在每天下午应进行检查,以对屠宰的动物做到心中有数。

3. 检疫结果登记

对宰前检疫的动物种类、产地、数量和病、健情况及时处理措施应有详细的登记,以便查对和了解产地疫情。

(三) 宰前检疫后的处理

1. 准宰

经宰前检疫认为健康的屠畜，出具准宰证明，准予屠宰。

2. 急宰

确诊为无碍肉食卫生的普通病患畜或一般性疫病且有死亡危险时，立即出具急宰证明书，送往急宰间急宰。

3. 缓宰

经宰前检疫，确认为屠畜患有一般性疫病或普通病，且有治愈希望者；或患有疑似疫病而未经确诊的屠畜，应予以缓宰。但必须考虑有无隔离饲养和治疗条件及消毒设备，并进行成本核算。

4. 禁宰

经宰前检疫，凡是危害性大且目前防治困难的疫病，或急性烈性传染病，或重要的人畜共患病，以及国外有而国内无或国内已经消灭的疫病，均按下述办法处理。

经宰前检疫，患有炭疽、鼻疽、牛瘟、恶性水肿、气肿疽、狂犬病、羊快疫、羊肠毒血症、马流行性淋巴管炎、马传染性贫血等恶性传染病的屠畜，一律不准屠宰，采取不放血的方法扑杀，尸体销毁或化制。

经宰前检疫，凡是患有疯牛病、口蹄疫、猪传染性水疱病、猪瘟、牛传染性胸膜肺炎、痒病、蓝舌病、非洲猪瘟、非洲马瘟、小反刍兽疫、绵羊痘和山羊痘、羊猝狙、钩端螺旋体病、急性猪丹毒、李氏杆菌病、马鼻腔肺炎、马鼻气管炎、布氏杆菌病、牛鼻气管炎、猪密螺旋体痢疾、牛肺疫、肉毒梭菌中毒症等的屠畜，一律不准屠宰，采取不放血的方法扑杀，尸体销毁或化制。

宰前检疫的结果及处理情况要做记录留档。发现危害严重的疫病时，必须及时向当地和产地的动物防疫监督机构报告疫情，以便及时采取预防控制措施。

二、宰后检验

宰后检验是指动物在放血解体的情况下，直接检查胴体、内脏，对胴体、内脏所呈现的病理变化和异常现象进行综合判断，得出检验结论。宰后检验包括对动物疾病的检查（即宰后检疫）和肉品的品质检查（即肉品检验）两大方面。肉品检验内容包括对传染性疾病和寄生虫以外的疾病的检查，对有害腺体摘除情况的检查，对屠宰加工质量的检查，对注水或注入其他物质的检查，对有害物质的检查以及检查是否有种公、母畜或阉畜肉。

(一) 宰后检验的目的、意义

宰后检验的主要目的是发现被屠宰加工的染疫动物，剔除病害胴体，使人们吃上"放心肉"。同时宰后检验可根据胴体、内脏的整体状态，对肉品的品质进行全面检查，对肉品的食用价值进行科学评价。同时，宰后检验也是宰前检疫的继续和补充。通过宰后检验，使整个屠宰检疫工作更加完善，避免患病动物漏检。这对许多临床症状不明显在宰前难以发现的疫病，如猪囊虫病、旋毛虫病等的检疫意义重大。而且，宰后胴体、内脏暴露，使检疫更具直观性，判断更具准确性。因此，只有切实搞好宰后检验，才能确保肉品安全卫生，才能从真正意义上切断某些人畜共患疫病的传播途径，防止或杜绝人畜共患疾病的发生，防止食物中毒，减少消费损失，保障人民身体健康。

（二）宰后检验的方法

宰后检验以感官检验为主，必要时辅以实验室检查，如可疑炭疽时，必须涂片镜检或进行血清学试验，才能确定。

感官检验包括视检、剖检、触检和嗅检，以视检和剖检为主。

1. 视检

用肉眼直接观察胴体皮肤、肌肉、胸腹膜、脂肪及各种脏器浅表暴露部分的形态、颜色、大小，判断有无病理变化或异常。

2. 剖检

借助检验工具，从胴体或内脏的受检剖位剖开，肉眼观察胴体、内脏、淋巴等组织深层的变化，判断有无异常。如剖检咬肌、腰肌检查猪囊虫。

3. 触检

用手直接触摸或触压胴体、内脏的受检部位，判断组织的弹性、软硬度，并能检查组织器官的结节和肿块。如肺结核的检查。

4. 嗅检

靠人的嗅觉来检查被检胴体、脏器有无各种异常气味。如农药中毒后的气味，尿中毒病时的尿臊味，生前用药物治疗后造成药物残留的药气味等，都能通过嗅检查出。

（三）宰后检验的程序和内容

1. 对宰后检验的要求

宰后检验是在屠宰加工过程中进行和完成的，因此，对宰后检验有严格的要求。

（1）对检验环节的要求　检验环节应密切配合屠宰加工工艺流程，不能与生产作业相冲突，所以宰后检验常被分作若干环节安插在屠宰加工过程中。

（2）对检疫内容的要求　严格按国家规定的检疫内容、检查部位进行。不能人为地减少检疫内容或漏检。每一动物的胴体、内脏、头、皮在分离时编记同一号码，以便查对。

（3）对剖检要求　为保证肉品的卫生质量和商品价值，剖检时只能在一定的部位，按一定的方向剖开，下刀快而准，切口小而齐，深浅适度。不能乱切和拉锯式的切割，以免造成切口过多过大或切面模糊不清，造成组织人为变化，给检疫带来困难。肌肉应顺肌纤维方向切开。

（4）对保护环境的要求　为防止肉品污染和环境污染，当切开脏器或组织的病变部位时，应采取措施，不沾染周围胴体、不掉地。当发现恶性传染病和一类检疫对象时，应立即停宰，封锁现场，采取防疫措施。

（5）对检疫人员的要求　检疫员每人应携带两套检疫工具，以便在检疫工具受到污染时能及时更换。被污染的工具要彻底消毒后方能使用。检疫人员要做好个人防护。

2. 宰后检验的程序

动物宰后检验的一般程序是：头部检验、内脏检验、胴体检验三大基本环节；在猪增加皮肤和旋毛虫检验两个环节，即头部检验、皮肤检验、内脏检验、旋毛检验、胴体检验五个检验环节。家禽、家兔一般只进行内脏和胴体两个环节的检疫。

3. 猪宰后检验的内容

（1）头部检验　猪的头部检验分两步进行，第一步是在放血之后，烫毛之前，剖检两侧颌下淋巴结，检查咽炭疽和结核。第二步是在去头之后，剖检两侧咬肌，检查猪囊尾蚴。同时观察鼻盘、唇和齿龈检查口蹄疫、猪传染性水泡病、猪萎缩性鼻炎等疫病。

（2）皮肤检验　皮肤检验一般在煺毛之后、开膛之前进行。主要看皮肤有无浮肿、出血斑点、疹块、坏死、溃疡，有无脱毛及皮肤肥厚现象，检查炭疽、猪瘟、猪丹毒、猪肺疫、坏死杆菌病、疥癣等疫病。

（3）内脏检验　内脏器官检验的方式据屠宰加工工艺流程不同有所区别。在开膛后，有的先检验后摘出（非离体检验），有的先摘出后检验（离体检验）。非离体检验，按脏器在畜体内的自然位置，由后向前顺序检查；离体检验，按脏器摘出的顺序摘出后放在检验台上进行检查。目前，国内有些大型肉联厂和定点屠宰场设置两条流水线，把同一猪体的胴体和内脏分别对应地放在并列的两条流水线上，检疫人员位于两条流水线的中间，同时对内脏和胴体进行检验，称为同步检验。同步检验时，内脏放检验盘内吊挂在架空轨道上受检。

不论采取哪种检验方式，内脏检验一般都分为两组进行，第一组为胃、肠、脾，第二组为肺、心、肝。

①胃、肠、脾的检验　首先视检胃肠浆膜及肠系膜，并剖检肠系膜淋巴结（猪注意肠炭疽），必要时将胃、肠移至特定地点剖检，注意其黏膜的色泽是否正常，有无充血、出血、水肿、胶样浸润、痈肿、糜烂、溃疡和坏死等病变。

胃肠检验之后，应相继检查脾脏，检查其形态、大小及色泽，触检其弹性及硬度，必要时剖检脾髓。检查脾的目的是检出炭疽、猪瘟、猪丹毒、结核病和巴氏杆菌病等传染病。

②肺、心、肝的检验　从肺开始，先看其外表，观察其形状、大小、色泽和表面情况（在牛、羊，应剖检支气管淋巴结和纵隔淋巴结），然后触摸两侧肺叶，剖检其中每一硬结的部分，必要时剖开肺内支气管。注意有无呛血、电麻引起的肺出血、充血，有无结核、实变、寄生虫（棘球蚴等）、肿瘤及各种炎症变化以及猪的肺炭疽。

接着进行心脏检查。首先仔细检查心包，观察心包腔有无积液、粘连、化脓等；剖开心包，观察心脏外形、心包腔及心外膜的状态；然后在左心室壁上作一纵斜切口，暴露两侧的心室和心房，观察心肌、心内膜、心瓣膜及血液凝固状态，检查心肌内有无囊尾蚴寄生，应注意二尖瓣上有无菜花状赘生物（慢性猪丹毒）。

最后进行肝脏检查。先观察外表，注意其大小、色泽、表面损伤及胆管状态，接着触检其弹性和硬度，发现硬结应剖检。然后剖检肝门淋巴结，并以刀横断胆管，挤压胆管内容物，检查有无肝片吸虫寄生。必要时剖检肝实质和胆管。

（4）旋毛虫检验　内脏取出之后，逐头从左、右膈肌脚各取小块肉样，编号，送实验室检验。除检查旋毛虫外，检查肉孢子虫和猪囊虫。

（5）胴体检验　胴体检验包括一般检验、肌肉检验、肾脏检验和胴体淋巴结检验。

（6）复检　复检指对胴体的再次检查。强调对"三腺"的摘除情况进行检查。"三腺"指甲状腺、肾上腺和病变淋巴结。甲状腺、肾上腺是内分泌器官，淋巴结是免疫器官，所以"三腺"中含有内分泌激素和病原微生物，人们一旦误食，会引起食物中毒。

4. 牛宰后检验的要点

（1）头部检验　视检唇、齿龈及舌面，看有无水泡、溃疡和烂斑，检查牛瘟、口蹄疫。纵切舌肌和咬肌，检查牛囊尾蚴。水牛还查其舌肌上有无住肉孢子虫。剖检颌下淋巴结，检查结核病、炭疽等疫病。同时仔细检查舌和下颌骨的形态、硬度，以确定有无放线菌病。

（2）内脏检验　开膛后首先观察脾脏的大小（羊亦相同）、色泽、注意增大的程度和质地状态，检查炭疽。若怀疑牛白血病时，应结合检查全身淋巴结。胃肠检查以剖检肠系膜淋巴结为主，检出局部炭疽。南方省区注意血吸虫的检查，同时查食道住肉孢子虫、牛皮蝇蛆。肺、心、肝检查基本同猪的检查，重点查明肺结核、传染性胸膜炎、肝片吸虫、双腔吸虫、棘球蚴病等疫病。

（3）胴体检查　视检皮肤、皮下组织、胸腹腔浆膜有无严重出血和胶样浸润，检查炭疽、恶性水肿。视检胸腹浆膜有无灰红、湿润的结节群，检查结核病。视检皮肤、肌肉色泽，检查放血程度。剖检两侧深腰肌检查牛囊尾蚴，同时查腰肌、腹斜肌上有无住肉孢子虫。剖检肩前淋巴结、髂下淋巴结、腹股沟浅、深淋巴结，必要时剖检腘淋巴结，以检出淋巴结核、败血症以及白血病等疫病。

（四）宰后检验后的处理与盖检印

宰后检验完成后，将胴体分为合格与不合格两大类，并分别加盖与检疫结果相一致的验讫印章。

1. 合格胴体

经检验确认是来自健康动物的肉品且肉品品质良好，加盖动物防疫监督部门通用的长方形滚动肉检印章和商品流通部门使用的圆形肉检印章，并由动物防疫监督部门出具动物产品检疫合格证明。肉品不受任何限制经销，并据个人、民族习惯任意食用。

对于剥皮肉类，如马肉、牛肉、驴肉、骡肉、羊肉、猪肉等，在其胴体或分割体上加盖方形针码检疫印章。

2. 不合格的胴体

经检验确认是染疫或患其他疾病动物的肉品，或肉品品质不良，不能经销，根据疫病的性质，胴体、内脏病害程度以及胴体整体状态，加盖无害化处理验讫印章，并按国家有关规定进行无害化处理。

三、动物病害胴体及其产品无害化处理

通过屠宰检疫，对猪、牛、羊、马、驴、骡、驼、禽、兔等动物因患传染病、寄生虫病和中毒性疾病死亡后的尸体、胴体（除去皮毛、内脏和蹄）及其产品（内脏、血液、骨、蹄、角和皮毛）的无害化处理，按 GB16548—1996 处理规程执行。本标准同样适用于产地、运输、市场检疫后的处理。

四、市场检疫监督

市场检疫监督是指对进入市场交易的动物、动物产品所进行的监督检查。其目的是

及时发现并防止不合格的动物、动物产品进入市场，保护人体健康，促进贸易发展，防止疫病扩散。

1. 市场检疫监督的意义

市场是动物、动物产品集散地，集中时接触机会多，容易相互传播疫病，散离时又容易扩散疫病。同时市场又是一个多渠道经营的场所，货源复杂。搞好市场检疫监督，能有效地防止未经检疫检验的动物、动物产品和染疫动物、病害胴体的上市交易，形成良好的交易环境，使市场管理更加规范化、法制化。同时进一步促进产地检疫、屠宰检疫工作的开展和运输防疫监督工作的实施，使产地检疫、屠宰检疫、运输动物防疫监督和市场检疫监督环环相扣，保证消费者的肉食品卫生安全，促进畜牧业经济发展和市场经济贸易。

2. 市场检疫监督的程序和要求

（1）验证查物。进入市场的动物及其产品，畜（货）主必须持有相关《动物产地检疫合格证明》、《动物产品检疫合格证明》或《出县境动物检疫合格证明》、《出县境动物产品检疫合格证明》以及《动物及动物产品运载工具消毒证明》，检疫人员应仔细查验检疫证件是否合法有效。

然后检查动物、动物产品的种类、数量（重量）与检疫证明是否一致，核实证物是否相符。查验活动物是否佩戴有合格的免疫耳标；检查胴体、内脏上有无验讫印章或验讫标志以及检验刀痕，加盖的印章是否规范有效，核实交易的动物、动物产品是否经过检疫合格。

（2）对实物实施检疫监督，以感官检查为主，力求快速准确。活畜禽结合疫情调查、查验免疫耳标、观察畜禽全身状态如体格、营养、精神、姿势和测体温，确定动物是否健康；鲜肉产品以视检为主结合剖检，重点检查病、死畜禽肉，尤其注意一类检疫对象的查出，检查肉的新鲜度，必要时进行实验室检验。其他动物产品多数带有包装，注意观察外包装是否完整、有无霉变等现象。

（3）禁止下列动物、动物产品进入市场：来自于疫点、疫区内易感染的动物；染疫的动物、动物产品；病死、毒死或死因不明的动物及其产品；未经检疫或检疫不合格的动物、动物产品；腐败变质、霉变或污秽不洁、混有异物和其他感官性状不良等不符合国家动物防疫规定的动物产品。

（4）动物、动物产品应在指定的地点进行交易，同时建立消毒制度以及病死动物无害化处理制度，防止疫情传入传出。在交易前、交易后要对交易场所进行清扫、消毒，保持清洁卫生。粪便、垫草、污物采取堆积发酵等方法处理，病死动物按国家有关规定进行无害化处理。

（5）市场检疫监督人员要坚守岗位，不漏检，秉公执法，依法处理。

（6）建立市场检疫监督检疫检验报告制度，定期向当地动物防疫监督机构报告检疫情况。

3. 市场检疫监督后的处理

（1）对持有有效检疫合格证明、动物佩戴有合格免疫耳标和胴体、内脏上加盖（加封）有有效验讫印章或验讫标志，且动物、动物产品符合检疫要求的，准许交易。

（2）发现有禁止经营的动物、动物产品的，责令停止经营，立即采取措施收回已售出的动物、动物产品,没收违法所得和未出售的动物、动物产品;对收回和未出售的动物、动物产品予以销毁。

(3)发现经营没有检疫证明的动物、动物产品的,责令停止经营,没收违法所得;对未出售的动物、动物产品依法进行补检。对补检合格的准许交易。不合格的动物、动物产品进行隔离、封存,再根据具体情况,由货主在动物检疫员的监督下进行消毒和无害化处理。

(4)对证物不符、证明过期的,责令其停止经营,按有关规定进行重检,对重检合格的准许交易。不合格的动物、动物产品隔离、封存,在动物检疫员的监督下由货主进行消毒和无害化处理。

(5)对涂改、伪造、转让检疫证明的,依照《动物防疫法》第79条的规定予以处罚。

(6)对按规定需补检或重检的动物,必须按照《畜禽产地检疫规范》和《动物检疫管理办法》规定的规程进行。

第五节　进出境检疫

为防止动物传染病、寄生虫病及其他有害生物传入、传出国境,保护畜牧业生产和人体健康,促进对外经济贸易的发展,对进出境的动物、动物产品和其他检疫物以及运输工具、装载容器、包装物,按规定实施检疫,叫进出境检疫或国境检疫,又称口岸检疫。

一、进出境检疫的目的和任务

1. 保护畜牧业生产

众所周知,畜牧业生产在世界各国国民经济中占有非常重要的地位,采取一切有效措施免受国内外重大疫情的灾害,是每一个国家对动物、动物产品检疫的重大任务。为了保护国家不受外来动物疫病侵袭,根据《中华人民共和国进出境动植物检疫法》的有关规定,禁止下列物品进境:动物病原体(包括菌种、毒种等)、害虫(对动物和动物产品有害的活虫)及其他有害生物(如有危险的病虫的中间宿主、媒介等);动物疫情流行的国家和地区的有关动物、动物产品和其他检疫物;动物尸体等。因科研等特殊需要引进上述禁止进境物的,必须事先提出申请,经国家出入境检验检疫机关批准方可引入。

2. 促进经济贸易的发展

动物、动物产品贸易成交与否,关键要看动物及动物产品是否优质。

3. 保护人民身体健康

动物、动物产品与人们的生活密切相关,动物的许多疫病是人畜共患病,据不完全统计,目前动物疫病中的人畜共患病已达196种,1996年世界范围内引起的疯牛病以及1997年至今的高致病性禽流感风波,其主要原因是与人的健康有关而受到广泛关注。所以说进出境动物、动物产品检疫对保护人民身体健康具有非常重要的现实意义。

4. 有效保护本国资源

为了加强国内动物资源保护，我国禁止受保护动物资源出境，包括良种动物、濒危动物、珍稀动物等。若是我国优良种畜禽，出境时应有畜牧兽医行政管理部门品种审批单，若是受保护动物资源、实验动物，还应有批准的出境许可证。

二、进境动物和动物产品检疫

出入境检验检疫机构对进出口商品实施检验检疫的工作程序，主要有4个环节，即报验、抽样、检验检疫、签证放行。

（一）进境活动物及遗传物质的检疫

1. 检疫审批

输入动物、动物遗传物质应在贸易合同或协议签订之前，货主或其代理人向国家检验检疫机关提出申请，办理检疫审批手续。国家检验检疫机构根据对申请材料的审核及输出国家的动物疫情、我国的有关检疫规定等情况，发给相关的《中华人民共和国动物进境检疫许可证》。

2. 报检

货主或其代理人应在大、中动物进境前30d，其他动物15d，向入境口岸和指运地检验检疫机构报检。报检时须出具有效的《中华人民共和国进境动物检疫许可证》等文件，并如实填写报检单。

无有效的进境动物检疫许可证，不得接受报检。如动物已抵达口岸的，视情况作退回或销毁处理，并根据《中华人民共和国进出境动植物检疫法》的有关规定，进行处罚。

3. 现场检验检疫

输入动物、动物遗传物质抵达入境口岸时，动物检疫人员须登机（登轮、登车）进行现场检疫。

（1）核查输出国官方检疫部门出具的有效动物检疫证书（正本），并查验证书所附有关检测结果报告是否与相关检疫条款一致，动物数量、品种是否与《中华人民共和国进境动物检疫许可证》相符。

（2）查阅运行日志、货运单、贸易合同、发票、装箱单等，了解动物的启运时间、口岸、途经国家和地区，并与《中华人民共和国进境动物检疫许可证》的有关要求进行核对。

（3）登机（轮、车）清点动物数量、品种，并逐头进行临诊检查。

（4）对入境运输工具停泊的场地、所有装卸工具、中转运输工具进行消毒处理，上下运输工具或者接近动物的人员接受检验检疫机构实施的防疫消毒。

（5）经现场检疫合格后的，签发《入境货物通关单》，同意卸离运输工具。派专人随车押运动物到指定的隔离检疫场。现场检疫发现动物发生死亡或有一般可疑传染病临诊症状时，应做好现场检疫记录，隔离有传染病临床症状的动物，对铺垫材料、剩余饲料、排泄物等作除害处理，对死亡动物进行剖检，根据需要采样送实验室进行诊断。

现场检疫时，发现进境动物有一类疫病的，必须立即封锁现场，采取紧急防疫措施，通知货主或其代理人停止卸运，并以最快的速度报告国家质检总局和地方人民政府。

动物到港前或到港时，产地国家或地区突发动物疫情的，根据国家质检总局颁布的相关公告、禁令执行。

4. 隔离检疫

进境动物必须在入境口岸指定的地点进行隔离检疫。隔离检疫期为大、中动物45d，小动物30d，如需延长的，须报国家质检总局批准。

所有装载动物的器具、铺垫材料、废弃物均须经消毒或无害化处理后，方可进出隔离场。

动物在隔离期间，应进行详细的临诊检查，做好记录，并按相关要求进行实验室检疫。

5. 检疫后处理

隔离期满，且实验室检验工作完成后，对动物作最后一次临诊检查，合格者由隔离场所在地检验检疫机构出具《入境货物检验检疫证明》，准予入境。

对检疫不合格的动物，出具《检验检疫处理通知书》，货主或其代理人应在检疫机关监督和指导下，按要求采取销毁措施或作其他无害化处理。发现重大疫情的及时上报国家质检总局。

（二）进境动物产品的检疫

凡进入我国国境的未经加工或虽经加工但仍可能传播疫病的动物产品（如生皮张、毛类、肉类、脏器、油脂、水产品、奶制品、蛋类、血液、骨、蹄、角等）均应接受检疫，经检疫合格后方准进境。

1. 注册登记与检疫审批

生产、加工、存放进境动物产品的进口企业，须经所在地直属检验检疫机构对其企业的生产、加工、存放能力、防疫措施等进行考核，考核合格后，方可申请办理注册登记。然后根据有关程序和要求，办理《检疫许可证》的申请手续。

2. 报检

进口单位或其代理人必须向入境口岸局提供《入境货物报检单》、《检疫许可证》、输出国或地区官方检验检疫机构出具的检疫证书、贸易合同、产地证书、信用证、发票等申请报检，所提供的材料必须完整、真实、一致、有效。无输出国家或者地区官方检验检疫机构出具的有效检疫证书，或者未依法办理检疫审批手续的，口岸检验检疫机构可以作退回或者销毁处理，发现有编造、伪造单证的，应予以没收，并按有关规定处理。

3. 入境口岸现场查验

（1）查询该批货物的启运时间、港口、途经国家或地区，查看运行日志。核对集装箱号与封识及所附单证是否一致；核对单证与货物的名称、数（重）量、产地、包装、唛头标志是否相符；查验有无腐败变质，容器、包装是否完好。

（2）查验后符合要求的，允许卸离运输工具。发现散包、容器破裂的，由货主或者代理人负责整理完好，方可卸离运输工具。货物卸离运输工具后，须实施防疫消毒的应及时对运输工具的相关部位及装载货物的容器、包装外表、铺垫材料、污染场地等进行消毒处理。

（3）现场查验合格的，出具《入境货物通关单》，调运到指定检验检疫机构进行检验检疫并监督贮存、加工、使用，同时根据有关规定采取样品，送实验室检验检疫。现场查验不合格的，出具《检验检疫处理通知书》，作除害、退回或者销毁处理；经除害处理合格的，准予进境；凡属于禁止进口的、货证不符的一律作销毁或退回处理。

4. 止运地口岸检查

按《检疫许可证》和《入境货物通关单》等单证的内容，核对进境动物产品的名称、数量、重量、产地等，并按规定采样送实验室检验检疫；及时对运输工具的有关部位及装载货物的容器、包装外表、铺垫材料、污染场地等进行消毒处理。

5. 检疫后的处理

实验室检验检疫合格的，由检验检疫机构签发《入境货物检验检疫证明》；不合格的，出具《检验检疫处理通知书》，相关货物作除害、退回或者销毁处理。

三、出境动物和动物产品检疫

（一）出境活动物检疫

出境活动物检疫是指对输出到境外的种用、肉用或演艺用等饲养或野生的活动物出境前的检疫。

1. 注册登记出境动物饲养场或其代理人应向饲养场所在地直属检验检疫机构提出注册登记申请，提交《申请表》。申请注册的饲养场必须符合国家质检总局发布的出境动物注册饲养场条件和动物卫生基本要求。

2. 检疫监督

（1）对注册饲养场实行监督管理制度，定期或不定期检查注册饲养场的动物卫生防疫制度的落实情况、动物卫生状况、饲料及药物的使用等，并填入出境动物注册饲养场管理手册。

（2）对注册饲养场实施疫情监测，建立疫情报告制度。发现重大疫情时，须立即采取紧急预防措施，并于12d内向国家质检总局报告。

（3）对注册饲养场按《出境食用动物残留监控计划》开展药物残留监测。注册饲养场不得饲喂或存放国家和输入国家或者地区禁止使用的药物和动物促生长剂。对允许使用的药物和动物促生长剂，要遵守国家有关药物使用规定，特别是停药期的规定，并须将使用药物和动物促生长剂的名称、种类、使用时间、剂量、给药方式等填入管理手册。

（4）注册饲养场免疫程序必须报检验检疫机构备案，严格按规定的程序进行免疫，严禁使用国家禁止使用的疫苗。

（5）注册饲养场须保持良好的环境卫生，切实做好日常防疫消毒工作，定期消毒饲养场地和饲养用具，定期灭鼠、灭蚊蝇。进出注册场的人员和车辆必须严格消毒。

3. 报检货主或其代理人应提前向启运地检验检疫机构报检

要求对来自注册饲养场的，须出示注册登记证、发票；对不要求来自注册饲养场的，须出示县级以上畜牧兽医管理部门签发的动物检疫合格证明；输入国家或地区以及贸易合同有特殊检疫要求的，应提供书面材料。经审核符合报检规定的，接受报检。否则，不予受理。

4. 隔离检疫

有隔离检疫要求的，按规定在隔离期进行群体临诊健康检查，必要时，进行个体临诊检查。采样送实验室进行规定项目的实验室检验。检验检疫合格的，出具《动物卫生证书》、《出境货物通关单》或《出境货物换证凭单》，不合格的，不准出境。

5. 监装和运输监管

（1）根据需要，对出境动物实行装运前检疫和监装制度。确认出境动物来自检验检疫机构注册饲养场并经隔离检疫合格的，临诊检查无任何传染病、寄生虫病症状和伤残；运输工具及装载器具经消毒处理。

（2）出境大、中动物长途运输的押运必须由检验检疫机构培训考核合格的押运员负责。押运员须做好运输途中的饲养管理和防疫消毒工作，不得串车，不准沿途抛弃、出售或随意卸下病、残、死动物及其饲料、粪便、垫料等，要做好押运记录。运输途中发现重大疫情时应立即向启运地检验检疫机构和所在地兽医卫生防疫机构报告，同时采取必要的防疫措施。

（3）出境动物抵达出境口岸时，押运员须向出境口岸检验检疫机构提交押运记录，途中所带物品和用具须在检验检疫机构监督下进行有效消毒处理。

6. 离境查验

离境口岸检验检疫机构须查验货主或其代理人提供的《动物卫生证书》和《出境货物换证凭单》或《出境货物通关单》，并实施临诊检查；核定出境动物数量，核对货证是否相符；查验检疫标识或封识等。查验合格的，准予出境；不合格的，不准出境。

（二）出口动物产品检验检疫

出口动物产品检疫是指对输出到国外、未经加工或虽经加工但仍有可能传播疫病的动物产品实施的检疫。生产、加工、存放动物产品的出口企业，应向所在地检验检疫机构申请办理注册登记。

1. 报检

货主或其代理人应在报关或装运前 7d 向产地检验检疫机关报检。对有特殊要求、检验检疫周期较长的，可视情况适当提前。所提供的报检单内容应完整、准确、真实、单证齐全、一致、有效。发现有编造、伪造单证的，应没收，并按有关规定处理；单证不全、无效的，不受理报检，待补齐有关单证后重新报检。

2. 现场核查

核查货物与报检资料是否相符，数量、重量、规格、批号、内外包装、标记、唛头与所提供资料是否一致；生产、加工、存放过程是否符合相关要求；厂检单、原料产地的县级以上畜牧兽医管理部门出具的动物产品检疫证明是否齐全；产品贮藏情况是否符合规定，必要时对其生产、加工过程进行现场检查核实。

3. 抽样检查

根据标准或合同指定的要求抽样检查。抽样应具有代表性、典型性、随机性，抽样数量应符合相应的标准。对抽取的样品，检查其外观、色泽、弹性、组织状态、黏度、气味及其他相关项目的检验检疫。根据适用的标准和要求进行品质、理化、微生物、寄生虫等实验室检验检疫。

4. 出证

根据现场检验检疫、感官检验检疫和实验室检验检疫结果，进行综合判定。填写《出境货物检验检疫原始记录》，判定为合格的，拟制《出境货物通关单》或《出境货物换证凭单》、《兽医卫生证书》等相关证书。判定为不合格的，不准出境。对经过消毒、除害以及再加工、处理后合格的，准予出境；对无法进行消毒、除害处理或者再加工仍不合格的，不准出境，并出具《不合格通知单》。

5. 离境口岸查验

凭《出境货物换证凭单》换发《出境货物通关单》，分批出口的，须在《出境货物换证凭单》上核销。按照出境货物口岸查验的相关规定查验。如果包装不符合要求，须更换包装；货证不符的，不准放行。

四、过境检疫

（一）过境检疫的概念

过境检疫是指对载有动物、动物产品和其他检疫物的运输工具要通过我国国境时进行的动物检疫。过境检疫对防止动物疫病传入我国和传出国境都有重要的意义。过境的动物经检疫合格的，准予过境。

（二）过境检疫的程序和方法

1. 动物过境检疫

（1）审批（许可证制度） 由申请动物过境的货主或其代理人填写《中华人民共和国动物过境检疫许可证申请表》，提出拟进境口岸、隔离场所、出境口岸、运输工具、运输路线等。国家出入境检验检疫局对申请表进行审核，并根据输出国动物疫情等决定是否同意动物过境。同意过境的，由国家出入境检验检疫局签发《中华人民共和国动物过境检疫许可证》，在许可证中提出必要的检疫和卫生要求。许可证发给货主一份，同时发给有关的口岸出入境检验检疫机关，国家出入境检验检疫局留存一份。

（2）报检 过境动物的押运人或承运人持动物过境许可证及有关单证（货运单、输出国官方检疫部门出具的检疫证书、目的地国官方同意该批动物入境的证明等）向进境口岸出入境检验检疫机关报检。

（3）检疫与监管 动物抵达进境口岸时，由动检人员对动物进行临诊检查，并监督将动物运往指定隔离场所隔离，根据许可证要求进行有关实验室检验项目。经检疫合格的，准予过境。另外，根据具体情况可派动检人员押运动物至出境口岸。

2. 动物产品及其他检疫物过境检疫

与动物过境相比较，动物产品及其他检疫物的过境不需办理许可证。其报检、检疫与监管程序与动物基本相同。其检疫重点应放在现场检查外包装是否完好，加强消毒工作以及过境期间的监管工作上。

3. 运输工具、装载容器、包装物等的检疫

在进境口岸由出入境检验检疫机关对运输工具、容器外包装、动物饲料和铺垫材料进行消毒或检疫处理。

（三）过境检疫的注意事项

1. 过境期间不得乱抛废弃物。

2. 过境期间过境物不得擅自开拆包装或者卸离运输工具。

3. 运输工具和包装物、装载容器必须完好，否则应采取密封措施。无法采取密封措施的，不准过境。

4. 只在进境口岸检疫，出境口岸不再检疫。

五、携带、邮寄动物检疫

（一）携带、邮寄物检疫的概念与意义

携带、邮寄物检疫是指携带物检疫和邮寄物检疫。携带物检疫是指对进入国境的旅客、交通员工携带的或托运的动物及其产品进行的动物检疫，简称为旅检。邮寄物检疫是指对邮寄入境的动物产品进行的动物检疫，简称为邮检。携带、邮寄物检疫，对防止动物疫病传播，保护人体健康，也有重要的意义。携带或邮寄的动物及其产品，未经检疫或检疫不合格者，不许进境。

（二）携带、邮寄物检疫的程序和方法

1. 携带动物及其产品进境的报检

携带禁止进境物和禁止携带、邮寄物以外的动物、动物产品和其他检疫物进境的，在进境时向海关申报并接受口岸出入境检验检疫机关检疫。携带动物进境的，必须持有输出国家或者地区政府动检机关出具的检疫证书；携带犬、猫等宠物进境的，还必须有疫苗接种证书。

2. 携带物检疫

口岸出入境检验检疫机关可以在港口、机场、车站的旅客通道、行李提取处等现场进行检查，对可能携带动物、动物产品和其他检疫物未申报的，可以进行查询并抽检其物品，必要时可以开包（箱）检查，经现场检疫合格的，当场放行；需要作实验室检疫或者隔离检疫的，由口岸出入境检验检疫机关签发截留凭证。截留检疫合格的，携带人持截留凭证向口岸出入境检验检疫机关领回；逾期不领回的，作自动放弃处理。

3. 邮寄物检疫

邮寄进境的动物、动物产品和其他检疫物，由口岸出入境检验检疫机关在国际邮件互换局实施检疫，必要时可以取回口岸出入境检验检疫机关检疫。经现场检疫合格的，由口岸出入境检验检疫机关加盖检疫放行章，交邮局运递。需要作实验室检疫或者隔离检疫的，口岸出入境检验检疫机关应当向邮局办理交接手续；检疫合格的，加盖检疫放行章，交邮局运递。

4. 处理与放行

携带、邮寄进境的动物、动物产品和其他检疫物，经检疫合格后放行；经检疫不合格又无有效方法作除害处理的，作退回或者销毁处理，并签发《检疫处理通知单》交携带人、寄件人。

（三）携带、邮寄物检疫的注意事项

1. 禁止携带、邮寄进境物不能进境。

2. 不能让受保护的动物资源出境。一般情况下，我国受保护动物资源，不许携带或邮寄出境。

3. 出境携带、邮寄物的检疫依据。携带或邮寄物出境时的检疫，可视具体情况而

定。若物主有检疫要求的，由口岸出入境检验检疫机关实施检疫；若有双边协定的，口岸出入境检验检疫机关可按双边协定实施检疫。合格者出具检疫证明。

六、出入境动物检疫监督管理

出入境动物检疫的监督管理，主要是对动物传染病的监测和出入境动物、动物产品的监督管理。

1. 动物传染病监测

重点是对出入境动物和动物产品有关的监测。为保证出入境动物、动物产品健康与安全，须采取一系列措施获得动物传染病疫情情况。

（1）对输出国或地区动物传染病的监测　为防止动物传染病随输入动物和动物产品从国外传入我国，出入境检验检疫机构必须做好对国外传染病的监测工作。通过查阅国际动物疫病控制权威机构 OIE 公布的世界各国疫病发生年鉴和传染病疫情信息月报，收集新闻媒介或信息网络报道，以便掌握疫情流行情况；要求输出动物、动物产品的国家或地区官方检疫机关提供本国动物疫病发生发展控制等有关文件资料。货主或其代理人从有关国家或地区进口动物、动物产品时，国家出入境检验检疫局根据检疫要求派遣检疫人员前往输出国或地区执行检疫任务，同时调查研究当地动物传染病流行情况，以及当地主管机关对动物传染病的监测情况。并将有关传染病的情况及时报告国内，以使国家出入境检验检疫局对从该地区输入动物、动物产品作出最后决策。

（2）对动物、动物产品出入境口岸地区动物传染病的监测　入境口岸地区是出入境动物、动物产品必经、停留、观察、检疫的重地。动物传染病在该地区的存在或流行直接影响到出入境动物、动物产品的健康与安全。口岸出入境检验检疫机构必须与当地疫病防治部门协同工作，定期进行疫病普查，对动物采血化验，搞清动物传染病在本地区的流行情况，并采取有效控制措施。使出入境的动物在本地停留期内不被感染传染病，同时可防止出入境动物（指患有传染病的动物）将疫病传给本地区的动物。

（3）对出入境动物内地饲养所在地区传染病的监测　为保证出口动物或进口动物在饲养地健康成长、不受传染病的侵袭，所在地防疫检疫部门必须对该地区的动物传染病做监测工作，建立疫情报告制度；做经常性的疫情普查，有计划、有目的地对本地动物采血化验，搞清楚有哪些传染病，其数量以及严重程度等。口岸出入境检验检疫机构和当地防疫检疫单位定期互通有关疫情情况，发现问题研究对策，控制和消灭疫情。

2. 出入、过境动物、动物产品监督管理

（1）入境动物的监督管理　我国输入动物通常要与输出国签订检疫议定书。进口种畜禽或批量大的其他动物，如珍稀动物等，派动物检疫人员到动物输出国或地区执行检疫监督任务。

（2）出境动物的监督管理　出境动物的单位或个人输出动物时应事先向国家出入境检验检疫局报告，并递交输入国家或地区检疫主管机关对输入动物的书面健康卫生要求。两国之间已签署双边检疫和卫生协定书的可免交书面要求。出口动物的部门或个人确定出口动物的农场、饲养场，开始挑选动物，然后将挑选动物放在出入境检验检疫机构指定的场所隔离检疫，经检疫合格后装载运输。在离境口岸复检合格方可离境运往输入国。运输过程中派检验检疫人员随行押送，以便在沿途监督管理动物的饲养、卫生、健康、安全等。动物到达输入国后，检验检疫人员有义务向该国报告运输过程中的监督管理和有关情况。输入国检疫结束后我方应主动了解其检疫结论、问题、处理情况等，以便总结经验做好今后动物监督管理工作。

(3) 入境动物产品的监督管理　输入动物产品，货主或其代理人须事先向国家出入境检验检疫局申请办理审批手续。动物产品从输出国或地区运抵到达口岸后，货主或其代理人须向入境口岸出入境检验检疫机构报检。在口岸出入境检验检疫机构未同意的情况下，任何个人、单位不得将货物卸离运输工具。经现场检疫后的动物产品由口岸检疫机关按规定处理。

(4) 出境动物产品的监督管理　出境动物产品必须是来源于非疫区健康群的动物。对于出口肉食类动物产品用的屠宰动物，根据输入国对活动物产地检疫要求，必须是检疫合格的动物。凡用于加工、生产、存放出口动物产品的肉联厂、屠宰场、动物产品加工厂、专用仓库要符合兽医卫生要求，这些单位必须向出入境检验检疫机构申请注册登记，获取注册登记证。国家出入境检验检疫局和口岸出入境检验检疫机构对出境动物产品的生产、加工、存放和运输过程实行检疫监督管理制度。

(5) 过境动物和动物产品的监督管理　过境检疫是对经过我国口岸运输的动物、动物产品及其他非本国物品进行的检疫。国家出入境检验检疫局和口岸出入境检验检疫机构依法对经陆路、水上、航空运输过境的动物和动物产品实施检疫监督管理。要求动物过境的货主或代理人，必须事先取得国家出入境检验检疫局同意，才能将动物按照指定的口岸和路线过境。装载过境动物的运输工具、笼具必须完好并能防止渗漏。动物在吸血昆虫活动季节过境要有防护设施。过境动物用的饲料和铺垫材料必须是未受病虫污染，如受污染需作除害或者销毁处理。需要在中国境内添加装载饲料、铺垫材料时，必须在口岸出入境检验检疫机构的监督下进行，且符合卫生要求。过境动物押运人在中国出入境检验检疫机构的监督下对过境途中死亡动物的尸体、动物排泄物、铺垫材料及其他废弃物作无害化处理，不得擅自抛弃。

过境的动物产品到境前或到境时，货主或代理人须持有关证件向口岸出入境检验检疫机构报检。动物产品在过境期间，未经出入境检验检疫机构批准，任何人不得开拆包装或卸离运输工具。在运输过程中做好防护安全工作。

(6) 出入境检验检疫的风险评估制度　在国际贸易日益全球化的今天，动物及动物产品的国际流通也将相对自由。与此同时，因动物及动物产品国际贸易导致动物疫病全球化传播的风险也在逐步加大，故严格动物及动物产品出入境检验检疫和风险评估制度，已成为世界各国普遍关注的热点问题。从美国和欧盟等国的进出境检疫体系看，为控制动物疫病传入的风险，他们普遍采取的措施是：进口动物及动物产品前，先行开展风险分析和评估，降低疫病传入风险；进口动物及动物产品过程中，严格进口管理工作，杜绝外来疫病传入；进口动物及动物产品后，严格实施疫病追踪，及时发现可能发生的动物疫病。所以在进口动物及动物产品时，首先应考虑该种动物的易感疫病；确立动物疫病后，便对出口国的国家和商品因素开展评估工作。在国家层次上，要评价该类动物疫病在出口国的流行率/发病率，以及该国家控制和监控这些疫病的能力；在企业层次上，要对第三国生产企业进行严格的考察工作，以评价该企业是否存在污染动物产品的风险；在商品即动物和动物产品因素上，要检验该商品是否感染相关疫病因子。如果上述三个层次中任何一个层次存在风险,即拒绝从该国家进口动物及动物产品。

七、法律责任

输入输出动物、动物产品和其他检疫物的单位和个人,违反《动植物检疫法》、《动植物检疫法实施条例》应当承担法律责任。

1. 有下列违法行为之一的,由口岸检验检疫机关处以 5 000 元以下罚款:

(1) 未报检或者未依法办理检疫审批手续或者未按检疫审批的规定执行的。

(2) 报检的动物、动物产品或者其他检疫物与实际不符的,由口岸动植物检疫机关处以罚款;已取得检疫单证的,予以吊销。

2. 有下列违法行为之一的,由口岸检验检疫机关处以 3 000 元以上 3 万元以下罚款:

(1) 未经口岸动植物检疫机关许可擅自将进境、过境动物、动物产品和其他检疫物卸离运输工具或者运递的。

(2) 擅自调离或者处理在口岸动植物检疫机关指定的隔离场所中隔离检疫的动物的。

(3) 擅自开拆过境动物、动物产品或者其他检疫物的包装的,或者擅自开拆、损毁动物检疫封识或者标志的。

(4) 擅自抛弃过境动物的尸体、排泄物、铺垫材料或者其他废弃物的,或者未按规定处理运输工具上的泔水、动物性废弃物的。

3. 有下列违法行为之一的,依法追究刑事责任;尚不构成犯罪或者犯罪情节显著轻微依法不需要判处刑罚的,给予行政处分。由口岸检验检疫机关处以 2 万元以上 5 万元下罚款:

(1) 引起重大动物疫情的。

(2) 伪造、变造检疫单证、印章、标志、封识的。

4. 依照有关规定注册登记的生产、加工、存放动物、动物产品和其他检疫物的单位,进出境的上述物品经检疫不合格,除依照《动植物检疫法》有关规定作退回、销毁或者除害处理外,情节严重的,由口岸检验检疫机关注销注册登记。

5. 动植物检疫机关检疫人员滥用职权,徇私舞弊,伪造检疫结果,或者玩忽职守,延误检疫出证,构成犯罪的,依法追究刑事责任;不构成犯罪的,给予行政处分。

思 考 题

一、名词解释

1. 检疫
2. 动物检疫
3. 产地检疫
4. 运输检疫
5. 进出境检疫

二、问答题

1. 动物检疫实物范围。
2. 动物检疫的方式。
3. 动物检疫的方法。
4. 动物产地检疫按照国家和行业有关标准实施。符合哪些条件的，出具动物产地检疫合格证明？
5. 我国规定的国内动物检疫对象名录是什么？
6. 输入输出动物、动物产品和其他检疫物的单位和个人，违反《动植物检疫法》、《动植物检疫法实施条例》应当承担哪些法律责任？
7. 产地检疫的分类。
8. 动物产地售前检疫的程序。
9. 运输检疫的意义。
10. 运输检疫的分类。
11. 宰前检疫后的处理。
12. 猪宰后检验的内容。
13. 进出境检疫的目的和任务。

第八章

动物生产监督管理

第一节 种畜禽管理

一、种畜禽管理的概述

我国是畜牧业大国,种畜禽工作在畜牧业生产中占有举足轻重的作用。新中国成立以来,国家对种畜禽管理一直非常重视,制定并出台了一系列种畜禽管理法规,为了加强畜禽品种资源保护、培育和种畜禽生产经营管理,提高种畜禽质量,促进畜牧业发展,国务院于1994年4月15日颁布《种畜禽管理条例》(1994年7月1日实施)、农业部制定《种畜禽管理条例实施细则》(1998年1月5日颁布并实施),另外还有国家标准《种畜禽调运检疫技术规范》(1996年10月3日国家技术监督局颁布,1997年2月1日实施),2005年12月29日颁布《中华人民共和国畜牧法》等。

(一) 种畜禽的概念

种畜禽是指种用的家畜家禽,包括家养的猪、牛、羊、马、驴、驼、兔、犬、鸡、鹅、鸽、鹌鹑等及其卵、精液、胚胎等遗传材料。

(二) 种畜禽管理

指各级畜牧兽医行政管理部门代表国家依法对全社会的种畜禽工作进行组织与管理的活动,是国家行政管理在种畜禽工作的具体体现。国务院畜牧兽医行政主管部门主管全国的种畜禽管理工作。县级以上地方人民政府畜牧兽医行政主管部门主管本行政区域内的种畜禽管理工作。种畜禽管理人员在执行公务时,应持证上岗。国家对畜禽品种资源实行分级保护。畜禽品种资源实行国家、省(自治区、直辖市)二级保护。国家级畜禽品种资源保护名录由国务院畜牧兽医行政主管部门确定、公布;省级畜禽品种资源保护名录由省级畜牧兽医行政主管部门确定、公布,报国务院畜牧兽医行政主管部门备案。

国务院畜牧兽医行政主管部门和省级畜牧兽医行政主管部门有计划地建立畜禽品种资源动态监测体系、保种场、保护区、基因库和测定站等。

保种群禁止开展任何形式杂交。确因育种需要,按管理权限报批,批准后方可进行。国务院畜牧兽医行政主管部门和省、自治区、直辖市人民政府有计划地建立畜禽品种资源保护区(场)、基因库和测定站,对有利用价值的濒危畜禽品种实行特别保护。

二、种畜禽进出口管理

《种畜禽管理条例实施细则》第七、第八条规定:"种畜禽进出口品种名录,由国务院畜牧兽医行政主管部门发布。种畜禽进出口的规划、计划由国务院畜牧兽医行政主管部门制定。凡申请进出口种畜禽的单位或个人，应填写种畜进出口审批表，经省级畜牧兽医行政主管部门审核同意后，报国务院畜牧兽医行政主管部门审批，海关凭审批表办理有关手续。国家畜禽品种审定委员会根据国务院畜牧兽医行政主管部门的要求对进出口种畜禽进行技术审定或测定。"农业部规定只受理饲养场的申报，而不受理代理公司的申请，执行谁饲养谁申请的原则。目前我国多数畜禽品种质量提高，数量增加，可基本满足生产需要，各地鼓励生产者从国内引种。

三、畜禽品种的培育和审定

（一）畜禽品种的培育

在我国，良种繁育体系规划是由各级畜牧兽医行政主管部门制定的。国务院畜牧兽医行政主管部门负责制定全国良种繁育体系规划。省级畜牧兽医行政主管部门根据国家规划制定本地区相应的规划，包括本品种选育、新品种培育、经济杂交及配套系良种繁育体系规划，报国务院畜牧兽医行政主管部门备案。制定规划的依据是畜禽品种资源分布、自然条件和经济状况。建立种畜禽场，应当根据良种繁育体系规划，合理布局。建立地方种畜禽场，必须经省、自治区、直辖市人民政府畜牧兽医行政主管部门批准；建立国家级种畜禽场，必须经省、自治区、直辖市人民政府畜牧兽医行政主管部门审核同意，并报国务院畜牧兽医行政主管部门批准。国家鼓励集体和个人培育畜禽新品种。

（二）畜禽品种的审定

1. 两级审定制度

畜禽新品种审定实行国家和省两级审定制度。畜禽品种审定有专门的机构——畜禽品种审定委员会，它是由畜牧兽医行政主管部门及科研、教学、生产单位的有关专家组成。国家畜禽品种审定委员会进行跨省推广品种以及需由国家审定的品种的审定，评审后，报国务院畜牧兽医行政主管部门批准；协调指导省级畜禽品种审定工作。省级畜禽品种审定委员会进行省内畜禽品种的审定。评审后，由省、自治区、直辖市人民政府畜牧兽医行政主管部门批准，并报国务院畜牧兽医行政主管部门备案。

2. 畜禽新品种报审条件

（1）畜禽新品种主要特性、特征明显，生产性能优良，遗传性状稳定，与其他品种有明显区别。

（2）经中试、区域试验增产效果明显，品质、繁殖率和抗病力等方面有一项或多项突出优良性状。

（3）培育品种数量及畜禽结构达到品种要求标准。

（4）生产性能指标应由畜牧兽医行政主管部门指定的畜禽品种检测机构签署检定意见。

3. 畜禽新品种申报材料

申报时，要准备以下材料：

（1）报审品种申请书。

（2）育种技术工作报告。

（3）报审品种的声像、画册资料及必要的实物等。

4. 畜禽新品种审定程序

（1）提出申请。申请者向国家或省级畜禽品种审定委员会提出申请。

（2）品种审定委员会在一个月内决定是否受理，并书面通知申请人，如不予受理，应说明理由。

（3）国家或省级畜禽品种审定委员会受理后于六个月内提出审定意见，如审定通过，报畜牧兽医行政主管部门批准公布。省级批准公布的畜禽品种报国务院畜牧兽医行政主管部门备案。

（4）申请者对审定结果如有异议，可向原审定机构申请复审。国家或省级畜禽品种审定委员会应在接到复审申请之日两个月内予以答复。

（5）经批准的畜禽品种，由批准单位颁发品种证书，予以公布，并列入国家的或者地方的畜禽品种志。

5. 畜禽新品种管理

畜禽新品种、品系及配套系一经公布命名，任何单位、组织和个人不得擅自改动其名称；确需更改，由国家或省级畜禽品种审定委员会审议同意后，报同级畜牧兽医行政主管部门批准公布。经过评审并批准的畜禽品种，方可推广。未经畜牧兽医行政主管部门批准公布的畜禽品种不得经营、推广、报奖和广告。国务院畜牧兽医行政主管部门和省、自治区、直辖市人民政府畜牧兽医行政主管部门或者其委托的单位负责进行畜禽良种登记和生产性能测定。畜禽品种、品系及配套系在生产推广过程中，如发现有不可克服的弱点，由国家或省级畜禽品种审定委员会提出停止生产、推广建议，报同级畜牧兽医行政主管部门批准并予公告。审批机构对已批准的种畜场进行不定期抽检。

四、种畜禽生产经营管理

（一）种畜禽场应具备的基本条件

1. 基础条件

（1）场址的地势、交通、通讯、能源和防疫隔离条件良好；生产区与生活区和办公区隔离分开；水源充足，洁净无污染。

（2）生产区清洁道和污染道分设；有粪污排放处理设施和场所，符合环保要求。

（3）种畜禽舍布局合理、生产工艺及设备配套齐全。

（4）种牛场和种羊场有足够的放牧场或饲料地。种牛场具有青贮等配套设施。

（5）具有资料档案室、疫病诊断室，配备必要的仪器设备。

2. 技术力量配备

（1）种畜禽场场长具有中专以上学历或中级以上技术职称。

（2）从事种畜禽育种繁殖、疫病防治、饲养管理、生产经营管理的技术人员具备中专以上相关专业学历。

（3）直接从事种畜禽生产的工人经过专业技术培训，熟练掌握种畜禽生产全过程的基本知识和技能，并取得相应技术岗位证书。

（4）安排资金用于员工的职业技术培训。

3. 群体规模

种畜禽生产群体规模（指单品种数量）（见表8-1），国家确定保护的畜禽品种群体规模（指单品种规模）（见表8-2）。

表8-1 种畜禽生产群体规模（指单品种数量）

类别		规模
种牛场	肉牛（兼用牛）	一级基础母牛达200头以上
	奶牛	一级基础母牛达800头以上
种猪场	单品种	一级基础母猪达600头以上
	配套系	一级基础母猪达1 000头以上
种羊场	细毛羊	一级基础母羊达1 500只以上
	半细毛羊	一级基础母羊达1 000只以上
	绒山羊	一级基础母羊达1 000只以上
	肉羊（兼用羊）	一级基础母羊达300只以上
	奶山羊	一级基础母羊达300只以上
种禽场	配套系原种场	应用品系不少于6个
	曾祖代场	用于生产的品系不少于3个
	每个品系家系数不能少于40个，每个世代中每个纯系的观察母禽数不能少于1 600只（鸭不少于800只）	
种马场		一级基础母马100匹
种兔场		一级基础母兔500只

表8-2 国家确定保护的畜禽品种群体规模（指单品种规模）

类别	规模
猪	基础母猪100头以上
牛、马、驴、骆驼	基础母畜50头（匹）以上
羊	基础母羊达200只以上
兔	基础母兔达100只以上
家禽	基础母禽300只以上（其中鹅100只以上）

（二）原种（纯系）场、曾祖代场及国家重点种畜场具备条件

畜禽原种是指经国家及省级畜禽品种审定委员会认定并公布的培育品种（配套系）和地方良种，国务院畜牧兽医行政主管部门批准引进的国外优良畜禽原种（纯系）和曾祖代配套系。此类养殖场还应具备以下条件：

1. 符合良种繁育体系布局要求，饲养对全国或区域性畜牧业生产有较大作用的种畜禽品种和珍贵禽品种。

2. 种畜禽必须来源于国家确认的国内外原种。

3. 具有独立的育种场所，完整的引种、育种记录。

4. 具有明确的育种目标和群体规模。

5. 种公畜禽按保种或选育要求不得少于六个家系，系谱清楚。

6. 种畜禽基础群的质量必须符合本品种标准，公畜达到特级或一级，母畜达到一级，且三代系谱清楚。

7. 具有健全的兽医卫生防疫、环境保护措施。

（三）种公牛站应具备的基本条件

1. 基础条件

（1）具有种公牛饲养舍、运动场、采精室及细管冻精生产、检测分析、兽医诊断、资料档案等场所和设施，生产区与生活区布局合理、科学。

（2）仪器设备的性能、量程、精度满足生产技术标准要求，其中细管灌封机、精子密度测定仪为必备仪器设备。

2. 组织机构和技术力量

（1）单位技术负责人具有中级以上畜牧兽医专业职称，有本专业工作实践经验。

（2）饲养管理、产品质检等各类专业技术人员，具有助理工程师职称以上人员不低于技术人员总数的30%。

（3）产品质量检验人员经相应的岗位培训，考核合格后上岗。

（4）采精、冻精制作人员熟悉操作规范，能正确使用有关仪器设备，并经培训考核后上岗。

3. 种公牛群体规模为具有采精种公牛30头以上。

4. 技术管理制度和质量体系

（1）有种公牛饲养管理制度、卫生防疫制度、实验室规章制度、各类人员岗位责任制度、技术档案资料管理制度。

（2）仪器设备完好率为100%，仪器设备有档案记录和使用记录。

（3）有公牛采精技术操作规程、冷冻精液制作工艺规程、精液质量检验技术规程。

（4）细管冷冻精液要注明种公牛品种、个体号、冻精日期、生产单位，并有包装、贮存、运输方面的管理规定。

（5）种公牛有三代系谱。乳用公牛有相应的生产性能资料。

（6）冷冻精液质量符合国家标准。

（四）种畜禽场审批程序

种畜禽场的建立和认定，须根据国家良种繁育体系总体规划，实行逐级申报审批制度。

国家重点种畜禽场的建立和认定，由省级人民政府畜牧兽医行政主管部门审核同意，报国务院畜牧兽医行政主管部门批准。

地方种畜禽场由省人民政府畜牧主管部门批准。

1. 申领《种畜禽生产经营许可证》

首先由申请人提出申请，填写申请表，提供申请报告，并说明品种来源。申请原种（纯系）场、曾祖代场、种公牛站、国家重点种畜禽场和生产经营胚胎或其他遗传材料的单位，经省级畜牧兽医行政主管部门审核后，报国务院畜牧兽医行政主管部门审批发证。其他种畜禽场、种畜站的许可证，由省级畜牧兽医行政主管部门审批发证。单纯从事种畜禽经营和卵孵化的单位和个人的许可证，由县级以上畜牧兽医行政主管部门审批发证。生产经营畜禽冷冻精液、胚胎或者其他遗传材料的,由国务院畜牧兽医行政主管部门或省、自治区、直辖市人民政府畜牧兽医行政主管部门核发《种畜禽生产经营许可证》。审查合格者由批准机关核发许可证,并注明品种、品系、代别和有效期。《种畜禽生产经营许可证》有效期三年,各种畜禽场(站)在《种畜禽生产经营许可证》期满前三个月,依法提出申请,更换新证。变更生产经营范围的,必须办理变更手续。

2. 工商行政管理机关凭《种畜禽生产经营许可证》办理登记注册,领取营业执照后,方可营业。

(五)种畜禽场管理

种畜禽场承担培育和提供良种、保护品种资源、开发新品种和新技术推广的任务,坚持繁育优良畜禽为主、积极开展多种经营的方针。应采用科学、先进的管理、繁育、饲养技术,有明确的选育目标。

1. 生产管理

必须制定种畜禽选育计划,包括选育方法、配种制度及性能测定方案等。各畜禽品种根据育种要求建立核心群。种公畜不得少于6个血统,且系谱清楚。

必须按照规定的品种、品系、代别和利用年限从事生产经营;保持合理的种群更新率,一般猪年更新率达25%以上;鸡年更新率为100%;鸭、鹅年更新率50%以上;其他畜禽种保持15%以上的年更新率。

种畜禽质量必须符合本品种国家标准,暂无国家标准的参照行业标准,既无国家标准又无行业标准的,参照地方标准。国外引进的品种参照供方提供的标准。

要有科学、健全的饲养管理制度,采用先进的饲养工艺,按照营养标准配制日粮,满足不同畜禽种和生理阶段的营养需要。必须遵守种畜禽繁育、生产的技术规程。

依照《动物防疫法》及有关兽医卫生规定,建立和实施防疫制度。

从事畜禽人工授精的人员,取得县级以上人民政府畜牧兽医行政主管部门核发的证书后,方可从事该项工作。

进行畜禽专业配种(包括人工授精)、孵化的,必须使用从种畜禽场引进并附有《种畜禽合格证》、种畜系谱的种畜禽。

2. 档案管理

必须建立健全完整、系统的档案制度

(1)要有完整系统的原始记录和统计分析资料。

种牛场要有母牛配种、产犊、犊牛培育、母牛泌乳、体重体尺、外貌鉴定、公牛采精及精液品质、兽医防疫、种牛卡片(肉用牛有各期体重、日增重、饲料报酬)等记录与分析资料。

种猪场要有配种、分娩、生长发育、健康、性能测定、种猪卡片、各家系生产性能和核心群母猪生产性能、后裔测定、兽医防疫等记录与分析资料。

种羊场要有羊羔断奶鉴定、配种、各类羊剪毛(抓绒)量、净毛(绒)率测定、育成羊鉴定、种羊卡片、后裔测定、年度选种选配计划、兽医防疫(肉用羊有各期体重、日增重、饲料报酬)等记录与分析资料。

种禽场要有受精率、孵化率、各期成活率、开产日龄、各期体重、入舍禽(或饲养日)产蛋数、蛋重、各期耗料量、蛋壳颜色、蛋壳强度及蛋白比重、兽医防疫(鸭不需要蛋壳颜色、蛋壳强度及蛋白比重指标;肉鸡、肉鸭有瘦肉率、皮脂率及屠宰指标)等记录与分析资料。

(2) 种畜禽要进行良种登记,系谱资料齐全。

(3) 各项资料按年度装订成册并存档(如采用无纸记录系统,各项资料应存入计算机软盘)。

(六) 种畜禽的销售及调运检疫

销售的种畜禽,须符合本品种标准二级以上(包括二级)等级标准,其中种公畜须达到一级上以(包括一级)等级标准。出售的种畜禽须随带加盖种畜禽生产单位公章的《种畜禽合格证》和种畜禽系谱。

1. 调出种畜禽起运前的检疫

调出种畜禽于起运前 15~30d 内在原种畜禽场或隔离场进行检疫。

(1) 调查了解该畜禽场近六个月内的疫情情况,若发现有一类传染病及炭疽、鼻疽、布氏杆菌病、猪密螺旋体痢疾、绵羊梅迪-维斯纳病、鸡新城疫和兔病毒性出血症的疫情时,停止调运易感畜禽。

(2) 查看调出种畜禽的档案和预防接种记录,然后进行群体和个体检疫,对表 8-3 中列举的疫病应作临床检查和实验室检验,并作详细记录。

表 8-3 应作临床检查和实验室检验的疫病

动物种类	疫病
马、驴	鼻疽、马传染性贫血病、马鼻腔肺炎
牛	口蹄疫、布氏杆菌病、蓝舌病、结核病、牛地方性白血病、副结核病、牛传染性胸膜肺炎(牛肺疫)、牛传染性鼻气管炎、牛病毒性腹泻/黏膜病
羊	口蹄疫、布氏杆菌病、蓝舌病、山羊关节炎脑炎、绵羊梅迪-维斯纳病、羊痘、螨病
猪	口蹄疫、猪瘟、猪水泡病、猪支原体性肺炎、猪密螺旋体病
兔	兔病毒性出血症、魏氏梭菌病、兔螺旋体病、兔球虫病
禽	新城疫、雏白痢、禽白血病、禽支原体病、鸭瘟、小鹅瘟

经以上检查确定为健康动物者,发给"健康合格证",准予起运。

2. 种畜禽运输时的检疫

种畜禽装运时,当地畜禽检疫部门应派人员到现场进行监督检查。运载种畜禽的车辆、船舶、机舱以及饲养用具等必须在装货前进行清扫、洗刷和消毒。经当地畜禽检疫部门检查合格,发给运输检疫证明。

运输途中,不准在疫区车站、港口、机场装填草料、饮水和有关物资。押运员应经常观察种畜禽的健康状况,发现异常及时与当地畜禽检疫部门联系,按有关规定处理。

3. 种畜禽到达目的地后的检疫

种畜禽到场后,根据检疫需要,在隔离场观察 15~30d。在隔离观察期内,须进行群体、个体检疫和实验室检验。经检查确定为健康动物后,方可供繁殖、生产使用。

第二节 兽药管理

一、兽药概述

(一) 兽药的概念

兽药是指用于预防、治疗、诊断动物疾病或者有目的的调节动物生理机能的物质（含药物饲料添加剂），主要包括血清制品、疫苗、诊断制品、微生态制品、中药材、中成药、化学药品、抗生素、生化药品、放射性药品及外用杀虫剂、消毒剂等。兽药是一种特殊商品，它既有一般商品的属性，又有区别于其他商品的特殊性。在研制、生产、流通，使用过程中有特殊的要求和规律，表现在：兽药质量必须符合国家规定的兽药质量标准；兽药消费的专一性很强，只能凭兽医处方与兽药说明书或在兽医指导下使用；使用兽药必须考虑经济成本和效益。

(二) 我国兽药管理的发展概况

随着国家的迅速发展，我国兽药管理也更加完善和系统化。1987年国务院在《兽药管理暂行条例》的基础上发布了《兽药管理条例》（为了适应新形势的需要2004年重新修订），其后农业部于1988年制定发布了《兽药管理条例实施细则》，1989年又制定发布了农业部第2号、第3号、第4号、第5号、第6号令，分别为《核发兽药生产许可证、兽药经营许可证、兽药制剂许可证管理办法》（简称《核发"三证"管理办法》）、《进口兽药管理办法》、《新兽药及兽药新制剂管理办法》、《兽用新制剂管理办法》、《兽用新生物制品管理办法》等。1994年农业部发布了《兽药生产质量管理规范实施细则（试行）》，2002年农业部在此基础上发布了《兽药生产质量管理规范》。《兽药管理条例》及其配套行政法规成为兽药管理的法律依据，基本上形成了我国的兽药管理法律体系。

(三) 我国兽药的行政管理体制

《兽药管理条例》第三条明确指出："国务院兽医主管部门主管全国的兽药监督管理工作，县级以上地方人民政府兽医主管部门负责本行政区域内的兽药监督管理工作。"由此可见，兽医行政管理部门是兽药的法定管理机关，凡属兽药管理事务均应由兽医主管部门管理。

我国的兽药行政管理体系从中央到地方共分四级，即农业部、省、市、县四级管理体系；同时还设置了监察机构即兽药质量监督检验机构，规定了县级以上人民政府兽医主管部门负责兽药残留检测的行政管理工作。

目前，各级兽药监察所受同级兽医行政管理部门直接领导，并有独立法人地位，业务技术上受上一级兽药监察所指导。中国兽医药品监察须通过农业部的资格认证和国家计量认证；省级兽药监察所须通过农业部的资格认证和省级计量认证；省级以下兽药监察所均须通过省级兽医行政管理部门的资格认证和本级计量认证。

同时农业部根据进口兽药的需要，指定北京、天津、辽宁、上海、江苏和广东等省级兽药监察所为口岸兽药监察所和中国兽医药品监察所，负责进口兽药的检验和质量监督工作。

在我国，只要是兽药，不管是国产的还是进口的，不管是生产、经营、使用，还是与之有关的兽药标签、说明书和广告等，有关单位和个人都必须服从兽医主管部门的管理，自觉遵守有关管理法规，共同维护全社会的兽药工作秩序。兽药管理的目的是保证兽药质量，有效防治动物疫病，促进畜牧业的发展和维护人体健康。

（四）我国兽药管理的执法依据

1. 《兽药管理条例》。
2. 国家法律：《产品质量法》、《行政处罚法》、《行政复议法》等。
3. 国家标准：《中华人民共和国兽药典》、《农业部兽药质量标准》、《进口兽药质量标准》、《新兽药质量标准》等。
4. 农业部规章。
5. 地方性法规或规章。
6. 最高人民法院和最高人民检察院司法解释等。

（五）我国兽药的管理制度

1. 对兽药的生产和经营实行注册审批制度

包括对兽药生产企业、经营企业兽药生产许可证、兽药经营许可证的审批，同时《兽药管理条例》还规定，生产经营兽药必须获得兽药批准证明文件。兽药批准证明文件是指兽药产品批准文号、进口兽药注册证书、允许进口兽药生物制品证明文件、出口兽药证明文件、新兽药注册证书等文件。

2. 国家实行兽药储备制度

即发生重大动物疫情、灾情或其他突发事件时，国务院兽医管理部门可以紧急调用国家储备的兽药；必要时，也可以调用国家储备以外的兽药。

3. 确立了对兽药使用实行处方药和非处方药分类管理制度

兽用处方药是指凭兽医处方方可购买和使用的兽药。兽用非处方药是指国务院兽医主管部门公布的、不需要凭兽医处方可以自行购买并按照说明书使用的兽药。

4. 建立了新兽药研制管理和安全监测制度

为尽量减少新兽药可能给人类、动物和环境带来的危害和风险，《兽药管理条例》规定，新兽药研制者必须符合一定的条件，研制新兽药应进行安全性评价，并在临床试验前经省级以上人民政府兽医主管部门批准。临床试验完成后，研制者应当向国务院兽医主管部门提交新兽药样品和相关资料，经评审和复核检验合格的，方可取得新兽药注册证书。根据保证动物产品质量安全和人体健康的需要，国务院兽医主管部门可以在新兽药投产后对其设定不超过 5 年的监测期，监测期内不批准其他企业生产或者进口该新兽药。

二、新兽药管理

（一）新兽药的概念

新兽药是指未曾在中国境内上市销售的兽用药品。包括我国新研制的兽药原料药品及其制剂。新兽药的研制是指对兽药原料、兽药原料药品以及制剂进行开发和研制的活动。兽药新制剂是指用国家已批准的兽药原料药品新研制、加工出的兽药制剂。已经批准生产的兽药制剂，凡改变处方、剂型、给药途径和增加新适应症的，亦属兽药新制剂。新兽药的研制历来受到政府的重视。"国家鼓励研制新兽药，依法保护研制者的合法权益。"国家对依法获得注册的、含有新化合物的兽药申请人提交的自己所取得且未披露的实验数据和其他数据实施保护。除公共利益需要或已采取措施确保该类信息不会被不正当地进行商业使用外，兽药注册单位不得披露本条款规定的数据。同时还规定，新兽药自注册之日起6年内，对其他申请人未经已获得注册兽药的申请人同意，使用前款规定的数据申请兽药注册的，兽药注册机关不予注册；但是，其他申请人提交自己所取得的数据的除外。

（二）研制新兽药应当具备的条件

"研制新兽药，应当具有与研制相适应的场所、仪器设备、专业技术人员、安全管理规范和设施。研制新兽药应当进行安全性评价。从事兽药安全性评价的单位，应当经国务院兽医管理部门认定，并遵守兽药非临床质量研究管理规范和兽药临床试验质量管理规范。"

1. 安全性评价

新兽药安全评价系指在临床前研究阶段，通过毒理学研究等对一类新化学药品和抗生素对靶动物和人的健康影响进行评估的过程。对研制的新化合物能够作为新兽药用于动物之前，必须保证该化合物对动物、对使用者、对生产者都是安全的，对环境没有污染；用于食品动物的，还必须保证对动物性食品不构成危害，对所治疗的动物疾病有效。从事兽药安全评价的单位，应当经国务院兽医管理部门认定。未经国务院兽医管理部门认定的任何单位和个人都不得进行兽药安全性评价。

2. 遵守"两个规范"

（1）兽药非临床研究质量管理规范　是指国际上通称的Good laboratory practice，简称GLP。是关于兽药非临床研究实验设计、操作、记录、报告和监督等一系列行为和实验室条件的规范。通常包括对组织机构和工作人员、实验设施、仪器设备和实验材料的规定，要求制定标准操作规程，对实验方案、实验动物和资料档案都有明确规定。其目的在于通过对兽药研究的各方面规范管理，来保证兽药安全评价数据的真实性和可靠性。

（2）兽药临床实验质量管理规范　是指国际上通称的Good clinical practice，简称GCP。它是关于评价兽药临床疗效和安全性进行的系统性研究，以证实或揭示试验用兽药的作用及不良反应等，目的是确定实验用兽药的疗效与安全性。该规范是临床试验过程的标准规定，包括方案设计、组织、实施、监察、稽查、记录、分析总结和报告。

（三）新兽药的审批与注册

新兽药的注册，应当履行《兽药管理条例》第九条和第十条的法律规定以及《兽药注册办法》和农业部第442号公告的具体要求。其中，《兽药注册办法》明确规定在中华人民共和国境内从事新兽药和进口兽药的生产经营活动都必须注册，由农业部负责全国兽药注册工作。农业部兽药审评委员会负责新兽药和进口兽药注册资料的评审工作。中国兽医药品监察所和农业部指定的其他兽药检验机构承担兽药注册的复核检验工作。研制单位完成研制任务后，应按规定向国务院兽医管理部门申报，申报的新兽药经国务院兽医管理部门受理，兽药检验机构质量复核，技术审评合格并取得《新兽药注册证书》后,才是合法的兽药,才能生产、经营、使用。

1. 新兽药申报审批程序

(1) 申报 临床试验完成后,新兽药研制者向国务院兽药管理部门提出新兽药注册申请时,应当提交该新兽药的样品和下列资料:

①名称、主要成分、理化性质;

②研制方法、生产工艺、质量标准和监测方法;

③药理试验和毒理试验结果、临床试验报告和稳定性试验报告;

④环境影响报告和污染防治措施。

研制用于食用动物的新兽药,还应当按照国务院兽医管理部门的规定进行兽药残留试验并提供休药期、最高残留限量标准、残留检测方法及其制定依据等资料。申报单位应如实向兽医审批部门提交有关资料,不得弄虚作假。申报期间不得以中试名义扩大产品使用规模及从事商业性销售。

(2) 受理 受理即国务院兽医管理部门对研制单位的申报资料进行初审,并做出是否接受申请的决定。初审的重点是检查研制单位报送的资料内容是否齐全,是否确实,是否符合研制要求的有关规定。国务院兽医管理部门应当自收到申请之日起10个工作日内,将决定受理的新兽药资料送其设立的兽药评审机构进行评审,将新兽药样品送其制定的检验机构复核检验。对于初审不合格,不予受理的申报资料应向申报单位说明原因,退回全部资料。如发现并经查实有伪造、欺骗、弄虚作假或有违反有关规定的,依法进行处理。

(3) 复核试验 复核试验是指兽药研制单位向国务院兽医管理部门提交申请,经初审合格,同意受理后,将新兽药样品送指定的检验机构进行考核与验证。质量复核检验的目的是检验兽药是否与所提供的质量标准草案中的各项指标相符,是否与我国兽药质量标准有关规定相符。研制单位应协同兽药检验机构进行复核试验,并将新兽药及兽药新制剂的质量标准草案和复核试验报告送交国务院兽医管理部门。

(4) 技术评审 技术评审是指对新兽药进行全面的技术审查评定。国务院兽医管理部门应当自收到申请之日起10个工作日内,将决定受理的新兽药资料送其设立的兽药评审机构进行评审。兽药评审委员会的成员由科研、管理、生产、教学、医药等方面的专家组成,在兽药技术知识方面具有较高的权威性。对新兽药进行评审是兽药评审委员会的主要职责之一。通过评审,兽药评审委员会应判明新兽药研制全过程的理论依据、技术措施及相应结论是否适当,并对该兽药做出最终技术评审结论。

(5) 审批 新兽药通过符合试验和技术评审后,由农业部审核批准,发布其质量标准,并发给新兽药注册证书。不合格的,应当书面通知申请人。审批应在自收到评审和复核检验结论之日起60个工作日内完成。

2. 新兽药批准文号申请

(1) 申请自己研制的已获得新兽药注册证书的兽药产品批准文号,且该产品样品系申请人自己生产的,申请人除提交基本资料以外还应当向农业部提交新兽药注册证书复印件一式一份、标签和说明书样本一式一份。

农业部自受理之日起20个工作日内完成审查。审查合格的,核发产品批准文号,公布标签和说明书;不合格的,书面通知申请人,并说明理由。

(2) 申请自己研制的已获得新兽药注册证书的兽药产品批准文号（该产品样品并非申请人自己生产而系他人生产）应向农业部提交下列资料：

①新兽药注册证书复印件一式一份；如果是中外合资企业应提供进口兽药注册证书复印件一式一份。

②标签和说明书样本一式一份。

③所提交样品的自检报告一式二份。

④转让合同书原件一份。

农业部自受理之日起5个工作日内将样品送兽药检验机构进行检验，并自收到检验结论之日起15个工作日内完成审查。审查合格的，核发产品批准文号，公布标签和说明书；不合格的，书面通知申请人，并说明理由。

三、兽药生产管理

兽药生产是指将原料加工制作成供临床应用的兽药制剂的活动。兽药生产企业，是指专门生产兽药的企业和兼产兽药的企业，包括从事兽药分装的企业。

（一）兽药生产企业应具备的条件

我国在《兽药管理条例》和《兽药生产质量管理规范》（GMP）中有关兽药生产企业必须具备的基本条件均有明确规定，主要包括以下几个方面。

1. 人员素质

兽药生产企业必须具有与所生产的兽药相适应的兽医学、药学或各相关专业的技术人员。在《兽药生产质量管理规范》中，对兽药生产管理负责人、兽药质量管理负责人、兽药生产管理部门的负责人、兽药质量管理部门的负责人、直接从事兽药生产操作和质量检验人员以及从事生产辅助性工作的人员素质要求均有明确的规定。

2. 厂房、设施及卫生环境

兽药生产企业必须具备与生产的兽药相适应的厂房、设备。《兽药生产质量管理规范》中，要求厂房的设计、建设及布局应合理，应达到相应的建筑质量标准、安全标准及卫生标准。

3. 设备

兽药生产企业必须具备与所生产产品相适应的生产设备和检验设备。设备的设计、造型和安装应符合生产要求，使用、维修、清洁、保养应有相应的规程和管理记录。设备的设计、选型、安装应符合生产要求，易于清洗、消毒或灭菌，便于生产操作和维修、保养，并能防止差错和减少污染。与兽药直接接触的设备表面应光洁、平整、易清洗或消毒、耐腐蚀，不与兽药发生化学变化或吸附兽药。设备所用的润滑剂、冷却剂等不得对兽药或容器造成污染。主要生产和检验设备、仪器、衡器均应建立设备档案，内容包括：生产厂家、型号、规格、技术参数、说明书、设备图纸、备件清单、安装位置及施工图，以及检修和维修保养内容及记录、验证记录、事故记录等。

4. 质量检验机构

兽药生产企业必须具备能对所生产的兽药进行质量检验的机构和人员，并有相应的仪器和设备。兽药质量检验机构不得附设在企业生产技术机构之内。质量检验机构直属厂长领导。兽用生物制品生产企业质量检验机构的负责人具有质量否决权，生物制品车间质检室的负责人的任免需征得所在省、自治区、直辖市畜牧厅（局）及中国兽医药品监察所的同意。

5. 管理制度

兽药生产企业应有完整的生产管理、质量管理文件以及各类管理制度和记录。生产管理文件主要包括生产工艺规程、岗位操作法或标准操作规程、生产记录等。产品质量管理文件主要包括：产品的申请和审批文件；物料、中间产品和成品质量标准、企业内控标准及其检验操作规程；产品质量稳定性考察；批检验记录、检验原始记录和检验报告单。各类制度及记录内容包括：

①企业管理、生产管理、质量管理、生产辅助部门的各项管理制度；
②厂房、设施和设备的使用、维护、保养、检修等制度和记录；
③物料验收、发放管理制度和记录；
④生产操作、质量检验、产品销售、用户投诉等制度和记录；
⑤环境、厂房、设备、人员、工艺等卫生管理制度和记录；
⑥不合格产品管理、物料退库和报废、紧急情况处理、三废处理等制度和记录；
⑦管理规范和生产技术培训等制度和记录。

（二）兽药生产许可证的管理

国家对兽药的生产实行生产审批制度，审批制度是国家对兽药生产企业实施管理的重要行政措施，世界上很多国家都通过立法规定了对兽药生产企业的审批制度。兽药生产许可证的申办、审批程序如下。

1. 申请

符合规定条件的申请人，可向省、自治区、直辖市人民政府兽医管理部门提出申请，并附具符合规定条件的证明材料。需提供的资料有兽药生产许可证申请表、兽药GMP合格证书。

2. 审核

省、自治区、直辖市人民政府兽医管理部门应当自收到申请之日起20个工作日内，将审核意见和有关材料报送国务院兽医行政管理部门。

3. 审查

国务院兽医行政管理部门，应当自收到审核意见和有关资料之日起40个工作日内完成审查。

4. 发证

经审查合格的，发给兽药生产许可证；不合格的，应当书面通知申请人。申请人凭兽药生产许可证办理工商登记手续。

兽药生产许可证应当载明生产范围、生产地点、有效期和法定代表人姓名、住址等事项。兽药生产许可证有效期为5年。有效期届满，需要继续生产兽药的，应当在许可证有效期届满前6个月到原发证机关申请换发兽药生产许可证。

申请换发新证的程序与原申请程序相同。换发新证的企业必须按有关管理规定，进行自查、整顿、写出总结，报原发证机关审查。经原发证机关验收合格的，换发新证；验收不合格的限期整顿、写出总结，报原发证机关审查。经原发证机关验收合格的，换发新证；验收不合格的限期整顿，逾期仍不合格的，不再发证。现在要求所有的兽药生产企业和兽药生物制品生产车间必须取得兽药GMP合格证。

兽药生产企业变更生产范围、生产地点的，应当依照规定申请换发兽药生产许可证，申请人凭换发的兽药生产许可证办理工商变更登记手续；变更企业名称、法定代表人的，应当在办理工商变更登记手续后15个工作日内，到原发证机关申请换发兽药生产许可证。

兽药生产企业停业生产超过6个月或者关闭的，由原发证机关责令其交回兽药生产许可证。

（三）兽药产品批准文号的管理

"兽药生产企业生产兽药，应当取得国务院兽医行政管理部门核发的产品批准文号。"兽药产品批准文号是农业部根据兽药国家标准、生产工艺和生产条件批准特定企业生产特定兽药产品时核发的兽药批准证明性文件。

1. 兽药产品批准文号的申请与核发

农业部负责全国兽药产品批准文号的核发工作。兽药生产企业生产兽药，应当取得农业部核发的产品批准文号。申请人应当向农业部提交自己生产的连续3个批次的样品和下列资料：兽药产品批准文号申请表一式一份、兽药生产许可证复印件一式一份、兽药GMP证书复印件一式一份。

申请除生物制品以外的已有兽药国家标准的兽药产品批准文号的，还应提交标签和说明书样本一式二份、样品的自检报告一式一份。

农业部自受理之日起5个工作日内将样品送兽药检验机构进行检验，并自收到检验结论之日起15个工作日内完成审查。审查合格的，核发产品批准文号，公布标签和说明书；不合格的书面通知申请人，并说明理由。

兽药产品批准文号有效期为5年，有效期届满后，需继续生产的，兽药生产企业应当在有效期届满前6个月前按原批准程序向原审批机关提出产品批准文号的换发申请。申请换发生物制品批准文号的，可不再提供样品。

兽药生产企业异地新建车间、改变生产场地生产兽药的，应当另行申请兽药产品批准文号。对已结束监测期的除生物制品以外的兽药，兽药生产企业可根据规定申请换发产品批准文号。

2. 兽药产品批准文号的编制格式

根据《兽药产品批准文号管理办法》规定，兽药产品批准文号的编制格式为：兽药类别简称+年号+企业所在地省份（自治区、直辖市）序号+企业序号+兽药品种编号。

（1）兽药类别简称，药物添加剂的类别简称为"兽药添字"；血清制品、疫苗、诊断制品、微生态制品等的类别简称为"兽药生字"；中药材、中成药、化学药品、抗生素、生化药品、放射性药品、外用杀虫剂和消毒剂等的类别简称为"兽药字"。

（2）年号用4位数字表示，即核发产品批准文号的年份。

（3）企业所在地省份序号用2位阿拉伯数字表示，由农业部规定并公告。

（4）企业序号按省份排序，用3位阿拉伯数字表示，由农业部公告。

（5）兽药品种编号用4位阿拉伯数字表示，由农业部规定并公告。

（四）兽药质量管理

兽药质量管理包括建立完整的质量管理制度、原材料的质量管理、加工过程的质量管理、包装的质量管理、出厂检验管理以及出厂后在销售过程中跟踪服务管理制度。

1. 兽药物料的质量管理

兽药生产的物料包括原料、辅料、包装材料等。原材料主要包括起始原材料、工业用水和包装材料等。起始原材料包括作为加工对象的主要原材料和在加工过程中需添加的辅料。原材料的质量是确保产品质量的关键和前提。《兽药管理条例》第十七条规定："生产兽药所需的原料、辅料，应当符合国家标准或者所生产兽药的质量要求。直接接触兽药的包装材料和容器应当符合要求。"起始原材料的质量管理必须按照国家标准进行采购、检验、验收、贮藏、保养、登记和质量监测等。

工业用水也必须达到规定的质量标准，并进行定期监测。根据产品工艺规程选用的工业用水应符合质量标准，并定期检验，检验有记录。同时应根据验证结果规定检验周期。包装材料和容器的质量管理也必须符合包装不同兽药所要求的质量标准，以确保药品质量。

2. 兽药加工过程的质量管理

兽药加工过程的质量管理是对兽药在加工制造过程中的工艺规程管理、工序检验管理和生产记录管理进行全面质量监控的过程。《兽药生产质量管理规范》规定，兽药生产企业应制定生产工艺规程、岗位操作法或标准操作规程，并不得随意更改。

3. 包装的质量管理

兽药只有经过包装才能进行运输和贮存，包装质量同样是影响兽药质量的重要因素。兽药的包装包括包装本身、包装上的封签、标签及内附的说明书。兽药管理法规对包装的质量做了很多具体规定。

4. 兽药产品出厂检验管理

《兽药管理条例》第十八条规定："兽药出厂前应当经过质量检验，不符合质量标准的不得出厂。兽药出厂应当附有产品质量合格证。禁止生产假、劣兽药。"

5. 兽药产品销售与回收管理

《兽药质量管理规范》规定，兽药生产企业应建立兽药产品销售与回收的管理制度，要求企业做以下几点：

（1）每批成品均应有销售记录。根据销售记录能追查每批兽药的售出情况，必要时应能及时全部追回。销售记录内容应包括：品名、剂型、批号、规格、数量、收货单位和地址、发货日期等。

（2）销售记录应保存至兽药有效期后1年。未规定有效期的兽药，其销售记录应保存3年。

（3）兽药生产企业应建立兽药退货和收回的书面程序，并有记录。兽药退货和收回记录内容应包括：品名、剂型、批号、规格、数量、退货和收回单位及地址、退货和收回原因及日期、处理意见。因质量原因退货和收回的兽药制剂，应在企业质量管理部门监督下销毁，涉及其他批号时，应同时处理。

6. 建立兽药生产企业自检机制

《兽药生产质量管理规范》规定，兽药生产企业应制定自检工作程序和自检周期，设立自检工作组,并定期组织自检。自检工作组应由质量、生产、销售等管理部门中熟悉专业及本规范的人员组成。自检工作每年至少 1 次。应按自检工作程序对人员、厂房、设备、文件、生产、质量控制、兽药销售、用户投诉和产品收回的处理等项目和记录定期进行检查,以证实与本规范的一致性。自检应有记录。自检完成后应形成自检报告,内容包括自检的结果、评价的结论以及改进措施和建议,自检报告和记录应归档。

四、兽药经营管理

为了保证兽药在经营过程中的质量,兽药经营企业应具备一定的基本条件。其主要内容如下:

(一)质量管理机构或者人员

经营兽药的企业,应当具备与所经营的兽药相适应的质量管理机构与人员。直接从事兽药采购、保管、销售、调剂、检验业务的应是药剂师、兽医技术员以上的技术人员。非药学、兽医学技术人员必须经核发兽医经营许可证的兽医管理部门或其指定单位进行兽药经营知识考核合格后,方准从事兽药经营业务活动。

(二)经营场所,设备及仓储设施

a. 兽药经营企业必须有与经营业务相适应的营业室、库房、货架、货位、柜台等,不准露天存放药品。

b. 营业场所和库房应整洁卫生,并有消防安全措施。药品的堆码、存放和陈列要整齐。

c. 兽药的存放和保管场所必须符合各类药品的理化性质要求和特殊管理需要。应有防污染、防虫蛀、防鼠、防尘、防潮、防霉变等设施。需避光、低温贮存的药品,应有专用设备。特殊管理的药品应按有关规定执行。

d. 要备有标准的计量器具、清洁无毒的售药工具和包装物料。

五、兽药进出口管理

兽药的进出口是指兽药经营企业根据国内兽药市场的需要,经过合法途径,从国外购买兽药的行为。兽药的出口是指兽药生产,经营企业通过合法途径,根据国家对兽药生产和使用情况的需要,将中国国内生产的兽药卖给国外经营者或消费者的行为。在中国加入 WTO 后,国内外兽药生产企业和经营企业都加大了兽药的进出口业务,因此,必须加强兽药进出口管理,才能维护好兽药的正常生产、经营、使用秩序。

(一)兽药进口的管理

其他国家兽药生产企业生产的兽药首次向中国销售前,必须向中国申请,并按规定提供资料和样品,经审核合格,同意进口的,发给进口兽药注册证书。取得证书的方可在中国销售,未经注册的其他国家的兽药一律不得在中国境内销售、分装、使用和进行商业性宣传。

1. 进口兽药的注册申请

《兽药管理条例》及《进口兽药注册管理办法》规定,境外企业不得在中国直接销售兽药。境外企业在中国销售兽药,应当依法在中国境内设立销售机构或者委托符合条件的中国境内代理机构。首次向中国出口的兽药,由出口方驻中国境内的办事机构或者委托的中国境内代理机构向国务院兽医管理部门申请注册，并提交下列资料和物品：

（1）生产企业所在国家（地区）兽药管理部门批准生产、销售的证明文件。

（2）生产企业所在国家（地区）兽药管理部门颁发的符合兽药生产管理规范的证明性文件。

（3）兽药的制作方法、生产工艺、质量标准、检测方法、药理和毒理试验结果、临床试验报告、稳定性实验报告及其他相关资料；用于食用动物的兽药的休药期、最高残留检测方法及其制定依据等材料。

（4）兽药的标签和说明书样本。

（5）兽药的样品、对照品、标准品。

（6）环境影响报告和污染防治措施。

（7）涉及兽药安全性的其他材料。

（8）申请兽药制剂进口注册，必须提供用于生产该制剂的原料药和辅料、直接接触兽药的包装材料和容器合法来源的证明文件。原料药尚未取得农业部批准的，必须同时申请原料药注册，并报送有关的生产工艺、质量指标和检验方法等研究资料。

（9）申请进口兽药注册所报送的资料应当完整、规范，数据必须真实、可靠。引用文献资料应当注明著作名称、刊物名称及卷、期、页等；外文资料应当按照要求提供中文译本。

（10）申请进口注册的兽用化学药品，应当在中华人民共和国境内指定的机构进行相关临床试验和残留检测方法验证；必要时，农业部可以要求进行残留消除试验，以确定休药期。申请进口注册的兽药属于生物制品的，农业部可以要求在中华人民共和国境内指定的机构进行安全性和有效性试验。

（11）申请向中国出口兽用生物制品的，还应当提供菌（毒、虫）种、细胞等有关材料和资料。

2. 进口兽药的审批与发证

（1）申请的受理　农业部自收到申请之日起10个工作日内组织初步审查，经初步审查合格的，予以受理，并书面通知申请人。予以受理的，将进口兽药注册申请资料送农业部兽药评审委员会进行技术评审，并通知申请人提交复核检验所需的连续3个生产批号的样品及有关资料，送指定的兽药检验机构进行复核检验。但有下列情形之一的进口兽药注册申请，不予受理：

①农业部已公告在监测期，申请人不能证明数据为自己取得的兽药。

②经基因工程技术获得，未通过生物安全评价的灭活疫苗、诊断制品之外的兽药。

③我国规定的一类疫病以及国内未发生疫病的活疫苗。

④来自疫区可能造成疫病在中国境内传播的兽用生物制品。

⑤申请资料不符合要求，在规定期间内未补正的。

⑥不予受理的其他情形。

（2）审核　农业部兽药评审委员会应当自收到资料之日起120个工作日内提出评审意见，报送农业部。

评审中需要补充资料的，申请人应当自收到通知之日起6个月内补齐有关数据；逾期未补正的，视为自动撤回注册申请。兽药检验机构应当在规定时间内完成复核检验，并将检验报告书和复核意见送达申请人，同时报农业部和农业部兽药审评委员会。初次样品检验不合格的，申请人可以再送样复核检验一次，农业部自收到评审和复核检验结论之日起60个工作日内完成审查。在审查过程中，国务院兽医管理部门可以对向中国出口兽药的企业是否符合兽药生产质量管理规范的要求进行考查，并有权要求该企业在国务院兽医管理部门指定的机构进行该兽药的安全性和有效性试验。必要时，可派人员进行现场核查。

（3）发证 农业部审查合格的，发给进口兽药注册证书，并发布该兽药的质量标准和产品标签、说明书；不合格的，应当书面通知申请人。国内急需兽药、少量科研用兽药或者注册兽药的样品、对照品、标准品的进口，按照国务院兽医管理部门的规定办法。我国香港、澳门和台湾地区的生产企业申请注册的兽药，审查合格的，发给兽药注册证书。

兽用生物制品进口后，应当依照规定进行审查核对和抽查检验。其他兽药进口后，由当地兽医管理部门通知兽药检验机构进行抽查检验。

（4）农业部对申请进口注册的兽药进行风险分析经风险分析存在安全风险的，不予注册，同时禁止进口下列兽药：药效不确定、不良反应大以及可能对养殖业、人体健康造成危害或者存在潜在风险的；来自疫区可能造成疫病在中国境内传播的兽用生物制品；经考察生产条件不符合规定的；国务院兽医管理部门禁止生产、经营和使用的。

进口兽药注册证书的有效期为5年。有效期届满，需要继续向中国出口兽药的，应当在有效期届满前6个月到原发证机关申请再注册。

（二）兽药出口的管理

向中国境外出口兽药，进口方要求提供兽药出口证明文件的，国务院兽医管理部门或者企业所在地的省、自治区、直辖市人民政府兽医管理部门可以出具出口兽药证明文件。国内防疫急需的疫苗，国务院兽医管理部门可以限制或者禁止出口。

六、兽药使用管理

加强兽药使用管理，目的是保证兽药的使用安全、提高兽药的使用效果，减少对环境的污染。使用安全是指对用药动物的毒副作用较小，对环境污染，对人体健康无危害。

（一）兽药安全使用规定

1. 按规定采购与贮存兽药
2. 正确选用各药种类
3. 临用前检查兽药质量
4. 兽用处方药和非处方药的使用
5. 用药中及用药后对动物进行观察
6. 出现不良反应的处理
7. 用药记录
8. 禁止使用兽药的情形

（1）禁止使用假、劣兽药以及国务院兽医管理部门规定禁止使用的药品和其他化合物。

(2) 禁止在饲料和动物饮用水中添加激素类药品和国务院兽医管理部门规定的其他禁用药品。

(3) 禁止将人用药品用于动物。

(4) 国务院兽医管理部门规定实行处方药管理的兽药，未经兽医开具处方禁止使用。

（二）兽药残留监控

食品动物在应用兽药后，兽药的原形及其代谢物等可能蓄积残存在动物的细胞、组织或器官内，或进入泌乳动物的乳、产蛋家禽的蛋中，这就是兽药残留。兽药残留对人类健康的危害作用，一般来说并不表现为急性毒性作用。但是如果人体经常摄入低剂量的同样残留物，在体内蓄积就有可能表现为变态反应与过敏反应、细菌耐药性、致畸作用、致突变作用和致癌作用以及激素样作用等多方面危害。

为了控制动物及动物产品中兽药的残留，《兽药管理条例》做了一些规定，主要内容包括兽药使用必须建立用药记录制度、禁止使用假劣兽药和违禁兽药、遵守休药期规定、建立动物及动物产品中兽药残留监控制度和残留检测公布制度以及动物产品销售的法律规定等。

（三）在兽药使用监督管理中应注意以下问题

①兽药使用单位和使用者需掌握兽药知识。

②兽医管理部门的公共服务信息一定要畅通，要让公众了解相关信息。

③使用单位一定要建立遵守休药期规定。

④兽药使用单位不得使用假劣兽药、违禁药品、人用药品，也不得用原料药直接饲喂动物。

⑤县级以上兽医管理部门要认真履行动物产品中兽药残留量的检测工作。

（四）假兽药和伪劣兽药

1. 假兽药

《兽药管理条例》第四十七条规定，有下列情形之一的，为假兽药：

①以非兽药冒充兽药或者以他种兽药冒充此种兽药的；

②兽药所含成分的种类、名称与兽药国家标准不符合的。

有下列情形之一的，按照假兽药处理：

①国务院兽医管理部门规定禁止使用的；

②按照本条例规定应当经审查批准而未经审查批准即生产、进口的，或者依照本条例规定应当经抽查检验、审查核对而未经抽查检验、审查核对即销售、进口的；

③变质的；

④被污染的；

⑤所标明的适应症或者功能主治超出规定范围的。

2. 劣兽药

《兽药管理条例》第四十八条规定，有下列情形之一的，为劣兽药：

①成分含量不符合兽药国家标准或者不标明有效成分的；

②不标明或者更改有效期或者超过有效期的；

③不标明或者更改产品批号的；

④其他不符合兽药国家标准，但不属于假兽药的。

第三节 饲料和饲料添加剂管理

随着饲料工业的诞生和发展，世界各国相继制定饲料法规。例如美国政府1900年之前就开始制定饲料法规［美国的饲料立法实施管理机构为食品和药物管理局（FDA），饲料相关法规包括在《联邦食品、药物、化妆品法令》（FFDCA）内］。中国饲料工业起始于20世纪70年代末期，在党和政府的关心支持下，2005年我国饲料产量首次突破1亿吨大关，稳居世界第2位。2006年中国的饲料总产量达到1.11亿吨。中国的饲料工业总产值约为400亿美元。随着人们收入的增加及对肉类需求的增长，中国的饲料总产量将以每年15%左右的速度增长。我国从20世纪80年代开始，制定和发布了一系列标准：饲料分析检测方法、饲料添加剂质量标准、饲料产品质量标准、饲料标签、饲料卫生标准等。1999年5月29日，国务院发布了《饲料和饲料添加剂管理条例》，这标志着我国饲料法规的正式建立，使我国饲料和饲料添加剂生产、销售、使用真正走向法制化管理的轨道。

一、饲料及饲料添加剂概述

（一）饲料及其相关概念

1. 饲料

按照《饲料和饲料添加剂管理条例》（以下简称《条例》）（国务院令327号）第一章第二条的规定：饲料是指经工业化加工、制作的供动物食用的饲料，包括单一饲料、添加剂预混合饲料、浓缩饲料、配合饲料和精料补充料。

2. 配合饲料

配合饲料（complete feed）是指根据动物营养需要设计饲料配方，将两种以上饲料原料按饲料加工工艺生产出来的饲料产品。

3. 浓缩饲料

浓缩饲料（concentrate）是由蛋白质饲料、矿物质饲料、微量元素、维生素和非营养性添加剂等按一定比例配制的均匀混合物。

4. 添加剂预混料

添加剂预混料（additive premix）是由一种或多种饲料添加剂与载体或稀释剂按一定比例扩大稀释后配制的预混物。

5. 精料补充料

精料补充料（concentrate supplement）是为补充以粗饲料、青饲料、青贮饲料为基础的草食动物的营养，而用多种饲料原料按一定比例配制的饲料。

（二）饲料添加剂及相关概念

1. 饲料添加剂

按照《条例》第一章第二条规定：饲料添加剂是指在饲料加工、制作、使用过程中添加的少量或者微量物质，包括营养性饲料添加剂和一般饲料添加剂。饲料添加剂的品种目录由国务院农业行政主管部门制定并公布。

2. 营养性饲料添加剂

指用于补充饲料营养成分的少量或者微量物质，包括饲料级氨基酸、维生素、矿物质微量元素、酶制剂、非蛋白氮等。

3. 一般饲料添加剂

指为保证或者改善饲料品质、提高饲料利用率而掺入饲料中的少量或者微量物质。

4. 药物饲料添加剂

指为预防、治疗动物疾病而掺入载体或者稀释剂的兽药的预混物，包括抗球虫药类、驱虫剂类、抑菌促生长类等。

（三）制定与执行饲料、饲料添加剂法规的机构

1. 制定与执行饲料、饲料添加剂法规的机构

按《条例》规定，国务院农业行政主管部门负责全国饲料、饲料添加剂的管理工作。县级以上地方人民政府负责饲料、饲料添加剂管理的部门（以下简称饲料管理部门），负责本行政区域内的饲料、饲料添加剂的管理工作。

《条例》第一条明确规定加强对饲料、饲料添加剂的管理是本条例的立法宗旨之一，本条进一步明确对饲料和饲料添加剂的管理是县级以上各级人民政府的一项重要职责。这是因为，饲料已成为国民经济发展的一个重要行业，而且它关系到养殖业的发展和人民的身体健康，县级以上各级人民政府不仅要承担起促进饲料行业发展的重任，而且要加强对饲料和饲料添加剂产品质量的监督工作，保障和不断提高饲料和饲料添加剂产品质量。

2. 饲料、饲料添加剂管理部门职责

依照《条例》和国务院有关规定，饲料管理部门的主要职责有：
（1）草拟饲料管理法律、法规并组织实施；
（2）制定、实施饲料行业发展政策、规划、计划；
（3）制定饲料管理规章、饲料行业标准；
（4）审定饲料、饲料添加剂新品种；
（5）颁发生产许可证、核发产品批准文号，颁发进口产品登记证；
（6）实施行业监督管理，组织监督抽查工作；
（7）开展国际交流与技术合作。

（四）我国饲料行政管理体制

1. 对饲料和饲料添加剂实行统一归口管理

根据条例的规定，国家对饲料和饲料添加剂的管理实行统一归口管理体制，而不是分部门管理体制。

根据条例规定，中央这一级的饲料管理部门为国务院农业行政主管部门，即农业部。这样规定是依据国务院规定的职责分工，并结合多年来我国饲料管理工作实际来确定的。1985年2月国务院批准国家经委成立饲料工业办公室，这是新中国成立以来我国设立的第一个负责饲料管理工作的全国性机构。1987年12月国务院批复同意将设在国家经委的饲料工业办公室划归农业部，更名为全国饲料工业办公室。从此以后，国务院农业行政主管部门一直担负起管理全国饲料工作的职责，国务院也在有关文件中予以

明确。1994年国务院确定的农业部"三定"方案规定，全国饲料工业办公室会同有关部门制定饲料工业的发展战略、规划和政策、法规，重大技术改造并审发生产许可证，协助组织全国饲料监督和质量检验工作，对饲料工业进行行业管理。1998年机构改革后，国务院又明确农业部负责饲料标准制定和监督、饲料许可证发放工作，同时取消了以前国务院有关行政主管部门的饲料管理职能。

2. 对饲料和饲料添加剂实行分级管理

根据条例的规定，从纵向管理角度看，国家对饲料和饲料添加剂的管理实行分级管理的体制，而不是垂直管理体制。即饲料管理部门是本级政府的一个职能部门，接受当地政府领导，上下级饲料管理部门之间没有领导与被领导的关系，但存在业务上的指导关系。

条例只明确地方政府负责饲料和饲料添加剂管理的部门，而没有直接明确饲料管理机关的名称，也没有使用农业行政主管部门的提法，主要考虑：一是照顾现行地方饲料管理体制，即目前地方饲料管理机构设置不统一的情况，如有的在农业厅，有的在计经委，有的在内贸部门等，在这种情况下，虽然国务院是由农业部主管全国饲料工作，但难以按上下对口的办法对全国做出规定，只能是反映目前饲料管理机构设置的现状，否则，如果硬性做出规定，会在执行中带来混乱，造成不必要的矛盾。二是便于与组织法衔接，地方饲料管理职能由地方政府确定。三是这样规定也为今后的体制改革留有余地，饲料管理职能在哪一个部门，就由哪个部门负责管理。

（五）饲料、饲料添加剂执法依据

1. 《饲料和饲料添加剂管理条例》。
2. 国家法律。《产品质量法》、《行政处罚法》、《行政复议法》等。
3. 国家强制性标准。主要有《饲料卫生标准》和《饲料标签标准》。
4. 农业部规章。主要有《饲料添加剂和添加剂许可证、批准文号管理办法》、《饲料药物添加剂使用规范》、《动物源性饲料产品安全卫生管理办法》、《禁止在饲料和动物饮用水中使用的药物品种目录》等。
5. 地方性法规或规章。各省市自治区人民代表大会及其常委会或人民政府制定适用于辖区饲料业执法监管的地方性法规或规章。
6. 最高人民法院和最高人民检察院《关于办理非法生产、销售、使用禁止在饲料和动物饮用水中使用的药品等刑事案件具体应用法律若干问题的解释》等。

二、饲料及饲料添加剂的审定与进口管理

（一）饲料、饲料添加剂新产品审定申请

1. 新饲料的相关概念

（1）新饲料是指我国尚未批准使用的新研制开发的饲料，包括创新型饲料和移植型饲料。

（2）创新型饲料是指在我国境内研究，创制的单一饲料。

（3）移植型饲料是指已在我国境内其他行业使用，首次应用于饲料产品中的单一饲料。

2. 新产品审定的必要性

技术创新是发展高科技、实现产业化的重要前提。国家鼓励研究、创制新饲料、新饲料添加剂是我国饲料工业产业政策的重要内容。我国饲料工业起步晚，但发展迅速，目前已成为世界第二大饲料生产国。我国饲料工业取得举世瞩目成就的关键是国家制定了一系列切实可行的饲料工业产业政策，鼓励研究和创制新饲料和饲料添加剂。这项行之有效的政策理所当然地要用法律固定下来。

新饲料和新饲料添加剂直接涉及肉、蛋、奶、鱼等动物产品的安全卫生和人民身体健康。世界各国普遍制定了该项制度，新研制的饲料和饲料添加剂，只有在对其安全性、有效性及其对环境的影响进行全面、科学的检测、试验，确认符合国家规定的质量标准后，才能允许投入生产、进入流通和消费；否则，将有可能给养殖业和人体健康带来严重危害。制定该项制度也是国务院赋予农业部的职能，国务院办公厅关于印发农业部职能配置内设机构和人员编制的通知（国办发〔1998〕88号）中要求，农业部对饲料工业实行行业管理，并做好饲料安全工作。确保新饲料和新饲料添加剂安全是饲料安全工作的重要内容。

3. 饲料及饲料添加剂新产品登记程序

新研制的饲料、饲料添加剂，在投入生产前，研制者、生产者（以下简称申请人）必须向国务院农业行政主管部门提出新产品审定申请，经国务院农业行政主管部门指定的机构检测和饲喂试验后，由全国饲料评审委员会根据检测和饲喂试验结果，对该新产品的安全性、有效性及其对环境的影响进行评审；评审合格的，由国务院农业行政主管部门发给新饲料、新饲料添加剂证书，并予以公布。

全国饲料评审委员会由养殖、饲料加工、动物营养、毒理、药理、代谢、卫生、化工合成、生物技术、质量标准和环境保护等方面的专家组成。

4. 新饲料和饲料添加剂审定流程（见图 8-1）

（1）项目名称　新饲料和饲料添加剂审定。

（2）项目类型　前审后批。

（3）审批内容

a. 产品是否属于新饲料或新饲料添加剂。

b. 产品是否安全、有效、质量可控和不污染环境。

c. 试验数据是否真实可信。

d. 质量标准是否科学。

e. 质量复核检验结果是否符合标准。

（4）法律依据

a.《饲料和饲料添加剂管理条例》。

b.《新饲料和新饲料添加剂管理办法》（2000年农业部令第37号颁布，2004年农业部令第38号修订）。

c. 农业部第318号公告（2003年颁布）。

（5）办事条件　需递交申请材料和产品样品。

（6）办理程序

a. 材料受理。农业部行政审批综合办公室受理申请人递交的《新饲料和饲料添加

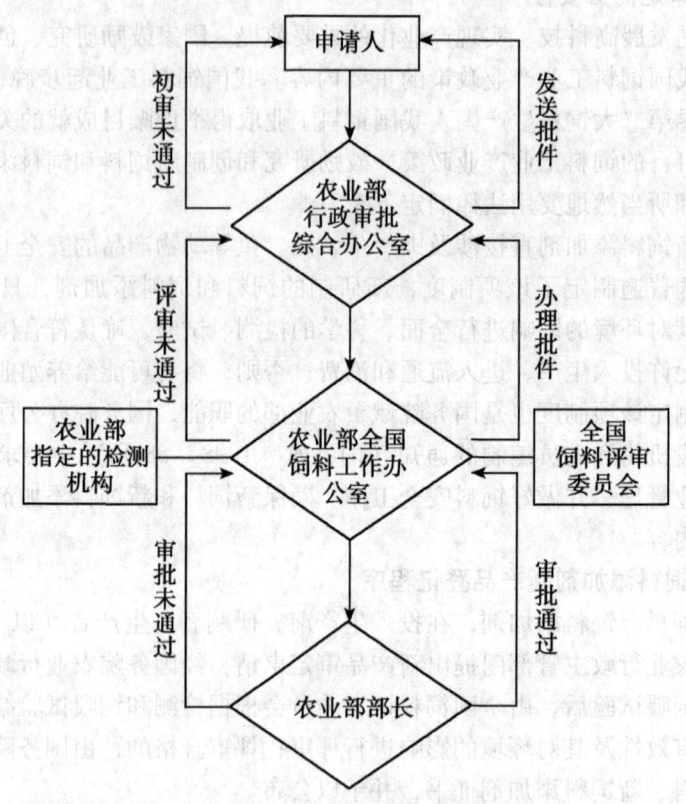

图 8-1 新饲料和饲料添加剂审定流程图

剂审定申请表》及其相关材料，并进行预审。

b. 项目审查。农业部全国饲料工作办公室根据国家有关规定对申请材料进行审查。

c. 质量复核检验。申请人按照要求将连续三个生产批号的产品样品送交农业部指定的饲料质量检测机构进行质量复核检验。

d. 饲喂试验和安全性评价试验。申请人按照要求将连续三个生产批号的产品样品送交农业部认可的机构进行饲喂试验和安全性评价试验。

e. 专家评审。全国饲料评审委员会对质量复核检验合格、饲喂试验和安全性评价试验完成后的产品的申请材料进行评审。

f. 办理批件。农业部全国饲料工作办公室根据评审结果提出审批方案，报经部长审批后办理批件。

（7）承诺时限 20个工作日（专家评审时间不超过6个月；质量复核检验时间不超过3个月）。

（8）收费标准 2 000元/产品《关于发布农业系统行政事业性收费项目和标准的通知》（［1992］价费字452号）。

（二）首次进口饲料、饲料添加剂的申请程序

1. 实施进口饲料、饲料添加剂产品登记管理的必要性

20世纪年代以来，国外有关饲料和饲料添加剂安全问题的事件接踵发生。为保证

进口产品的安全、有效和不污染环境，1988年6月25日农业部发布了《中华人民共和国农业部关于进口饲料添加剂登记的暂行规定》，1997年12月25日根据农业部第39号令进行了修订。经过10余年的执行取得了良好的效果。但由于此前的进口登记管理仅限于饲料添加剂及其预混合饲料，进口的单一饲料、配合饲料等饲料产品却没有得到有效的登记管理，饲料添加剂及其预混合饲料是不能直接饲喂动物的，而饲料产品则是直接饲喂动物的，其有毒、有害和污染环境物质可能直接进入动物体内，造成动物中毒甚至死亡。1998年11月，江苏省靖江市一养猪户购买未经登记的进口饲料，由于麦角毒素含量严重超标，导致生猪死亡261头，造成直接经济损失20万元。鉴于饲料的中毒几率远高于饲料添加剂，因此，《条例》将饲料纳入进口登记管理的产品范围。

2. 法律依据

《饲料和饲料添加剂管理条例》、《进出口饲料和饲料添加剂登记管理办法》。

三、饲料及饲料添加剂生产、经营和使用管理

（一）饲料及饲料添加剂企业设立条件

1. 配合饲料企业应具备的条件

（1）设立企业条件审查的必要性　饲料是经工业化加工的、直接供动物食用的"粮食"，其质量好坏直接关系到动物的健康和养殖产品质量。饲料添加剂是相对特殊的工业产品，一般不能直接饲喂动物，开发和生产饲料添加剂不仅涉及环境条件和加工工艺及其设备，而且与生产人员的综合素质密切相关。我国医药、兽药、食品和农药等与安全、卫生有关的法律法规都规定了企业设立条件和登记程序。

（2）饲料企业应具备的条件　《条例》对饲料企业的审查是其办理企业登记的前置条件。本条明确规定，除应符合普通法规对工业企业要求的一般设立条件外，还必须符合特别法规对饲料和饲料添加剂加工企业的五个条件。如《中华人民共和国公司法》（以下简称《公司法》）第一章总则第八条第二款规定，法律、行政法规对设立公司规定必须报经审批的，在公司登记前依法办理审批手续。《中华人民共和国公司登记条例》（以下简称《登记条例》）第三章登记事项第十条规定，公司登记事项应当符合法律、行政法规的规定。不符合法律、行政法规规定的，公司登记机关不予登记。从《公司法》和《登记条例》对公司登记的要求看，必须优先符合特别法规的管理规定。

根据《饲料和饲料添加剂管理条例》第八条规定，设立饲料、饲料添加剂生产企业，除应当符合有关法律、行政法规规定的企业设立条件外，还应当具备下列条件：

a. 有与生产饲料、饲料添加剂相适应的厂房、设备、工艺及仓储设施；
b. 有与生产饲料、饲料添加剂相适应的专职技术人员；
c. 有必要的产品质量检验机构、检验人员和检验设施；
d. 生产环境符合国家规定的安全、卫生要求；
e. 污染防治措施符合国家环境保护要求。

2. 添加剂预混料许可证企业应具备的条件

申办许可证企业应当达到规定的条件，包括企业生产管理人员要求、生产场地要求、生产设备和质量检验要求等。按照农业部1999年12月发布的《饲料添加剂和添加剂预混合饲料生产许可证管理办法》的规定，企业应具备的基本条件包括：

（1）人员　企业主要负责人必须具备专业知识、生产经验及组织能力；技术负责人必须具有大专以上文化程度或中级以上技术职称，熟悉动物营养、饲料配方技术及生产工艺，从事相应专业工作2年以上；质量管理及检验部门的负责人，必须具有大专以上或中级以上技术职称，从事相应工作3年以上；生产企业特有工种从业人员必须具有高中以上文化程度或相应程度，经职业技能培训，取得相应的职业资格证书。

（2）生产场地　厂房建筑布局合理，生产区、办公区、仓贮区、生活区要分开；生产车间布局应符合生产工艺流程的要求，工序衔接合理；要有适宜的操作间和场地，能合理放置设备和物料，防止不同物料混放和交叉污染；应有适当的除尘、通风、照明及消防设施，以保证安全生产；仓贮与生产能力相适应，符合防水、防潮、防火、防鼠害的要求。

（3）生产设备　应具有与生产产品相适应的生产设备；生产设备应符合生产工艺流程，便于维护和保养；生产设备完好；生产环境有洁净要求的，须有空气净化设施和设备。

（4）质量检验　必须设立质检部门，质检部门直属企业负责人领导；质检部门应设立仪器室（区）、检验操作室（区）和留样观察室（区）；具有相应的检验仪器，能对生产全过程的产品质量进行监控；对需使用大型精密仪器的检验项目，可以委托有能力化验的质检机构代检；有严格的质量检验操作规程；质检部门要有详细的检验记录和检验报告。

（5）管理制度　企业应当建立以下管理制度：岗位责任制度；生产管理制度；检验化验制度；标准及质量保证制度；安全卫生制度；产品留样观察制度；计量管理制度。

（6）卫生环境　厂区卫生环境应符合国家卫生环保法律、法规的规定。

（二）配合饲料企业申请审批程序

1. 申报程序

申请新建饲料企业，首先到当地工商管理部门提出申请，办理相关手续。然后到饲料管理部门，提交申请饲料生产许可证相关资料，经当地饲料管理部门审核，由省级饲料管理部门核发生产许可。最后在工商管理部门注册。

饲料生产许可审批流程：企业提出申请→材料受理审核→市局专家初步现场考核→符合条件上报省有关部门（不符合条件的依法告知）→省统一发证→市局发证并备案。

2. 饲料生产登记证审批规程

a. 审批事项：对配合饲料、浓缩饲料、精料补充料等饲料生产企业审核验收，验收合格后报省级饲料管理部门核发《饲料生产企业审查登记证》。

b. 审批依据：《饲料和饲料添加剂管理条例》等法规。

c. 审批程序：对配合饲料、浓缩饲料、精料补充料等饲料生产企业审核验收，验收合格后报省级饲料管理部门核发《饲料生产企业审查登记证》。

3. 申办《饲料生产企业审查登记证》需提供如下资料（一式三份）。

a. 企业办证申请。

b. 饲料生产企业审查登记申请书。

c. 企业情况介绍。

d. 生产检验设备清单。
   e. 企业主要管理人员和特有工种人员名单（包括学历证书、专业技术资格证书、职业技能鉴定证书复印件）。
   f. 厂区布局图。
   g. 生产工艺流程图。
   h. 主要管理制度（包括岗位责任、生产管理、检验化验、质量保证、安全卫生、产品留样观察、标准计量管理和不合格品处理制度等八项制度）。

（三）饲料添加剂企业申请审批程序

1. 添加剂预混料的产品批准文号

生产许可证与批准文号的关系。生产许可证是对企业的，批准文号是对产品而言的。企业开业时，要先办理生产许可证，有了许可证才能生产；生产的产品经过检验，取得批准文号后，才能出厂销售，即"一企一证，一品一号"。

生产饲料添加剂和添加剂预混合饲料的企业在取得生产许可证后，还要向省级饲料管理部门申请产品批准文号，没有批准文号的饲料添加剂和添加剂预混合饲料产品不准销售。目前，我国药品、食品、化妆品、兽药等已执行了批准文号制度。

按照规定，企业应当向省级饲料管理部门提出申请。企业提出申请时，应当同时提交相关资料和样品：产品批准文号申请表，生产许可证复印件，三个批次的产品样品，配方和生产工艺，产品质量标准及检验方法，标签和产品使用说明书样稿，送检样品的自检报告，饲喂效果报告，申请新饲料添加剂、新添加剂预混合饲料产品批准文号还应当提供农业部核发的新饲料添加剂、新添加剂预混合饲料证书。省级饲料管理部门在受理申请后30个工作日内做出是否核发批准文号的决定。省级饲料管理部门受理申请后，要委托省级以上饲料质量检测机构对产品质量进行复核检验。

为确保新饲料添加剂、新添加剂预混合饲料产品质量及其稳定性，根据农业部的规定要对这些新产品实行为期两年的试生产期。试生产期内，由省级饲料管理部门核发试生产产品批准文号。试生产产品批准文号有效期为两年。有效期满需继续生产的，企业要在有效期满前六个月内向省级饲料管理部门重新申请，经审查符合规定的，核发正式批准文号。正式生产的产品批准文号有效期为五年。有效期满需继续生产的，企业要在期满前6个月内重新申办产品批准文号。

注意事项：
（1）对饲料添加剂、添加剂预混合饲料以外的其他饲料的生产不实行许可证管理，也不要求申办批准文号；对所有饲料、饲料添加剂的经营也不实行许可证管理。饲料的经营是放开的，主要通过市场监督进行事后管理。
（2）生产许可证由农业部统一发放，其他部门和省级以下饲料管理部门没有发证权。产品批准文号的核发权在省级饲料管理部门。

2. 申请程序

（1）企业先向饲料管理部门领取并填写《生产许可证申请书》，按照申请书要求，将企业申报材料报省级饲料管理部门。

（2）省级饲料管理部门在收到申报材料后10个工作日内作出是否受理的决定。受理申请的，省级饲料管理部门成立评审组，在受理后20个工作日内，对企业申报材料进行审核和实地考核；考核合格的，评审组签署意见后报省级饲料管理部门，由省级饲料管理部门将企业申报材料报农业部。

（3）农业部在收到申报材料后20个工作日内，作出是否批准的决定。

按照农业部的规定，企业申报材料包括：申请书，企业情况介绍，生产设备清单，产品目录及产品配方，检验仪器设备清单，企业主要管理技术人员和特殊工种人员名单，厂区布局图，生产工艺流程。

（四）饲料、饲料添加剂企业生产管理

1. 企业标准

（1）企业标准的意义　企业所执行的产品标准是企业依法组织生产的依据，也是饲料管理部门进行管理的依据。制定好企业标准，对于保护畜牧业生产企业或养殖户的利益，保护企业自身利益有着重要意义。

（2）相关法规　企业标准的制定，主要依据《标准化法》、《产品质量法》、《企业标准化管理办法》及相关行业标准。

（3）企业标准的审核　企业标准上报市饲料主管部门，并组织专家论证。根据专家意见修改后，饲料主管部门审批，送技术监督部门备案。

（4）企业标准编制的原则

　　a. 执行国家有关法律法规，严格执行国家强制标准。

　　b. 保证食品安全和动物健康。

　　c. 有利于饲料工业发展，促进养殖业进步。

　　d. 吸收先进技术，提高产品质量。

　　e. 格式正确，语言简练、规范。

　　f. 技术指标合理。

（5）企业标准编写程序

　　a. 指定专门技术人员负责起草。

　　b. 调查研究，广泛收集相关资料，起草标准。

　　c. 企业内部征求意见。

　　d. 送审。

　　e. 编制报批稿。

　　f. 审批发布。

　　g. 备案。

　　h. 修订和复审。

2. 标签管理

饲料、饲料添加剂标签既是生产者产品质量信誉的承诺，又是产品质量监督管理制度的一项重大改革。经营者可以根据标签标注的内容安排产品的安全储运、适时销售；用户可以通过标签了解饲料、饲料添加剂产品的质量状况，便于正确使用和储运；饲料管理部门可以根据标签内容判断饲料、饲料添加剂产品质量，是打击假冒伪劣饲料、饲料添加剂产品的重要依据。1993年我国就制定了《饲料标签》标准，并作为强制性国家标准予以实施。本条规定吸收了该标准多来年的一些做法，同时又根据实际执行中的一些情况予以完善。本条例颁布实施后，有关部门已根据本条的规定对1993年的《饲

料标签》标准做了修订，制定出新的标准，即 GB10648—1999《饲料标签》，该标准已于 2000 年 6 月 1 日实施。

（1）标签的含义　饲料、饲料添加剂标签是以文字、图形、符号说明饲料、饲料产品质量、数量、特性、使用方法以及生产者名称、地址等内容的一种信息媒介、载体。本条规定也适用于进口的饲料、饲料添加剂。

（2）标签附具方式　本条规定饲料、饲料添加剂的包装上应当附具标签。附具可以有两种方式：一是直接将标签印制在饲料、饲料添加剂的包装袋、瓶、箱以及其他包装形式的容器或包装物上；二是单独印制纸签、塑料签（或其他制品签），粘贴或附吊在饲料、饲料添加剂包装容器上，也可缝于袋口。

（3）主要内容　本条就标签的主要内容做了规定，包括产品名称、原料组成、产品成分分析保证值、净重、生产日期、保质期、厂名、厂址、产品标准编号，本条第二款、第三款、第四款还明确了注意事项。以上这些内容都是标签不可缺少的，标签缺少其中任何一项内容，都属于不符合要求的标签，可以按照本条例第二十四条的规定予以处罚。下面就有关内容具体说明。

a. 产品名称。标签标注的产品名称应当采用能表明饲料、饲料添加剂本身固有性质和特征的名称命名。已有产品标准的饲料、饲料添加剂，其名称应与产品标准一致，不得使用独创名称或广告性名称，不得在名称中随意加修饰语，如"浓缩饲料"，不得称"超级浓缩饲料"。

b. 原料组成。是表明用来加工饲料产品使用的主要原料名称以及添加剂、载体、稀释剂名称。"主要原料"系指用来加工的、决定饲料品质的原料，以及起重要作用的添加剂原料（如硒原料），用来替代某种营养成分的特殊替代品（如尿素）或用于诱发畜禽特殊生理功能的物品（如调味剂）均应作为添加剂，作为主要原料予以标明。

c. 产品成分分析保证值。它体现了产品的内在质量特征，其保证值的高低则体现了产品质量的优劣。生产者根据规定的保证值项目，对其产品成分作出明示承诺和保证，保证在保质期内，采用规定的分析方法均能分析得到的、符合标准的产品成分值。

d. 净重。指内装物的实际质量（俗称重量）。1995 年国家技术监督局发布的《定量包装商品计量监督规定》第四条对"净含量"定义为："去除包装容器和其他包装材料后内装物的实际质量、体积、长度。"修订后的《饲料标签》标准据此对"净重"进行了定义。应在标签的显著位置标明每个包装物中的净重，散装运输的饲料、饲料添加剂，标明每个运输单位的净重。要以国家法定计量单位表示，如克（g）、千克（kg）或吨（t），若内装物不以质量计时，应标注"净含量"。

e. 生产日期。《产品质量法》第十五条第四款规定："限期使用的产品，标明生产日期和安全使用期或失效日期"。饲料、饲料添加剂为限期使用的产品，必须在标签上标明生产日期和保质期，不得以出厂日期代替生产日期。生产日期采用国际通用表示方法，如 1998-08-01，表示 1998 年 8 月 1 日。

f. 保质期。指在规定的储存条件下，保证饲料、饲料添加剂产品质量的期限。在此期限内，产品的成分、外观等应符合该产品生产所执行标准的各项质量指标要求，也符合饲料、饲料添加剂卫生标准的要求。保质期的确定可按国家标准规定，没有规定的，生产者可视产品的特性，经科学试验确定。

g. 厂名、厂址。标签必须标明与其营业执照一致的生产者的名称和详细地址、邮政编码和联系电话。进口产品必须用中文标明原产国名、地区名，以及与营业执照一致的经销者在中国依法登记注册的名称和详细地址、邮政编码、联系电话等。

h. 产品标准编号。标签上应标明生产该产品所执行的标准编号。

几种特殊标签：饲料添加剂的标签，还应当标明使用方法和注意事项。加入药物饲料添加剂的饲料的标签，还应当标明"含有药物饲料添加剂"字样，并表明其法定名称、含量、使用方法及注意事项。饲料添加剂、添加剂预混合饲料的标签，还应当注明产品批准文号和生产许可证号。

（4）注意事项

a. 设计和印制标签应当具有合法性、科学性和真实性。

b. 标签必须使用中文，并使用规范的汉字；标签上出现的符号、代号、术语应符合有关法律法规、国家标准的规定；标签标注的计量单位，必须采用法定计量单位。

c. 标签印制材料应结实耐用；文字、符号、图形清晰醒目；保证当产品到达用户手中时，标签内容仍能清晰易辨。

d. 饲料、饲料添加剂标签不得与包装物分离，散装产品标签应随发货单一起传送。一个标签只标示一个产品，不可一个标签上同时标出数个产品，不允许指标不同的产品使用同一个标签。

（5）包装及说明书

a. 饲料、饲料添加剂的包装　饲料和饲料添加剂的包装根据实际需要，分为袋装、桶装、瓶装和散装等几种，袋装又包括麻袋、化纤编织袋和纸袋、塑料袋等不同品种和规格的包装方式。对于包装的总体要求是安全、卫生。其目的一是要能够保证产品质量的稳定，不会因包装的原因导致有效成分散失或减少；二是要能够保证产品的运输、储藏的安全，不会因其破损，造成与其他有毒、有害物质的交叉污染；三是保证消费者使用过程中的方便和安全。

b. 包装物不得重复使用，生产方和使用方另有规定的除外　包装物不得重复使用是饲料行业通行的做法，是一个普遍原则。

（6）安全卫生管理　饲料安全及卫生管理主要是饲料添加剂、动物性饲料原料等相关法规及《饲料卫生标准》。对于一些认证产品，无公害食品生产、绿色食品生产等，通过相应的行业标准管理。

（五）饲料、饲料添加剂的经营使用

1. 经营条件

经营的概念。广义的经营概念是筹划并管理。但《条例》中的经营概念则限于饲料产品的营销和买卖的行为。因为在本条例相关条款中还会遇到经营的概念，因此，需要在这里明确。

（1）有与经营饲料、饲料添加剂相适应的仓储设施；

（2）有具备饲料、饲料添加剂使用、贮存、分装等知识的技术人员；

（3）有必要的产品质量管理制度。

2. 经营许可申请审批

（1）饲料、饲料添加剂经营许可审批流程　企业提出申请→县区主管部门受理审核材料→市主管部门专家初步现场考核→符合条件（不符合条件依法告知）→县区主管部门发证→备案。

（2）饲料、饲料添加剂经营许可审批规范

a. 审批事项：对饲料、饲料添加剂经营企业初步审核验收，验收合格后报市级饲料管理部门。

b. 审批依据：《饲料和饲料添加剂管理条例》等法律法规。

c. 审批程序：对饲料、饲料添加剂经营企业初步审核后，报市级饲料管理部门审核验收，市级饲料管理部门验收合格后授权县局颁发《饲料、饲料添加剂经营许可证》。

（3）申办经营许可证企业需提供如下资料（一式三份，A4纸打印）

a. 企业办证申请。

b. 饲料、饲料添加剂经营许可证申请书。

①企业情况介绍；②有具备饲料、饲料添加剂使用、贮存、分装等知识的技术人员；③必要的产品质量管理制度；④企业布局图。

（六）饲料、饲料添加剂使用管理

1. 经营饲料、饲料添加剂的企业，进货时必须核对产品标签、产品质量合格证。

禁止经营无产品质量标准、无产品质量合格证、无生产许可证和产品批准文号的饲料、饲料添加剂。

2. 禁止生产、经营停用、禁用或者淘汰的饲料、饲料添加剂以及未经审定公布的饲料、饲料添加剂。

禁止经营未经国务院农业行政主管部门登记的进口饲料、进口饲料添加剂。

3. 使用饲料添加剂应当遵守国务院农业行政主管部门制定的安全使用规范。

禁止使用本条例第十八条规定的饲料、饲料添加剂。禁止在饲料和动物饮用水中添加激素类药品和国务院农业行政主管部门规定的其他禁用药品。

4. 饲料、饲料添加剂在使用过程中，证实对饲养动物、人体健康和环境有害的，由国务院农业行政主管部门决定限用、停用或者禁用，并予以公布。

5. 禁止对饲料、饲料添加剂作预防或者治疗动物疾病的说明或者宣传；但是，饲料中加入药物饲料添加剂的，可以对所加入的药物饲料添加剂的作用加以说明。

6. 从事饲料、饲料添加剂质量检验的机构，经国务院产品质量监督管理部门或者农业行政主管部门考核合格，或者经省、自治区、直辖市人民政府产品质量监督管理部门或者饲料管理部门考核合格，方可承担饲料、饲料添加剂的产品质量检验工作。

7. 国务院农业行政主管部门根据国务院产品质量监督管理部门制定的全国产品质量监督抽查工作规划，可以进行饲料、饲料添加剂质量监督抽查；但是，不得重复抽查。

县级以上地方人民政府饲料管理部门根据饲料、饲料添加剂质量监督抽查工作规划，可以组织对饲料、饲料添加剂进行监督抽查，并会同同级产品质量监督管理部门公布抽查结果。

思 考 题

一、名词解释
1. 种畜禽
2. 兽药
3. 新兽药
4. 饲料
5. 配合饲料
6. 浓缩饲料
7. 添加剂预混料

二、问答题
1. 种畜禽场应具备的基本条件。
2. 我国兽药的管理制度。
3. 研制新兽药应当具备的条件。
4. 兽药生产企业应具备的条件。
5. 兽药安全使用规定。
6. 配合饲料企业应具备的条件。

第九章
动物及动物产品国际贸易监督管理

第一节 农业协议与 SPS 协议

一、农业协议的主要内容

(一) WTO 农业协议的基本框架

世贸组织农业协议即乌拉圭回合农业协议。乌拉圭回合谈判达成的农业协议由 4 个部分构成:
(1) 农业协议主文件;
(2) 各谈判方在市场准入、国内支持和出口补贴方面作出的减让和承诺;
(3) 关于卫生和植物卫生措施的协议;
(4) 关于最不发达国家和净粮食进口发展中国家的决定。
农业协议主文件包括序言、10 个文本部分和 5 个附件。

1. 协议序言

协议序言是协议的重要组成部分,它阐明了农产品贸易谈判中各缔约方制定协议的基本原则和重要的承诺。

在基本原则方面,协议首先阐明各缔约方决定谈判的目标是要建立一个发动农产品贸易改革的运动,即建立一个公平和市场主导的农产品贸易体制,并顾及到应当通过在国内支持和保护方面的承诺谈判建立起强有力的、在操作上更为有效的规则来推动改革体制工作。

序言进一步说明农产品贸易体制改革的长期目标是从根本上逐步实现减少现存的农业补贴和保护,其最终结果是纠正和防止世界农产品市场中存在的种种限制和扭曲现象。序言指出,各缔约方在市场准入、国内支持、出口竞争,以及在卫生和植物检疫等问题上达成了协议。并且,各缔约方一致认为,在实施市场准入的承诺时,发达国家缔约方应考虑到发展中国家缔约方的特殊需要和条件,特别是对这些国家缔约方具有特殊利益的农产品的进入条件和机会(如热带农产品等)。序言的最后部分要求在承诺中考虑到某些非贸易因素,包括食品保障和环保需要,考虑到同意给予发展中国家特殊的差别待遇,考虑对最不发达的食品净进口的发展中国家实行改革计划可能产生的负面效应。

2. 协议文本

第一部分包括术语定义(第一条)和产品范围(第二条);第二部分包括减让与承

诺（第三条）；第三部分包括市场准入减让（第四条）、特别保障规定（第五条）；第四部分包括国内支持承诺（第六条）、国内支持的一般准则（第七条）；第五部分包括出口竞争承诺（第八条）、出口补贴削减承诺（第九条）、防止规避出口补贴承诺（第十条）、关键产品（第十一条）；第六部分包括出口禁止和限制准则（第十二条）；第七部分包括正当限制（第十三条）；第八部分为卫生与植物卫生措施（第十四条）；第九部分为特殊待遇和差别待遇；第十部分为最不发达国家与食品净进口的发展中国家（第十六条）；第十一部分为农业委员会包括对各种承诺的执行（第十八条）、协商和争端解决（第十九条）；第十二部分为继续开始改革工作（第十二条）；第十三部分为最后条款（第二十一条）。

3. 协议附件

附件1规定了协议所涉及的农产品范围；附件2列明了可免除减让承诺的国内支持措施，附件3对国内综合支持量（AMS）的计算作了明确规定；附件4规定了国内综合支持量的计算方法；附件5明确了第四条第2款方面的特殊待遇。

农业协议允许各国政府对农业给予支持，但最好是采取哪些对贸易扭曲程度小的政策。协议还允许在实施承诺的方式上可以有一些灵活性，发展中国家削减补贴和降低关税的程度不必等同于发达国家，发展中国家被给予更多的时间完成义务。针对食品供应依赖进口的国家和最不发达国家的利益，协议做了特殊规定。

1. 市场准入条款

由于许多国家（尤其是发达国家）用关税及名目繁多的非关税壁垒来限制他国农产品进入其国内市场，导致了世界农产品贸易的不公平竞争，妨碍了农产品贸易自由化的实现。为此，农业协议要求各方尽力排除非关税措施的干扰，并通过了将非关税壁垒关税化，禁止使用新的非关税壁垒的规定，来削减农业贸易领域现存的非关税壁垒。此外，各方还达成了增加农产品市场准入机会的协议，以促进农产品贸易自由化的实现。具体规定为：

（1）关税化 协议只允许使用关税这个手段对农产品贸易进行限制，所有进口数量限进口差价税、最低进口价格，任意性进口许可证，经营国家专控产品的单位所保持的非关税措施，自愿出口节制，以及普通关税以外的同类边境措施等非关税措施均须转化为进口关税。

（2）关税减让 协议要求各方承诺在实施期限内，将减让基期的关税（包括新量化成的"税率"）削减到一定水平。

（3）保证最低市场准入 协议规定，属于必须进行关税化的农产品，当基期（即1986～1988年）的进口不足国内消费量的5%（发展中国家为3%）时，则该国承诺建立最低进口准入机会。在协议实施期间的第一年，该国应给予的进口准入机会为基期国内消费量的3%，在实施期限结束时，应扩大到5%；最低市场准入的实施通过关税配额来进行，也就是为确保最低市场准入量的农产品进入本国市场，各方应保证所承诺的最低准入进口数量能享受较低的或最低的关税，但对超过该进口量的任何进口则可征收关税化后的高关税。

（4）维持现行市场准入 当出现与协议规定的最低准入条件相反的情况时，即一国某种农产品（须进行关税化的产品）在基期（1986～1988年）的进口超过其国内消费量的5%时，协议要求该国维持基期已经存在的市场准入机会。也就是说，该国可保持其现行的关税等值。

（5）特殊保障条款　协议对需要进行关税化的农产品建立了一个特殊保障机制，即当某种农产品进口突然增加，或价格跌到一定限度时，允许进口国对该产品征收一定的附加税。特殊保障机制有两种形式，一方面为对付数量急增的"数量触发"，另一方面为对付价格跌的"价格触发"。进口数量触发指：当农产品某年度的进口数量超过前3年进口量的平均水平（即触发水平，是依据该进口国的进口量占消费量的比例而确定的），则该进口国可动用此特殊保障条款，但税额最高只能达到约束税率的1/3，且加征期以当年为限。价格触发指当进口产品价格下降且低于1986~1988年进口参考价格平均水平的10%时，可动用特殊保障条款。

（6）实行特殊和差别待遇　协议放宽了对发展中国家市场准入的要求，表现在发展中国家的平均关税减让承诺为24%（发达国家为36%），每项产品的最低减让为10%（发达国家为15%），实施期限为10年（发达国家为6年）；发展中国家可灵活地建立关税上限约束（因国际收支困难而维持限制的发展中国家，可免除将数量限制关税化的义务，但必须约束其关税。实际上，发展中国家通常使用上限约束的方式，将关税约束在比现行关税税率高出许多的水平上）；最不发达国家虽然也进行关税化及关税约束，但可免于减让承诺。

2. 国内支持条款

各国（地区）采取措施支持农业生产，既有其必要性，但又是造成国际农产品贸易不公平竞争（贸易扭曲）的主要原因之一。乌拉圭回合农产品贸易谈判就如何区分"贸易扭曲性生产措施"和"非贸易扭曲性生产措施"进行了艰苦而又细致的讨论，最终将不同的国内支持措施分为两类，一类是不引起贸易扭曲的政策，称"绿色"政策或称"绿箱"政策，可免予减让承诺。另一类是产生贸易扭曲的政策，叫"黄色"政策，协议要求各方用综合支持量（AMS）来计算其措施的货币价值，并以此为尺度，逐步予以削减。

（1）"绿箱"措施　农业协议规定：政府执行某项农业计划时，其费用由纳税人负担而不是从消费者转移而来，没有或仅有最微小的贸易扭曲作用，对生产的影响很小的支持措施，以及不具有给生产者提供价格支持作用的补贴措施，均被认为是"绿箱"措施，属于该类措施的补贴被认为是绿色补贴，可免除削减义务。

（2）"黄色"（要求予以减让承诺）的政策范围　农业协议规定需要减让承诺的"黄色"政策包括价格支持，营销贷款，面积补贴，牲畜数量补贴，种子、肥料、灌溉等投入补贴，某些有补贴的贷款计划。但这些政策中也有些措施被免予减让。如按固定面积或者产量提供的补贴，根据基期生产水平85%以下所提供的补贴，按牲口的固定头数所提供的补贴。

（3）出口补贴条款　出口补贴指依出口行为而给予的补贴，是最容易产生不公平竞争（贸易扭曲）的政府政策，乌拉圭回合之前的各轮谈判只是成功地对工业品出口补贴进行了限制，本轮谈判才在削减农业出口补贴上取得进展，并达成了以减让基期的出口补贴为尺度，在一定的实施期内逐步削减的有关协议。

（4）动植物卫生检疫措施条款　农产品贸易中的环境保护和动植物卫生措施是指

各国（地区）出于保护居民、动物和植物的生命安全和健康的需要，而采取的某些限制农产品进口的措施。这类进口限制措施有其一定的合理性，但近年来在农产品贸易中存在着滥用这类措施以构筑贸易壁垒的现象。对此农业协议特别规定如下：

①不得以环境保护或动植物卫生为理由，变相限制农产品进口。

②对进口农产品的卫生检疫措施必须以科学证据（国际标准和准则）为基础，但在科学证据不充分时，成员方可根据已有的有关信息，采取临时卫生检疫措施。

③所有这类进口限制措施都必须在充分透明的前提下实施。

（二）农业协议国内支持规则

1. 国内支持规则的内容

WTO农业协议涉及国内支持规则的条款较多，农业协议以"政府执行的农业政策和计划是否对生产和贸易产生扭曲作用"为标准，将各种国内支持措施划分为要求减让承诺的和可免除减让承诺的国内支持措施。

（1）要求减让承诺的国内支持措施　农业协议将那些对生产和贸易产生扭曲作用的政策称为"黄色"政策，要求对其做出减让承诺。要求各成员方用综合支持量（AMS）来计算其措施的货币价值，并以此为尺度，逐步予以削减。

农业协议第6条第1款规定，成员减让表第四部分中的国内支持削减承诺是以"综合支持总量"及"承诺约束年水平与最终水平"的形式表示的。

（2）可免除减让承诺的国内支持措施　农业协议规定，一些国内支持措施可免除减让承诺，包括："绿箱"措施，符合"最低减让标准"的措施，"蓝箱"政策措施，符合"特殊和差别待遇（SDT）"的措施。

（3）其他国内支持规则　和平条款。为了防止或避免单方面采取补贴或反补贴措施并形成贸易战，农业协议第13条规定了"必要的克制"条款，称"和平条款"。

国内政策通报要求。农业协议第18条规定，所有WTO成员应将执行期中每一年份现行综合支持总量、绿箱措施、特殊和差别待遇以及蓝箱政策的任何措施作出通知，并就其符合有关标准的情况作出说明。

2. 农业国内支持水平的计算

根据世贸组织有关通知义务的规定，申请加入世贸组织的国家应履行农产品国内支持的通知义务。农产品国内综合支持量的通知是一项重要的内容。农业协议规定，各成员国必须用综合支持量（AMS）来反映各种国内农业支持措施的货币价值。

二、卫生与植物卫生措施实施协议

（一）SPS协议序言

卫生与植物卫生措施实施协议，简称SPS协议。在序言中SPS规定：

（1）各成员，重申不应阻止各成员为保护人类、动物或植物的生命或健康而采用或实施的必需措施，但这些措施的实施方式不得构成在情形相同的成员之间进行任意或不合理歧视的手段，或构成对国际贸易的变相限制；

（2）期望改善各成员的人类健康、动物健康和植物卫生状况；

（3）注意到卫生与植物卫生措施通常以双边协议或议定书为基础实施；

（4）期望建立有关规则和纪律的多边框架，以指导卫生与植物卫生措施的制定、

批准和实施,从而将其对贸易的消极影响减少到最低程度;

(5) 认识到国际标准、准则和建议可以在这方面作出重要贡献;

(6) 期望进一步推动使用各成员协调的、建立在有关国际组织制定的国际标准、准则和建议基础之上的卫生与植物卫生措施,这些国际组织包括食品法典委员会、世界动物卫生组织以及在国际植物保护公约框架下运作的有关国际和区域性组织,但不要求各成员改变其对人类、动物或植物的生命或健康的适当保护水平;

(7) 认识到发展中国家成员在遵守进口成员的卫生与植物卫生措施方面可能遇到特殊困难,进而在市场准入及在其领土内制定和实施卫生与植物卫生植物方面也会遇到特殊困难,期望协助他们在这方面所做的努力;

(8) 因此期望对适用 GATT 1994 关于使用卫生与植物卫生措施的规定,特别是第××条 (b) 项的规定详述具体规则,特达成如下协议。

(二) SPS 协议正文

在协议正文中,本书基本上是按条款顺序原文登录,以便于相关单位在实施中具体适用。

第 1 条 总则

1. 本协议适用于所有可能直接或间接影响国际贸易的卫生与植物卫生措施。此类措施应依照本协议的规定制定和实施。

2. 就本协议而言,应使用附件 A 中规定的定义。

3. 各附件为本协议的组成部分。

4. 本协议的任何规定不影响各成员在《贸易技术壁垒协议》中享有的、本协议措施之外的权力。

第 2 条 基本权利与义务

1. 各成员有权采取为保护人类、动物或植物的生命或健康所必需的卫生与植物卫生措施,但此类措施不得与本协议的规定相抵触。

2. 各成员应保证任何卫生与植物卫生措施仅在为保护人类、动物或植物的生命或健康所必需的限度内,并根据科学原理实施,如无充分的科学证据则不再维持,但第 5 条第 7 款规定的情况除外。

3. 各成员应保证其卫生与植物卫生措施不在情形相同或相似的成员之间,包括在成员自己领土和其他成员的领土之间构成任意或不合理的歧视。卫生与植物卫生措施的实施方式不得构成对国际贸易的变相限制。

4. 符合本协议有关条款规定的卫生与植物卫生措施应被视为符合各成员根据 GATT 1994 有关使用卫生与植物卫生措施的规定所承担的义务,特别是第××条 (b) 款的规定。

第 3 条 协调

1. 为在尽可能广泛的基础上协调卫生与植物卫生措施,各成员的卫生与植物卫生措施应根据现有的国际标准、准则或建议制定,除非本协议、特别是第 3 款另有规定。

2. 符合国际标准、准则或建议的卫生与植物卫生措施应被视为为保护人类、动物或植物的生命或健康所必需的措施,并被视为与本协议和 GATT 1994 的有关规定相一致。

3. 如存在科学依据，或某成员依照第5条第1~8款的有关规定，确定卫生与植物卫生的保护水平是适当的，则各成员可采用或维持比根据有关国际标准、准则或建议制定的措施所可能达到的保护水平更高的卫生与植物卫生措施。尽管如此，所有不同于国际标准、准则或建议所规定保护水平的卫生与植物卫生措施，均不得有悖于本协议的任何其他规定。

4. 各成员应尽其所有，全面参加有关国际组织及其附属机构，特别是食品法典委员会、世界动物卫生组织以及在国际植物保护公约框架下运作的有关国际和区域性组织，以促进在这些组织中制定和定期审议有关卫生与植物卫生措施的各方面标准、准则和建议。

5. 第12条第1款和第4款所述的卫生与植物卫生措施委员会（本协议中称"委员会"）应制定程序，监督国际一体化进程，并在这方面与有关国际组织协同努力。

第4条 同等待遇

1. 如出口成员客观地向进口成员证明其卫生与植物卫生措施达到进口成员相当的保护水平，即使这些措施与进口成员自己或其他成员在同一产品贸易中采用的措施不同，各成员仍应同等地接受其卫生与植物卫生措施。为此，应根据请求，给进口成员进行检查、检验及其他相关程序的合理机会。

2. 各成员应根据要求进行磋商，以便就具体的卫生与植物卫生措施的同等待遇问题达成双边和多边协议。

第5条 风险评估及适当卫生与植物卫生保护水平的确定

1. 各成员应确保其卫生与植物卫生措施，要以对人类、动物或植物的生命或健康风险实情进行适当评估为基础，并应运用有关国际组织制定的风险评估技术。

2. 进行风险评估时，各成员应考虑现有的科学证据，相关加工程序和生产方法，相关检查、抽样和检验方法，特定病虫害流行情况，现有的无病虫害区，相关生态环境条件，以及检疫或其他处理方法。

3. 各成员在评估动物或植物生命或健康风险，并确定为实现适当的卫生与植物卫生保护水平以防止此类风险所采取的措施时，应考虑下列有关经济因素：病虫害传入、定居或传播造成生产或销售的潜在损失；进口成员控制或消灭境内病虫害的费用；以及采用其他方法控制风险的相应成本效益分析。

4. 各成员在确定适当卫生与植物卫生保护水平时，应考虑降低贸易负面影响这一目标。

5. 为适当运用卫生与植物卫生保护水平这一概念，达到稳定的防止人类生命和健康风险，或动植物生命和健康风险的目的，各成员不应强调情形不同，而任意或不合理地实施其认为适当的保护水平，歧视或变相限制国际贸易。各成员应根据第12条第1、第2和第3款规定在委员会中相互合作，制定准则，促进本规定的实际实施。委员会在制定准则时应考虑所有有关因素，包括人们自愿承受人类健康风险的例外特性。

6. 在不违背第3条第2款的前提下，各成员在制定或实施卫生与植物卫生措施以实现适当的卫生与植物卫生保护水平时，应保证此类措施对贸易的限制不超过为达到适当卫生与植物卫生保护水平所要求的限度，同时考虑其技术和经济可行性。

7. 在有关科学证据不充分的情况下，某成员可根据现有的相关信息，包括来自相关国际组织及其他成员实施卫生与植物卫生措施的信息，临时采用一些卫生与植物卫生措施。在此情况下，各成员应寻求获得必要的补充信息，以更加客观地评估风险，并在合理期限内据此审议卫生与植物卫生措施。

8. 如某一成员有理由认为另一成员采用或实施的特定卫生与植物卫生措施，正在限制或可能限制其产品出口，且该措施不是以有关国际标准、准则或建议为依据，或此类标准、准则或建议根本不存在，则可要求实施此类卫生与植物卫生措施的成员解释理由，且该成员应予解释。

第6条　适应地区条件，包括适应无病虫害区和低度流行区的条件

1. 各成员应保证其卫生与植物卫生措施适应产品的产地和目的地的卫生与植物卫生特点，无论该地是一国的全部或部分地区，或几个国家的全部或部分地区。在评估某地区的卫生与植物卫生特点时，各成员应特别考虑特定病虫害的流行程度、现有扑灭或控制计划及相关国际组织制定的适当标准或准则。

2. 各成员应特别承认无病虫害区和低度流行区的概念。确定这类地区时，应根据地理、生态系统、流行病监测以及卫生与植物卫生控制的有效性等因素。

3. 出口国声明其境内某地为无病虫害区或低度流行区时，应向进口成员提供必要的证据，客观证明该地区目前且有可能继续属于无病虫害区或低度流行区。为此，应根据请求，使进口成员获得进行检查、检验及其他有关程序的合理机会。

第7条　透明度

各成员变更其卫生与植物卫生措施时应予通报，并根据附件B的规定提供其卫生与植物卫生措施的相关信息。

第8条　控制、检查和批准程序

各成员在实施控制、检查和审批程序时，包括审批食品、饮料或饲料添加剂或污染物限量的国家制度时，应遵守附件C的规定，并保证其程序不与本协议规定相抵触。

第9条　技术援助

1. 各成员同意以双边形式或通过适当的国际组织，向其他成员特别是发展中国家成员提供技术援助。此类援助可特别针对加工技术、研究和基础设施等领域，包括建立国家管理机构；也可采取建议、信贷、捐赠和转让等方式，包括寻求专门技术、培训和设备等，使这些国家调整并遵守必要的卫生与植物卫生措施，并使其出口市场达到适当的卫生与植物卫生保护水平。

2. 当发展中国家出口成员为达到进口成员的卫生与植物卫生要求而需要大量投资时，后者应考虑提供此类技术援助，使发展中国家成员保持并扩大有关产品的市场准入机会。

第10条　特殊与区别待遇

1. 在制定和实施卫生与植物卫生措施时，各成员应考虑发展中国家特别是最不发达国家成员的特殊需要。

2. 适当卫生与植物卫生保护水平可允许分阶段引入新的卫生与植物卫生措施，对发展中国家成员有重要影响的产品，则应给予更长的调整期，使之符合要求，从而维持其出口机会。

3. 为确保发展中国家成员能够遵守本协议规定，委员会有权根据请求，并视这些国家财政、贸易和发展需要，对其全部或部分承担本协议规定的义务，给予特定的、例外的期限。

4. 各成员应鼓励和帮助发展中国家成员积极参与有关国际组织。

第11条 磋商与争端解决

1. 由《争端解决谅解》详述和适用的 GATT 1994 第XXII条和第XXIII条的规定，适用于本协议磋商和争端解决，另有规定的除外。

2. 本协议涉及科学或技术问题的争端，解决小组应征求其选出的专家的意见，与争端各方磋商。为此，只要认为适当，解决小组可主动或应争端任何一方请求，设立一技术专家咨询小组，或咨询有关国际组织。

3. 本协议条款不得损害各成员在其他国际协议中享有的权利，包括向其他国际组织或任何国际协议下建立的斡旋或争端解决机构求助的权利。

第12条 管理

1. 为给磋商提供一经常性场所，特成立卫生与植物卫生措施委员会。委员会应履行必要的职能，按本协议规定，推动其目标，特别是协调一致目标的实现。委员会应经协商一致作出决定。

2. 委员会应鼓励和促进各成员之间，就特定的卫生与植物卫生问题进行专题磋商或谈判。委员会应鼓励所有成员使用国际标准、准则和建议，为此，委员会应主办技术磋商并开展研究，以提高在审批使用食品添加剂或确定食品、饮料或饲料中污染物限量的国际和国家制度或方法方面的协调性和一致性。

3. 委员会应同卫生与植物卫生保护领域的有关国际组织，特别是食品法典委员会、世界动物卫生组织和国际植物保护公约秘书处保持密切联系，以获得执行本协议的最佳科学和技术意见，并保证避免不必要的工作重复。

4. 委员会应制定程序，监督国际协调进程及国际标准、准则或建议的采用。为此，委员会应与有关国际组织联合，制定一份委员会认为对贸易有较大影响的与卫生与植物卫生措施有关的国际标准、准则或建议清单。清单应包括各成员用作进口条件或产品准入市场所依据的国际标准、准则或建议。若某一成员不将国际标准、准则或建议作为进口条件，则应说明理由，特别是其是否认为该标准不够严格而无法提供适当的卫生与植物卫生保护水平。若某一成员在说明其用作进口条件的标准、准则或建议后又改变立场，则应对其改变作出解释，并通知秘书处以及有关国际组织，除非此类通知和说明是根据附件 B 中的程序作出。

5. 为避免不必要的重复，委员会可适当决定采用有关国际组织运作程序特别是通知程序生成的信息。

6. 委员会可根据某一成员的倡议，通过适当渠道邀请有关国际组织或其附属机构，审查某一特定标准、准则或建议的具体问题，包括根据第4款未采用标准的解释。

7. 委员会应在《WTO 协议》生效之日起 3 年后，并在此后需要时，对本协议的运作和实施情况进行审议。适当时，特别是在本协议实施过程积累了相应经验后，委员会应向商品贸易理事会提议修正本协议文本。

第13条 执行

各成员有责任全面履行本协议规定的所有义务。各成员应制定和实施积极的措施和机制，支持中央政府以外的机构遵守本协议规定。各成员应尽可能采取合理措施，保证其境内的非政府实体以及其境内为成员的地方机构，遵守本协议相关规定。此外，各成员不得采取措施直接或间接要求或鼓励此类地方或非政府实体，或地方政府机构，采取与本协议不一致的行动方式。

各成员应确保只有在非政府实体遵守本协议规定时，才可依赖这些实体为执行卫生与植物卫生措施提供服务。

第14条 最后条款

最不发达国家成员对影响其进口或进口产品的卫生与植物卫生措施，可推迟到《WTO协议》生效5年后执行本协议规定。其他发展中国家成员对影响其进口或进口产品的现有卫生与植物卫生措施，如由于缺乏技术专长、技术基础设施或资源而妨碍执行的，可推迟到《WTO协议》生效2年后执行本协议规定，但第5条第8款和第7条规定的除外。

（三）SPS协议附件

附件A 定义

1. 卫生与植物卫生措施——指用于下列目的的任何措施：

（1）保护成员境内的动物或植物生命或健康免受虫害、病害、带病生物或致病生物的传入、定居或传播所产生的风险；

（2）保护成员境内的人类或动物生命或健康免受食品、饮料或饲料中的添加剂、污染物、毒素或致病生物所产生的风险；

（3）保护成员境内的人类生命或健康免受动物、植物或动植物产品携带的病害或虫害的传入、定居或传播所产生的风险；

（4）防止或控制成员境内因虫害的传入、定居或传播所产生的其他损害。

卫生与植物卫生措施包括所有相关法律、法令、法规、要求和程序，特别包括：终产品标准；加工程序和生产方法；检验、检查、出证和审批程序；检疫处理，包括与动植物运输有关，或与运输过程中为维持动植物生存所需物质材料有关的要求；有关统计方法、抽样程序和风险评估方法的规定；以及与食品安全直接相关的包装和标签要求。

2. 协调——不同成员共同制定、承认和实施的卫生与植物卫生措施。

3. 国际标准、准则和建议

（1）对于食品安全，指由食品法典委员会制定的与食品添加剂、兽药和农药残留、污染物、分析和抽样方法有关的标准、准则和建议，以及卫生惯例的法典和准则；

（2）对于动物卫生和人畜共患病，指由世界动物卫生组织主持制定的标准、准则和建议；

（3）对于植物卫生，指由国际植物保护公约秘书处及其框架下运作的区域性组织合作制定的国际标准、准则和建议；

（4）对于上述组织未涵盖的事项，指由委员会确认的、向所有成员开放的、其他相关国际组织发布的有关标准、准则和建议。

4. 风险评估——指根据可能实施的卫生与植物卫生措施，对病虫害在进口成员境内传入、定居或传播的可能性，及相关的潜在生物学和经济后果进行的评估；或对食品、饮料或饲料中存在的添加剂、污染物、毒素或致病生物，对人类或动物的健康所产生的潜在不利影响进行的评估。

5. 适当卫生与植物卫生保护水平——指成员在制定保护其境内的人类、动物或植物的生命或健康的卫生与植物卫生措施时，认为适当的保护水平。许多成员也称此概念为"可接受的风险水平"。

6. 无病虫害区——指由主管当局认定无特定虫害或病害发生的地区，该地区可以是某一国家的全部或部分地区，也可以是几个国家的全部或部分地区。

7. 病虫害低度流行区——由主管当局认定的，特定虫害或病害发生水平低，且已采取有效监测、控制或扑灭措施的地区，该地区可以是一国的全部或部分地区，也可以是几个国家的全部或部分地区。

附件B 卫生与植物卫生法规的透明度

法规公布

1. 各成员应确保及时公布所有已采用的卫生与植物卫生法规，以使有关成员知晓。
2. 除紧急情况外，各成员应在卫生与植物卫生法规的公布和生效之间留有合理的期限，使出口成员、特别是发展中国家成员的生产商，有时间根据进口成员的要求调整其产品和生产方法。

咨询点

3. 每一成员应确保设立一个咨询点，负责答复有关成员的所有合理询问，并提供下列有关文件：

（1）其境内已采用或提议的任何卫生与植物卫生法规；

（2）其境内实施的任何控制和检查程序、生产和检疫处理方法、农药限量和食品添加剂审批程序；

（3）风险评估程序适当的卫生与植物卫生保护水平及相应因素的确定；

（4）在本协议范围内，该成员或其领土内相关机构，在国际和区域性卫生与植物卫生组织和体系，及双边和多边协议与协定中的成员资格和参加情况，以及此类协议和协定的文本。

4. 各成员在相关成员索取文件副本时，应确保按其国民相同的价格（如有定价）提供，但递送成本除外。

通报程序

5. 若没有国际标准、准则、建议或提议的卫生与植物卫生法规的实质内容与国际标准、准则或建议不一致，并且该法规对其他成员的贸易有重大影响时，则各成员应：

（1）及早发布通告，使有关的成员熟悉该特定法规。

（2）通过秘书处通知其他成员该法规所涉及的产品，并对提议法规的目的和理由作出简要说明。此类通知应在仍可进行修正和考虑提出意见时及早作出。

（3）应请求，向其他成员提供所提议法规的副本，可能情况下，应标明与国际标准、准则或建议有实质性偏离的部分。

（4）应无歧视地给予其他成员合理的期限作出书面评论，并根据请求对评论进行讨论，充分考虑评论和讨论结果。

6. 但是，如某成员面临健康保护的紧急问题或面临发生此种问题的威胁时，一则该成员可在必要情况下，省去本附件第5款所列步骤，此时该成员应该：

（1）立即通过秘书处通知其他成员所涉及的特定法规和产品，并对该法规的目的和理由包括紧急问题的性质作出简要说明；

（2）根据其他成员的请示提供该法规的副本；

（3）允许其他成员作出书面评论，并根据请求对这些评论进行讨论，充分考虑评论及讨论结果。

7. 提交秘书处的通知应使用英文、法文或西班牙文。

8. 发达国家成员应根据其他成员的请求提供文件副本。若文件卷数较多，则应提交英文、法文或西班牙的专门通知并附文件摘要。

9. 秘书处应迅速向所有成员和有关国际组织散发通知副本，并提请发展中国家成员注意任何有关其特殊利益产品的通知。

10. 各成员应指定一中央政府机构，代表国家负责执行本附件第5、第6、第7和第8款有关通告程序的规定。

一般保留

11. 本协议不要求：

（1）各成员以本国以外的语言提供文稿或副本，或公布文件内容，本附件第8款规定的除外；

（2）各成员披露可能阻碍卫生与植物卫生立法或会损害企业合法商业利益的机密资料。

附件 C 控制、检查和审批程序

1. 对于检查和保证卫生与植物卫生措施实施的任何程序，各成员应确保：

（1）此类程序的执行和完成不得有不当的延误，且进口产品待遇不得低于国内同类产品；

（2）公布每一程序的标准处理期限，或应请求，告知申请人预期的处理期限；主管机构在接到申请后迅速审查文件是否齐全，并以准确和完整的方式通知申请人所有不足之处；主管机构尽快以准确和完整的方式向申请人传达程序的结果，以便在必要时采取纠正措施；即使在申请存在不足之处，如申请人提出请求，主管机构也应尽可能继续该程序，并根据请求，将程序的执行阶段告知申请人，对任何延误应作出解释；

（3）信息要求只限于控制、检查和审批程序所必需的限度，包括食品、饮料或饲料中添加剂使用审批和污染物限量的确定；

（4）在控制、检查和审批过程中，尊重进口产品的相关信息机密，待遇不低于本国产品，并保护其合法商业利益；

（5）对某一产品控制、检查和审批所需的样品数量应有合理和必要的限定；

（6）对进口产品实施控制、检查和审批程序而征收的任何费用，应与国内相同产品或来自其他任何成员的相同产品所征收的费用相当，且不得高于其服务的实际成本；

（7）程序中所用设备的设置地点和进口产品抽样，应采用与国内产品相同的标准，将申请人、进口商、出口商或其代理人的不便降低到最低限度；

（8）在根据确定的法规进行控制和检查后，若产品规格发生改变，则对改变规格产品的实施程序的审查，应只限于其是否仍然符合有关规定的必要方面；

（9）并应具有此类程序运行的投诉审议程序，并对合理投诉采取纠正措施。

在批准使用食品添加剂，或制定食品、饮料或饲料中污染物限量，以禁止或限制未获批准的产品进入国内市场而运行某系统时，进口成员在作出最后决定之前应考虑使用有关国际标准作为市场准入的依据。

2. 如某一卫生与植物卫生措施规定在生产阶段进行控制，则在其境内进行生产的成员应提供必要帮助，以便于此类控制及控制机构工作。

3. 本协议任何条款不阻碍各成员在各自境内实施合理的检查。

第二节　法定动物疫病及相关规范

一、A类和B类疫病

（一）A类动物疫病

《法典》规定口蹄疫、水疱性口炎、猪水泡病、牛瘟、小反刍兽疫、牛传染性胸膜肺炎、节结性皮肤病（Neethling 型Ⅲ类病毒引起）、裂谷热、蓝舌病、绵羊痘和山羊痘、非洲马瘟、非洲猪瘟、古典猪瘟、高致病性禽流感、新城疫，15 种疫病为 A 类动物疫病。

发生 A 类动物疫病应根据《法典》1.2.0.3 条的规定，报送 OIE 中央局。当无疫国家或无疫区发生新病例或暴发新疫情时，应于 24h 内通报 OIE 中央局。

（二）B类动物疫病

1. B类病概述

根据《法典》1.2.0.3 条的规定，发生 B 类疫病的年度报表应报送 OIE 中央局。当原无疫病国家或区域发生新的疫情时，应在 24h 内通报 OIE 中央局。

通常认为，B 类疫病较 A 类疫病而言，对国家畜牧业所造成的潜在危害通常较低。但当这些疫病侵入无此疫病，或正在对该病实施国家控制和消灭计划的国家时，也可导致巨大的经济损失。

进口国兽医行政管理部门有责任防止通过进口动物及动物产品而引入新的病原，并通过国际卫生/动物健康证书谋求安全保护。

与此相反，在本国感染并流行某种疫病时，进口国兽医行政管理部门应考虑，国际卫生/动物健康证书中是否有必要包括一般临床健康以外的其他内容。

兽医行政管理部门间的双边会谈涉及 B 类疫病时，应参照《法典》相关章节的建议。

为了促进畜禽产品的国际贸易，国际卫生/动物健康证书中有关 B 类疫病的不必要内容可予以取消。

2. B类病名录

OIE《法典》规定了 66 种 B 类动物疫病。

（1）多种动物共患病 9 种　包括炭疽病、伪狂犬病、棘球蚴病、钩端螺旋体病、狂犬病、副结核病、心水病、新大陆螺旋蝇蛆病和旧大陆螺旋蝇蛆病、旋毛虫病。

（2）牛病 13 种　包括牛布氏杆菌病、牛生殖道弯曲杆菌病、牛结核病、地方流行性牛白血病、牛传染性鼻气管炎/传染性脓疱阴道炎、毛滴虫病、牛边虫病、牛巴贝斯虫病、牛囊尾蚴病、嗜皮菌病、泰勒氏虫病、出血性败血病（多杀性巴氏杆菌血清型6：B和6：E）、牛海绵状脑病。

（3）绵羊和山羊病7种　包括绵羊附睾炎、山羊和绵羊布氏杆菌病、接触传染性无乳症、山羊关节炎/脑炎、梅迪-维斯纳病、山羊传染性胸膜肺炎、母羊地方性流产（绵羊衣原体病）。

（4）马病14种　马传染性子宫炎、马媾疫、马脑脊髓炎、马传染性贫血、马流感、马焦虫病、马鼻肺炎、马鼻疽、马痘、马病毒性动脉炎、马螨病、委内瑞拉马脑脊髓炎、流行性淋巴管炎、日本脑炎。

（5）猪病4种　包括猪萎缩性鼻炎、猪布氏杆菌病、肠病毒性脑脊髓炎（捷申/塔尔凡病）、传染性胃肠炎。

（6）禽病11种　包括传染性法氏囊病、马立克氏病、禽支原体病、禽衣原体病、鸡伤寒和鸡白痢、禽传染性支气管炎、禽传染性喉气管炎、禽结核病、鸭病毒性肝炎、鸭病毒性肠炎、禽霍乱。

（7）兔病3种　包括黏液瘤病、土拉杆菌病、兔出血热病。

（8）蜂病5种　包括蜂螨病、美洲幼虫腐臭病、欧洲幼虫腐臭病、蜂抱子虫病、马螨病。

3. 非法定疾病2种

非人类灵长目动物传染的人畜共患病、禽肠炎沙门氏菌和伤寒沙门氏菌病。

二、相关规范

（一）附录

1. 国际贸易用诊断试验

附录4.1.1.1，列出了OIE推荐的国际贸易用诊断试验项目。

这些诊断试验应根据《手册》的规定进行操作，以避免出口国和进口国在解释结果时发生差异。在表格中诊断试验分为"规定试验"和"代用试验"两大类（与《手册》中的分类相同）。指定试验是确定动物启运前健康状态的最适方法，"代用试验"检测动物无感染的可信度不如"规定试验"。然而《法典》委员会认为进口国和出口国双方同意选定的"代用试验"能够为评估动物或动物产品贸易的风险提供很有价值的信息。表格没有列出《法典》不要求做试验的疾病。

（1）缩略语

Agent id.	病原鉴定
Agg	凝集试验
AGID	琼脂凝胶免疫扩散（试验）
BBAT	缓冲布鲁氏杆菌抗原试验
CF	补体结合（试验）
DTH	迟发型过敏性（试验）
ELISA	酶联免疫吸附试验
FAVN	荧光抗体病毒中和（试验）

HI	血凝抑制（试验）
IFA	直接荧光抗体（试验）
MAT	显微凝集试验
NPLA	中和过氧化酶标记试验
PRN	蚀斑减少中和试验
VN	病毒中和试验
—	目前尚未指定试验

（2）推荐诊断试验表（见表9-1）

表9-1 推荐诊断试验表

《法典》章节	《手册》章节	病 名	规定试验	代用试验
	A 类 疫 病			
2.1.1	2.1.1	口蹄疫	ELISA	CF
2.1.2	2.1.2	水泡性口炎	CF, ELISA	—
2.1.3	2.1.3	猪水泡病	VN	ELISA
2.1.4	2.1.4	牛瘟	ELISA	VN
2.1.5	2.1.5	小反刍兽疫	VN	ELISA
2.1.6	2.1.6	牛传染性胸膜肺炎	CF	—
2.1.7	2.1.7	结节性皮肤病	—	VN
2.1.8	2.1.8	裂谷热	—	HI, ELISA, PRN
2.1.9	2.1.9	蓝舌病	Agent id., AGID, ELISA, PCR	VN
2.1.10	2.1.10	山羊痘和绵羊痘	—	VN
2.1.11	2.1.11	非洲马瘟	ELISA, CF	VN
2.1.12	2.1.12	非洲猪瘟	ELISA	IFA
2.1.13	2.1.13	古典猪瘟	NPLA, FAVN, ELISA	
2.1.14	2.1.14	高致病性禽流感	—	AGID, HI
2.1.15	2.1.15	新城疫	—	HI
	B 类 疫 病			
	多 种 动 物 共 患 病			
3.1.2	3.1.2	伪狂犬病	ELISA, VN	—
3.1.4	3.1.4	钩端螺旋体病	—	MAT
3.1.5	3.1.5	狂犬病	VN	
3.1.6	3.1.6	副结核病	—	CF, DTH, ELISA
3.1.7	3.1.7	心水病	IFA	—

(续表)

《法典》章节	《手册》章节	病　名	规定试验	代用试验
		B 类疫病		
		牛　病		
3.2.1	3.2.1	牛布氏杆菌病	BBAT, CF, ELISA	—FPA
3.2.2	3.2.2	牛生殖道弯曲杆菌病	Agent id.	—
3.2.3	3.2.3	牛结核病	结核菌素试验	
3.2.4	3.2.4	地方流行性牛白血	AGID, ELISA	—
3.2.5	3.2.5	牛传染性鼻气管炎/传染性脓疱阴道炎	VN, ELISA. Agent id. 仅供精液	—
3.2.6	3.2.6	毛滴虫病	Agent id.	黏液凝集
3.2.7	3.2.7	牛边虫病	—	CF, 卡片凝集
3.2.8	3.2.8	牛巴贝斯虫病		ELISA, IFA
3.2.11	3.2.11	泰勒氏虫病	Agent id, IFA	—
3.2.12	3.2.12	出血性败血症	—	Agent id.
		绵羊和山羊病		
3.3.1	3.3.1	绵羊附睾炎	CF	ELISA
3.3.2	3.3.2	山羊和绵羊布氏杆菌病	BBAT, GF	布氏菌素试验
3.3.3	3.3.3	接触传染性无乳症	—	生长抑制
3.3.4	3.3.4	山羊关节炎/脑炎	AGID	ELISA
3.3.5	3.3.5	梅迪-维斯纳病	AGID	ELISA
3.3.6	3.3.6	山羊传染性胸膜肺炎	CF	Agent id.
3.3.7	3.3.7	母羊地方性流产	—	CF
		马　病		
3.4.1	3.4.1	马传染性子宫炎	Agent id.	—
3.4.2	3.4.2	马媾疫	CF	IFA, ELISA
3.4.3	3.4.3	马脑脊髓炎(东方和西方)	—	HI, CF, PRN
3.4.4	3.4.4	马传染性贫血	AGID	—
3.4.5	3.4.5	马流感	—	HI
3.4.6	3.4.6	马巴贝斯虫病	CF, IFA	—
3.4.7	3.4.7	马鼻肺炎		VN
3.4.8	3.4.8	马鼻疽	马来因试验, CF	—
3.4.10	3.4.10	马病毒性动脉炎	VN, Agent id. (限精液)	
3.4.11	3.4.11	马螨病	—	Agent id
3.4.12	3.4.12	委内瑞拉马脑脊髓炎		HI, CF, PRN

（续表）

《法典》章节	《手册》章节	病名	规定试验	代用试验
		B 类疫病		
		猪病		
3.5.2	3.5.2	猪布氏杆菌病	BBAT	—
3.5.3	3.5.3	旋毛虫病	Agent id.	ELISA
3.5.4	3.5.4	肠病毒性脑脊髓炎	—	VN
3.5.5	3.5.5	传染性胃肠炎	—	VN，ELISA
		禽病		
3.6.1	3.6.1	传染性法氏囊病		AGID
3.6.2	3.6.2	马立克氏病		AGID
3.6.3	3.6.3	禽支原体病		Agg，HI
3.6.4	3.6.4	禽衣原体病		CF
3.6.5	3.6.5	禽伤寒和鸡白痢		Agg，Agent id.
3.6.6	3.6.6	禽传染性支气管炎		HI，VN，ELISA
3.6.7	3.6.7	鸡传染性喉气管炎		AGID，VN，ELISA
3.6.8	3.6.8	禽结核病		结核菌素试验，Agent id.
		兔病		
3.7.1	3.7.1	黏液瘤病	—	AGID，CF，IFA
3.7.2	3.7.2	土拉杆菌病		Agent id.
3.7.3	3.7.3	兔出血热病		HI

2. 健康控制和卫生的一般要求

在健康控制与卫生要求的 17 个附录中，OIE 推荐了关于人工授精中心 AI 出口认证、胚胎/卵采集加工、家禽种群和孵化、养蜂场卫生控制、血液采样和免疫接种以及检疫建议等要求。

（1）人工授精中心（AI）的出口认证　关于牛精液有 2 个附录。附录 4.2.1.1 公牛精液；附录 4.2.1.2 牛新鲜和冻存精液采集和处理的卫生要求。

关于其他动物精液有 2 个附录。附录 4.2.2.1 猪精液；附录 4.2.2.2 小反刍动物精液。

（2）采集加工　关于胚胎/卵有 9 个附录。附录 4.2.3.1 牛胚胎/卵、附录 4.2.3.2 猪胚胎/卵、附录 4.2.3.3 绵羊/山羊胚胎/卵、附录 4.2.3.4 体外授精的牛胚胎体外成熟卵母细胞、附录 4.2.3.5 牛胚胎显微操作、附录 4.2.3.6 试验啮齿类动物和兔的胚胎/卵、附录 4.2.3.7 马胚胎/卵、附录 4.2.3.8 南美驼胚胎/卵、附录 4.2.3.9 鹿胚胎/卵。

（3）家禽种群和孵化附录 4.2.4.1 卫生和疾病安全程序。

（4）养蜂场附录 4.2.5.1 卫生控制。

(5) 标记血液采样和免疫接种：附录4.2.6.1卫生预防措施。

(6) 检疫建议附录4.2.7.1非人类灵长目动物的检疫措施。

3. 病原及昆虫媒介的消灭

(1) 消毒和杀虫　总体建议。在附录4.3.1.1中，OIE推荐了消毒和杀虫的基本原则。即各国兽医行政管理部门制定消毒剂和杀虫剂使用规定时，需要依据以下原则：

①消毒剂和消毒程序的选择应考虑感染因子以及将要处理的饲养场、运输工具及其他处理目标的性质。②只有经过兽医官方批准的消毒剂和杀虫剂才能使用。③必须考虑以下几方面：a. 广谱消毒剂很少。b. 次氯酸盐通常作为广谱消毒剂使用，但长期贮存时会降低效力，因此在用前要检查其效力。质量分数为5%的活性氯一般可达到满意效果。c. 口蹄疫病毒在过高或过低的pH值下很容易灭活，但高浓度消毒剂可能具有腐蚀性。d. 结核杆菌对消毒剂有较强抵抗力，需要高浓度下长时间作用才能杀灭。e. 不论应用何种物质，消毒技术应包括以下几方面：Ⅰ. 用消毒剂将垫草、杂物和粪便安全浸泡；Ⅱ. 仔细冲刷清洗场地、地面和墙壁；Ⅲ. 用消毒剂进一步仔细清洗；Ⅳ. 清洗和消毒运输工具外部，如若可能用高压水流冲洗。动物栓系物品（如绳子、缰绳等）也不应忽略，应予以清洗、消毒或销毁。

(2) 口蹄疫病毒灭活程序　在口蹄疫病毒灭活程序中，附录4.3.2.1推荐了肉类中病毒的灭活程序；附录4.3.2.2推荐了工业用动物产品中病毒的灭活程序；附录4.3.2.3推荐了乳和奶油中病毒的灭活程序；附录4.3.2.4推荐了易感野生动物的皮张及皮制品中病毒的灭活程序。

(3) 传染性海绵状脑病病原灭活程序附录4.3.3.1推荐了肉骨粉中病毒的灭活程序。

4. 动物运输

(1) 国际运输中的动物保护在附录4.4.1.1中推荐了各种运输方式的通用原则；附录4.4.1.2中推荐了不同运输方式的要求。

(2) 空运的一般建议在附录4.4.2.1中推荐了几种哺乳动物的空运要求。

5. 流行病学监测系统

附录4.5.1.1规定了牛瘟流行病学监测系统推荐标准；附录4.5.1.2规定了牛传染性胸膜肺炎流行病学监测系统推荐标准；附录4.5.1.3规定了牛海绵状脑病监督和监测系统。

(二) 国际动物卫生证书

OIE认可并推荐11种国际证书的格式，即No.1狂犬病感染国家犬、猫的国际动物健康证书，No.2家养或野生牛、水牛、绵羊、山羊、犬或猪的动物健康证书，No.3牛、水牛、马、绵羊、山羊、犬或猪种动物精液的动物健康证书，No.4家养牛、水牛、马、绵羊、山羊、或猪种动物或禽的畜禽肉品卫生证书，No.5动物饲料用、工业用或医用动物源性产品的卫生证书，No.6马的动物健康证书，No.7赛马的国际运输护照格式，No.8禽类的动物健康证书，No.9鸡、火鸡及其他禽类初孵雏和种蛋的动物健康证书，No.10家兔的动物健康证书和No.11蜜蜂和蜂窝的证书。

(三) 疾病诊断试验和标准手册

哺乳动物、禽和蜜蜂A类和B类疾病《诊断试验和标准手册》（简称《手册》），为OIE《法典》的姐妹篇，对《法典》中的贸易条款补充了大量国际公认的、必须的科学信息。《手册》不仅仅局限于《法典》规定疾病的诊断试验及生物制品，还包括了OIE所列全部的A类和B类疾病及其他一些重要疾病。贸易中重要的水生动物疾病在专门的水生动物《法典》和《手册》中单独介绍。

《手册》旨在促进动物和动物产品的国际贸易及改善世界范围内的动物卫生服务。通过介绍国际认同的动物疾病实验室诊断方法及生物制品（主要是疫苗）的生产和控制要求，以达到协调动物疫病预防、监测和控制目标。

《手册》的内容

1. 引言部分　引言部分除对《手册》的使用方法作了介绍外，还列出了"国际贸易动物疾病诊断试验方法表"、缩略语和术语表。

2. 第一部分　绪论

（1）采样方法。进行疾病诊断、健康检查或免疫监测，得从动物或周围环境采集样品。有时对不同种类的动物采集不同的样品，差异很大。采集样品应有的放矢，在数量上应满足统计学的要求，在具体操作上应遵循有关的规定要求。《手册》规定了一般组织、血液、粪便、皮肤、生殖道、眼睛、鼻液（唾液、眼泪）、奶及环境样品的采集、样品的选择、样品量、送检样品的信息以及样品运送的基本要求。

（2）实验室操作规范、质量控制和质量保证。任何诊断工作最终的质量表达，应是结论可靠的结果，这是思维、计划、细心、知识、技能、经验和环境的产物。实验室操作规范、质量控制和质量保证是有内在联系的，它们是提高生物试验和生物制品质量的重要的综合性措施。近年来，包括实验室工作过程控制在内的这些措施已在国际上普遍实施。国际标准的出现和全面质量管理的要求，迫切需要实验室具有正规的、可见的、适当的质量保证系统。《手册》规定了诊断试验中质量的关键因素，即实验室环境、试验设计、试验控制、正式质量体系、标准比较及未来计划等五大因素。

（3）传染病诊断试验的验证原则。验证是确定某种方法是否适用某一特殊用途的评价过程。《手册》列举了试验验证的可行性研究、试验的建立及标准化、测定试验性能特征、试验性能监测、维持和提高验证标准等五个阶段。

（4）无菌和无生物材料污染检验。无菌是指无活的微生物存在，无污染是指无特定活微生物存在。《手册》规定了无菌和无生物材料污染检验的内容及程序。

（5）兽医微生物实验的人员安全。典型的实验室工作应对职工的健康没有影响，既要注意预防实验室人员得病，又要杜绝可致动物疫病暴发的病原体外泄。《手册》从病原体风险评估、微生物分类、从事传染性病原体工作的要求、微生物学安全柜、病原体的贮藏、理化性危害、实施动物设施、应急设施等方面规定了安全要求。

（6）兽用疫苗生产原则。用安全、优质、有效的疫苗免疫动物，是控制多种动物疫病的评分方法。《手册》从名称、疫苗类型或形式、质量保证、生产设施、生产计划、生产过程文件、记录保存、原始种毒、原始种子细胞系、成分、效能试验、干扰试验、毒力复壮试验、环境风险评估、生产一致性、效力试验、稳定性试验、安全试验、纯度试验、其他试验、采样、标签、田间试验、生产设施检查、销售发放前检验、更新生产规程、性能监控、实施、生物技术产品的许可、生物技术疫苗的分类、DNA活产品的发放等方面规定了兽用疫苗的生产原则，这些原则可广泛的应用于指导目前的兽用疫苗生产。

（7）传染病诊断和疫苗研制的生物技术。《手册》介绍了基因组核酸的检验、蛋白的检验、抗体检验及疫苗的生物技术。

3. 第 2 部分 A 类病 《手册》介绍了 OIE 规定的 15 种 A 类病的诊断技术和生物制品要求。

4. 第 3 部分 B 类病 《手册》介绍了 OIE 规定的 B 类病的诊断技术和生物制品要求。

5. 第 4 部分法典中未列入的疾病 《手册》介绍了 OIE 未列入法典中的 13 动物疫病的诊断技术和生物制品要求。《手册》还列出了 135 个 OIE 参考实验室的名称、负责人、联系方式及检测疫病的种类等信息。

第三节 进出口程序

一、离港前和离港时适用的动物卫生措施

各国只能授权从其领土上出口种用、饲养或屠宰用的动物，并标识确系来自无 A 类疾病的位于无疫区的饲养场所。应进口国的要求，根据《法典》和《手册》的建议应采取消毒和除虫程序，以及进行生物学试验和/或免疫接种。

动物在离开（出口国）前可在饲养场所或检疫站进行观察，官方兽医在观察期间发现动物临床健康，无 A 类疾病及无其他传染病时应马上将动物直接运往装运地，运输用车辆应专门设计，事先经清洗消毒，并不得接触其他易感动物，但保证与运输动物卫生状况相同的动物除外。

从出口国原产地向出境地运输种用、饲养用或屠宰动物时，应按照进出口两国达成的条件进行。各国只能在其自己的领土内，由原产地地区兽医当局官方控制的、无 A 类疾病并在无疫区的 AI 中心、采集单位或农场出口精液、胚胎/卵和种蛋。出口之后，如果原产场所、采集中心或市场的动物，在潜伏期内发生了某种 A 类疾病，出口动物、精液、胚胎/卵或种蛋的国家应通知目的地国家，必要时还应告知过境国。

动物、蜜蜂、精液、胚胎/卵、种蛋及蜜蜂巢脾在离港前，官方兽医应在装运前 24h 内提供与 OIE 认可格式一致的、用出口国和进口国协商同意的语言书写的国际动物健康证书（见《法典》第五篇），必要时还要应用过境国语言书写。

动物或一批动物在国际运输出境前，边境口岸所在地的港口、机场或地区兽医当局认为有必要时可进行一次临床检查，安排检查的时间和地点须考虑海关和其他手续，以免妨碍或耽误出境时间。兽医当局应采取必要的措施，该批动物感染或怀疑感染 A 类疾病或其他传染病时，应禁止装运；防止媒介昆虫或致病原进入交通工具。

各国只能授权从其自己的领土出口适合人消费的供人食用的肉品及动物源性产品，并须携带与 OIE 认可的格式一致的及用出口国和进口国协商同意的语言书写的国际卫生证书，必要时还要应用过境国语言。动物饲料用或药用或工业用的动物源性产品应附有与 OIE 认可的格式一致的国际卫生证书。

二、过境时适用的动物卫生措施

被要求动物过境的国家凡与出口国有正常商贸交易的国家，负责边境口岸的兽医行政管理部门和兽医当局收到计划过境通知时，都不应当拒绝过境，条件是过境通知必须说明动物的种类和数量、运输方式及根据事先安排出入境的边境口岸及过境国授权的日程。必须过境的国家，如果在出口国或日程上的前一过境国被认为有问题，能对其动物传播某种疾病时，可拒绝过境。

过境国可要求出示国际动物健康证书。并可由官方兽医对动物健康状态进行检查，过境条件为封闭式工具或集装箱运输的除外。如果官方兽医检查表明，过境动物感染或患有法定申报的动物疾病，或者国际动物健康证书不正确及/或没有签名，即可在过境口岸拒绝动物通过其领土。在这种情况下，必须立即通知出口国的兽医行政管理部门，以便有机会核对并纠正证书。若确诊患有动物疫病或不能纠正证书，过境动物或蜜蜂须退回出口国或（就地）扑杀或销毁。用安全密封车辆或集装箱运输蜜蜂的除外。

任何过境国家可要求运送动物过境的火车皮和公路车辆，设有防止动物逃脱及排泄物泄漏的设施。过境动物只是在需供水、供应饲料、福利或有其他必要理由时，并在过境国官方兽医有效监督，确保不与其他任何动物接触的情况下才可在过境国土地上卸下。在过境国不可预见的卸货必须通知进口国。

精液、胚胎/卵、种蛋、蜜蜂巢脾、动物产品必须过境，而过境国也允许进口这类产品时，在符合下列条件下不应拒绝过境：①必须向管辖边境口岸的兽医行政管理部门和兽医当局通报过境计划，过境通报应包括产品种类和数量、运输方式及根据日程安排在过境国出入境的边境口岸；②若经检验表明上述产品对人或动物健康有危险，过境国兽医当局可责令其返回出口国。如果不能返回，就应立即通知出口国的兽医行政管理部门，为在产品销毁之前提供证实情况的机会；③用封闭式车辆或集装箱运输上述产品时，就不必采用严格的卫生措施。

船舶驶往另一国家领土港口途中在某一港口停靠，或通过某国境内的运河或其他航道时，必须遵守兽医行政管理部门要求的条件，要特别防止引进昆虫，造成疾病传播的风险。

如果碰到船长或机长权限以外的原因，轮船或飞机要在港口或机场之外的某地或在非正常停靠或着陆的港口或机场停靠或着陆时，船长或机长须立即通知离靠岸港口或着陆地最近的兽医行政当局或其他公共当局。兽医当局一旦得到靠岸或着陆地的通报，须采取适当措施。船上或飞机上的动物及押运员不允许离开锚地或着陆地附近，任何设备、垫料或饲料不允许搬出。在采取兽医当局指定的措施后，可允许轮船或飞机行进到正常停靠或降落的港口或机场进行卫生处理，或者由于技术原因不能进行时，则可去一更合适的港口或机场。遇紧急情况时，船长或机长须采取一切必要的措施保护船（飞机）上乘客、乘员、押运员和动物的健康和安全。

三、进口国的过境口岸和检查站

各国及其兽医行政管理部门，只要有可能，须采取必要措施，确保其境内边境口岸和检疫站机构健全、设备充足，以执行《法典》推荐的各项措施。每个边境口岸和检疫站必须配备动物饲养及饮水设施。在明确国际交通运输量和流行病学形势后，边境口岸和检疫站必须设置兽医服务机构，配备人员、设备、场所及手段，以便进行临床检查，从活畜采集诊断用标本材料，采取患病或疑似患病动物尸体及怀疑污染的动物产品样品；检查并隔离患病或疑似患病的动物；对运输动物和动物产品用的车辆进行消毒，并可能进行杀虫处理。

另外，各口岸和国际空港应配备泔水或其他对动物健康有危险材料的灭菌或焚烧设备。

在国际贸易中要求商品过境时，应尽快提供带直接过境区的机场，过境机场及过境区应符合兽医行政管理部门要求的条件，特别要防止昆虫传播疾病的危险。

每个兽医行政管理部门须应按要求向（OIE）中央局及有关国家提供在其领土上批准国际贸易用的边境口岸、检疫站、屠宰场和储藏库名单；通知执行《法典》1.5.5.1条到1.5.5.4条2款内容所需的时期；其领土内设有直接过境区的机场名单。

四、到达时的动物卫生措施

进口国只能接受经出口国官方兽医进行过健康检查、并携带出口国兽医当局出具的国际动物健康证书的动物入境。进口国可要求动物计划入境的日期适当提前得到通知，通知应说明动物种类、数量、运输工具、所用边境口岸的名称。另外，进口国家应印制能快速有效进行进口及过境程序并能采取控制措施的边境口岸名单。在认为出口国家或日程中前方过境国家患有某种能传染本国动物或蜜蜂的疾病时，进口国可禁止动物入境。对过境国家，此禁令不适用于用安全密封车辆或集装箱运输的蜜蜂。

当官方兽医在边境口岸检查时发现动物患有或怀疑患有或感染能传染本国动物的疾病，进口国可禁止其入境。动物没有携带符合进口国要求的国际动物健康证书时也可拒绝入境，遇到这种情况时，应立即通知出口国的兽医行政管理部门，为核实情况或纠正证书留有机会。然而，进口国也可规定，进口动物应立即进行隔离检疫，以便作临床观察及生物学检查，以期做出诊断。如果确诊患有某种传染病或证书不能纠正，进口国可采取以下措施，若不涉及过境第三国，则可将动物退回出口国；若从卫生角度考虑退货有危险，或实际操作不可能，应就地扑杀并销毁。

动物携带有效的国际动物健康证书，并经边境口岸兽医当局检查为健康时，就应允许进口并根据进口国的要求运往目的地。

进口国只应接受携带国际动物健康证书的精液、胚胎/卵、种蛋及蜜蜂巢等进境。进口国就上述产品计划入境的日期可要求适当提前获得通知，通知应说明产品种类、数量、性质及包装，以及所使用边境口岸的名称。有关国家认为出口国或日程中安排的前过境国存在这些产品能传播的疾病时，进口国可禁止这些动物产品进口。如果上述产品在边境口岸没有携带符合进口国要求的国际动物健康证书时，进口国可禁止这些产品进入境内。遇到这种情况时，必须立即通知出口国的兽医行政管理部门，产品可以退回出口国，或置隔离检疫场和/或就地销毁。

进口国只能接受经出口国官方兽医检查认为适于人类消费，并携带有效国际卫生证书的人类食用动物源性肉品和产品进境。进口国对人类食用动物源性肉品或产品计划入境的日期可要求适当提前得到通知，通知还应包括肉品或产品的性质、数量和包装及所用边境口岸名称的信息。然而，如果货物检验证明供人食用的动物源性肉品或产品对人或动物健康有危险或如果国际卫生证书不正确或证物不符时，进口国的兽医当局可要求退回，或要求适当处理，确保其无害。当产品不退回，应立即通知出口国的兽医行政管理部门，以便有机会核实情况。

进口国只能接受携带出口国有关兽医当局提供的国际卫生证书的动物饲料用、药用或工业用的动物源性产品入境。进口国对动物饲料用、药用或工业用动物源性产品的计划入境日期可要求适当提前获得通知，并附有产品性质、数量和包装及所用边境口岸名称的信息。当进口国认为出口国存在能被这类产品传播的疾病时，可禁止动物饲料用、药用或工业用的动物源性产品入境。如果出口国存在这类疾病，过境国也可禁止其过境，但用密封交通工具或集装箱运输的除外。当国际卫生证书经检查并发现准确无误，就应允许上述产品进口。

进口国可要求把动物饲料用、药用或工业用的动物源性产品发运至经兽医行政管理部门批准并在其监督下的场所。如果经检验证明该产品能危害人或动物的健康，或者国际卫生证书不正确，或者证物不符，进口国的兽医当局可将产品退回出口国，或要求进行安全化处理。当不退货时，必须立即通知出口国的兽医行政管理部门，以便有机会核实情况或纠正证书。

当运输感染 A 类疾病动物的交通工具抵达某一边境口岸时，就应视为此交通工具已被污染，兽医当局须采取以下措施：①卸货并立即将动物用防渗漏的交通工具直接运到经兽医行政管理部门批准的动物屠宰及胴体销毁或灭菌的场所；隔离检疫站，如没有隔离检疫站，则运到事先指定的边境口岸附近并隔离良好的地方；②卸货，并立即将垫料、饲料及其他可能的污染材料运到事先指定的场所进行销毁，并实施进口国要求的严格卫生措施；③押运员的行李及运输、饲养、饮水、搬移或装卸动物用的工具各部分都进行消毒；④如果是昆虫传播的疾病，则应进行杀虫处理。

运输怀疑患有 A 类疾病动物的运输工具抵达边境口岸时，就应认为交通工具已被污染，兽医当局可采取《法典》1.5.5.5 条规定的措施。当兽医当局根据 1.5.5.5 条规定已采取措施后，可认为交通工具已不再被污染，即可允许入境。

紧急情况下，港口或机场不得以动物卫生理由拒绝轮船或飞机靠岸或着陆。然而，靠岸轮船或着陆飞机须采取口岸或机场兽医当局认为必要的动物卫生措施。运载动物或动物产品的飞机，不能只因在疫区的非感染机场着陆过，就认为来自疫区，若动物及动物产品没有卸下，可视为直接过境。

从存在昆虫传播疾病的国家来的飞机着陆后应立即进行杀虫处理，在起飞后或在飞行中进行杀虫处理的除外。

五、动物病原的国际交流和实验室控制

为防止引进病原造成动物疾病流行和扩散，《法典》规定了动物病原的国际交流和实验室控制规则。原来无某种传染病或动物病原或动物病原新株型的国家若传进了这些传染病或动物病原或病原新株可能会有非常严重的潜在后果，动物卫生、人类健康、农业经济及贸易或多或少都会受到负面影响。各国都已规定了一系列的措施，例如要求接受进口前试验和检疫，以防止通过进口活畜或产品而引进动物病原。

然而，一些实验室在研制疫苗中意外释放动物病原也可能造成疫病风险，这类病原可能已在国内存在，或者有意或无意被引了进来。因此有必要规定各种措施防止其意外释放。这些措施可适用于国家边境用于禁止或控制特定病原或其载体的进口（见 1.5.6.7 条）或国内规定实验室处理病原的条件。实践中，应根据可疑病原对动物健康的危害性采取内外控制相结合的措施。根据动物病原对动物健康和国家农业经济的风险，特别是当其所引起的疾病呈非地方性流行时，为实验室控制动物病原提供指导。为动物病原进口条件提供指导。

在动物病原对人类健康有危险时，应该从《手册》及其他有关的出版物查找实验室控制的方式。

（一）动物病原的分类

若动物病原传入某国或从实验室意外释放，就应根据其对动物健康的危险性进行分类。根据控制要求，病原可分为 4 类，需考虑因素包括：病原微生物的致病力、所引起的生物危害性、传播能力、预防治疗的经济问题。

有些病原需要专门的媒介传播或需要中间宿主完成其生活周期后才能感染动物并引起疾病。在没有这类媒介昆虫或者气候或环境因素不利于媒介昆虫生存的国家，这类病原对动物健康的危险性就要比自然界中有这类媒介昆虫的国家要低。

1. 一类动物病原

可导致地方性流行，但不列入官方控制计划的致病微生物。

2. 二类动物病原

为外来的或导致地方性流行的，并列入官方控制计划但实验室扩散风险低的致病微生物：

（1）不依靠媒介或中间宿主传播；
（2）不同种动物之间不传播或传播受限；
（3）如果从实验室释放，地理扩散有限；
（4）动物间直接传播相对有限；
（5）不需要控制有病或已感染的无病症动物；
（6）疾病导致经济损失或/及临床意义不大。

3. 三类动物病原

外来的或导致地方性流行的，并列入官方控制计划的，实验室释放后有中等危险的致病微生物：

（1）可经媒介昆虫或中间宿主传播；
（2）在不同种动物间容易传播；
（3）若从实验室释放，地理扩散中等；
（4）动物间直接传播相对容易；
（5）患病动物、感染动物及接触动物必须法定限制；
（6）疾病具有重要的经济和/或临床意义；
（7）无有效的预防和/或治疗方法，或效益有限。

4. 四类动物病原

为外来的或导致地方性流行的，并列入官方控制的，实验室释放存在高危险性的致病微生物：
(1) 可经媒介昆虫或中间宿主传播；
(2) 在不同种动物间很容易传播；
(3) 若从实验室释放，地理扩散广泛；
(4) 动物间直接传播非常容易；
(5) 患病动物、感染动物及接触动物必须法定限制；
(6) 必须在广泛地区法定控制动物流动；
(7) 具有极其严重的经济和/或临床意义；
(8) 没有消毒预防和/或治疗方法。

(二) 控制级别

控制的主要目的是防止从实验室向畜群泄漏病原。有的动物病原还可感染人，在这种情况下，除单纯从动物卫生角度考虑外，从对人类健康危险考虑还要求有另外的控制措施。具体的控制和生物安全水平及措施应与病原的类别相一致，具体要求应与病原体微生物种类（细菌、病毒、真菌）相适应。一类病原的控制标准最低，四类病原的控制标准为最高。节肢动物可以是病原，也可以是病原的传播媒介，如果实验室用节肢动物作传媒，除节肢动物的控制设施外，还必须有相应病原的控制标准。

如果能满足有关当局关于特定病原的控制设施要求，实验室就可允许拥有并处理3类或4类的动物病原。然而，根据各国的具体情况，当局也可以决定控制某些2类病原的拥有及处理。当局应首先考察实验室的设施，确保其适用性，然后发放规定有关条件的许可证。另外还应要求做好恰当的记录，并且，当所处理材料含有许可证没有包括的病原时，要明确报告当局。当局应定期查访实验室，确保其遵守许可证上的有关条款，而进行检查的有关当局人员在实施检查后，在一定时期内不得接触对在实验室处理病原易感的动物，时间长短依病原而异。许可证应规定：①病原的运输及包装物的处理方式；②负责此项工作的人员姓名；③病原是在体内（实验动物或其他动物），还是只在体外应用；④工作结束后，病原及实验动物的处理方式；⑤实验室人员与对所用病原的易感动物接触的限制；⑥病原转移到其他实验室的条件；⑦与适当控制等级，生物安全程序及操作有关的特殊条件。

(三) 动物病原的进口

只在有关当局签发进口许可证的条件下才允许进口动物病原、病料或病原携带微生物。进口许可证应注明病原生产危险的条件，航空运输条件，国际航空运输协会有关危险性物品包装和运输标准。2类、3类或4类病原的进口许可证只能授予能够按《法典》1.5.6.6条规定处理特种病原的持证实验室。

在从别国申请进口病料时，当局应考虑病料的性质，获取病料的动物，该动物对各种疾病的易感性，及原产国家的疾病状况，最好要求病料在进口前已先作处理，以减少引进病原的意外风险。

思 考 题

一、名词解释
1. 农业协议
2. SPS 协议

二、问答题
1. 国际贸易出证原则。
2. 国际贸易出证程序。
3. A 类动物疫病名录。
4. 动物病原的分类。

第十章
国际动物卫生法及官方兽医制度

第一节　国际动物卫生法典

一、法典简介

《国际动物卫生法典》简称《法典》。规定了与动物及动物产品国际贸易有关的卫生规则和定义。《法典》规定了动物及动物产品贸易时最基本的卫生要求，以避免动物和人类病原微生物的国际间传播，从而确保动物及动物产品进行国际贸易时的卫生安全。

OIE 的国际动物卫生法典委员会具体负责《法典》的制定工作，《法典》最后要由 OIE 国际委员会讨论通过并公布。

二、术语定义

1999 年的《法典》规定了 62 个术语的定义。它的意义在于为 OIE 成员国制定动物卫生法律规范和技术标准时，提供统一、规范、科学的术语定义。

1. 涉及兽医结构的术语

（1）有关 OIE 的术语

①中央局：指国际动物组织的常设秘书处。

②法典：指 OIE《国际动物卫生法典》。

③手册：指 OIE《诊断试验和疫苗标准手册》。

（2）有关成员国的术语

①兽医行政管理部门：指在全国范围内有绝对权威，执行监督或审查《法典》推荐的动物卫生措施和出证过程的国家兽医机关。

②兽医当局：指在兽医行政部门管辖下，直接负责实施动物卫生措施及监督国内各地签发国际动物卫生健康和国际卫生证书的兽医机关。

③检疫站：指在兽医当局的监督下使动物完全保持隔离，不与其他动物有任何直接或间接接触的设施，以便进行一段时间的观察，必要时需作试验和治疗。

④实验室：指技术装备适合，技术人员合格，有兽医诊断专家监督的事业单位，兽医专家对诊断结果负责。

⑤官方兽医：指由兽医行政管理部门授权的兽医，行使商品的动物健康或公共卫生监督，并在适当的条件下，按规定签发证书。

⑥官方兽医监督：指兽医当局了解动物处所及畜主或责任人身份，并在需要时能实

施合适的动物卫生措施。

   2. **场所方面的术语**

   屠宰场、市场、交通工作、饲养（养殖）场、过境国、直接过境区、装运地、进口国、出口国、采集中心、收养中心、人工授精中心等13个。

   3. **疫病方面的术语**

   （1）疫病分类方面的术语

   ①A类传染病　指超越国界，具有非常严重而快速传播潜力，引起严重社会经济或公共卫生后果，并对动物和动物产品国际贸易具有重大影响的传染病。

   ②B类传染病　指在国内对社会经济或公共卫生具有影响，并在动物和动物产品国际贸易中具有明显影响的传染病。

   （2）疫病传播方面的术语　病例、发病率、潜伏期、感染期、重疫区、疫（感染）区、法定（报告）疫病、疫病爆发、流行率、消毒除虫、扑杀政策、改良扑杀政策、国际交通、国际卫生证书、国际通报、国际动物卫生健康证书、动物卫生状况，涉及疫病传播术语定义18个。

三、信息通报

   OIE的一个成员国必须承认中央局有直接与其兽医行政与管理部门联络的权利。OIE寄送给兽医行政管理部门的所有通报和信息可视为已向国家寄送，由兽医行政管理部门送给OIE的通报和信息视为有关国家寄送。

   1. **通报要求**

   各国应通过OIE向其他国家提供限制重要动物疾病扩散，并协助世界范围内更好地控制疾病所必需的信息。因此，各国应当遵守《法典》的规定向OIE寄送报告的要求。

   除根据《法典》报告新发现外，各国还应通报为防止疾病传播所采取措施的信息。若有媒介传播疾病情况，还需要说明所采取的媒介控制措施。

   2. **向OIE寄送通过的规定**

   发生下列情形时，兽医行政部门应在24h内向OIE寄送通报：

   （1）在某国或某地区以前没有，而第一次发生或重新发生的A类疾病；

   （2）有重要新发现，对其他国家有流行病学意义的A类疾病；

   （3）临时诊断到某种A类疾病，并对其他国家有流行病学意义的重要信息；

   （4）非A类传染病，但对其他国家有特别流行病学意义的新发现。

   3. **应当通知OIE的有关事项**

   疫区所在地的兽医行政管理部门在该地区成为无疫病区时应通知OIE中央局。在此前病例报告后，超过《法典》规定的感染期，并为防止疾病可能复发或传播已经采取了全面的预防措施和适当的动物卫生措施时，就可以考虑某一传染区为非疫区。

   当某国符合《法典》第二篇所列条件时，该国可重新认为无某种疾病，兽医行政部门宣布一处或若干处非疫区时，应通知OIE，说明必要细节，并用地图清楚标出非疫区的具体位置。

4. 立法情况通报

兽医行政管理部门应向 OIE 通报其检疫条例及进出口动物卫生条例的条文内容。同时，还应随时通报规则修定情况，最迟应在委员会年会之前通报。

5. OIE 向各成员国通报

OIE 中央应以各种有效方式向有关兽医主管部门发布根据《法典》规定所接收的所有通报。OIE 将中央局通过"通报"发布 A 类疾病的新爆发次数。

6. 优先待遇

兽医行政主管部门根据《法典》规定所发电报、电传或传真可优先处理。在法定申报的动物疫病存在扩散风险的特别紧张情况下，用电传、电话、电报或传真发送的通报，根据"国际电讯协议"应给予最优先待遇。

四、兽医道德及国际贸易出证

1. 一般要求

在动物及动物产品的国际贸易中，既要确保阻碍贸易的正常进行，又要确保对人和动物的健康没有不可接受的危险，为此《法典》规定，出口国应按要求向进口国提供以下信息资料：

（1）有关动物卫生状况和国家动物卫生信息系统的信息。以确定该国是否无 A 类或 B 类疾病国家是否存在无 A 类或 B 类疾病区，信息还应包括保持无疫病状态所实施的条例及方法。

（2）传染病发生的常规信息及快报。

（3）国家控制和预防 A 类疾病和 B 类疾病采取措施能力的详细情况。

（4）兽医服务机构及当局信息。

（5）技术资料，特别是该国家全部或部分地区应该生物学试验和疫苗。

2. 出证原则

（1）出证要求 因为动物健康情况不断变化，所以《法典》为进口国提出多种不同选择，并且只有考虑到出口国和过境国的卫生状态，进口国才能明确提出进口时应达到的卫生要求。在提出进口要求时，进口国应遵循下列准则：

①所出要求应限于证明卫生理由的要求。

②出证要求应简明准确，应当清楚的传达进口的意愿。

③出证应尽可能建立在最高道德标准基础上，其中最重要的是尊重和保护出证兽医的职业诚实性。

④兽医行政管理部门向一国家非兽医行政管理部门的人员传送证书或通告进口许可要求时须将文件副本寄送给兽医行政管理部门。

（2）出口国和进口国的其他责任 国际贸易是一种连续的道德责任，因此，如果出口后在各种疫病的正常潜伏期内，出口国兽医行政部门就应了解国际动物健康证书中特指的某种疾病在畜群的发生或再发生情况，并有义务通知进口国，以便进口国对进口牲畜进行检验或试验，万一意外引进了疾病，可采取适当的措施防止疾病扩散。同样，如果进口畜群发生了疫病，就应通报出口国的兽医德惠管理部门，以便进行调查，因为这是原先无疫病畜群发生疾病的首次有效信息进口国有权力知道调查结果，因为感染不一定出在出口国。

(3) 出证程序

①证书的起草原则

a. 证书应预先印制好；

b. 证书尽可能用简单、易懂、明白无误，同时不失法律意义的言辞写成；

c. 若有要求，证书应该用出口国的语言写成，同时还要用签证兽医知晓的语言填写；

d. 证书要求动物和动物产品标记适当，但无法标记的除外；

e. 证书不应要求兽医证明其知识范围外或不能确定的事项；

f. 若可行，证书在交给出证兽医时，应附指导性意见，说明在签字前，要查询的范围，要进行的试验或检查；

g. 证书不得修改，但经出证兽医签字盖戳可以注销，但签名和盖章的颜色与证书的颜色应不同；

h. 只有证书的正本才有效。

②对出证兽医的要求

a. 签发国际动物健康证书的兽医必须经出口国兽医行政管理部门授权；

b. 只能在合适时候才能签字，尤其对空白、填写不全的证书或动物没有经过检验或不在其监督范围的动物和动物产品证书不得签字；

c. 在签字前应确保证书各项全部正确填写；

d. 应与所证明的动物或动物产品没有经济利益。

③出口国兽医行政管理部门的要求

a. 有授权出证兽医的正式程序规定其作用、职能及可能中止和终止委任的条件；

b. 确保对出证兽医的有关指导及培训；

c. 监督出证兽医的活动，确保他们的诚实与公正。

(4) 电子出证 出口国兽医行政部门可以通过电子文件直接向进口国兽医行政部门传送证书。

3. 方法协调与责任

兽医行政管理部门在动物和动物产品国际贸易中应用 OIE 的标准包括《手册》、《法典》或附录。OIE 批准或同意如下标准：

(1) 动物疾病诊断试验；

(2) 动物疾病诊断或预防用生物制品的制备、生产和监督；

(3) 消毒和除虫；

(4) 被认为特定疫病感染国家动物产品的病毒、细菌或孢子的杀灭处理方法。

出口国家兽医机构的首脑对国际贸易兽医出证负最终责任。

第二节 进口风险分析

一、总论

(一) 进口风险分析概述

进口动物和动物产品会对进口国带来一定程度的风险。造成疾病风险的可以是一种或几种疾病。进口风险分析的主要目的,是为进口国对进口动物、动物产品、动物遗传材料、饲料、生物制品和病料进行风险评估提供客观和公正的方法。

分析应透明,要给出口国一清楚的书面决定,说明进口或拒绝进口的条件。风险分析必须应透明,因为数据常常不确定,或者不完整,而证据资料不全会造成事实不清及分析判断模糊。本节就世界贸易组织(WTO)卫生与植物卫生措施实施协议(SPS协议)方面指出了OIE的作用,提出有关定义并说明解决争议的OIE程序。

《法典》为国际贸易进行透明、客观和防御性风险分析提出了指导性原则。本节所述风险分析包括危害确认、风险评估、风险管理和风险交流(图10-1)。

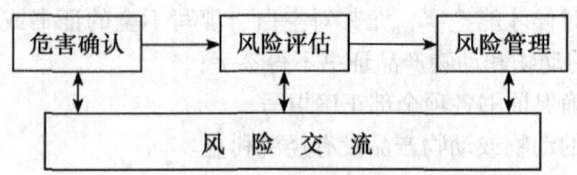

图10-1 风险分析图

风险评估是计算危害性风险分析的组成部分。风险评估可以是定性的,也可以是定量的。对于很多疾病,特别是《法典》所列的疾病,已有很多国际标准,就可能出现的风险已有广泛的一致意见。这种情况下,只要有定性的评估就够了。定性评估不必要求进行数学模拟技术,因此,常规决策中就常使用这种评估方式。任何一种进口风险评估方法都不可能适用所有情况。因此,不同情况下应使用不同的方法。进口风险分析过程通常需考虑对出口国兽医机构、区划和区域化及动物卫生监测体系的评价结果。

(二) SPS协议及OIE的作用和责任

SPS协议鼓励WTO成员应根据已有的国际标准、原则和建议制订其卫生措施。如果有合理的科学证据,或者如果认为有关国际条文规定的保护水平还不够,成员可以选择采用比国际条文规定更高一级的保护标准。在这种情况下,该成员国有义务进行风险评估,并作相应的风险管理手段。SPS协议鼓励(有关)政府更广泛地应用风险评估;WTO成员应该根据所涉及的实际风险情况,恰如其分进行评估。SPS协议承认OIE为负责制修订影响动物和动物产品国际贸易的国际动物健康标准、准则和建议的国际组织。

(三) 进口风险分析专用术语

《法典》规定了可接受风险、危害、危害确认、定性风险评估、定量风险评估、风险、风险分析、风险交流、卫生措施、敏感性分析、不确定性、透明度、多变性、后果评估、接触评估、实施、监测、选择性评价、释放评估、风险计算（估计）、评审、风险评价等术语定义。

（四）OIE 内部解决争议的程序

OIE 将保持协助成员国解决分歧的现行自愿性内部机制，适用的内部程序包括：

1. 双方自愿

双方同意向 OIE 提交一份协助解决其分歧的授权书。

2. 组成专家组

如果认为合适，OIE 总干事根据要求，经双方同意推荐一名或若干名专家和一位主席。

3. 制定条款

双方同意有关条款及工作计划并支付 OIE 一切有关费用。

4. 专家组工作

有权设法澄清各当事国在评估或磋商过程中所提供的信息和数据，或要求双方提供其他信息或数据。

5. 报告

专家组应向 OIE 总干事呈交机密报告，由总干事转发给双方。

二、风险分析准则

进口风险分析首先应了解拟进口的商品及可能的年贸易量，以进行风险估计。

风险评估过程分互相联系的 4 个步骤，这些步骤将风险评估分为相应的几个阶段，并根据鉴定潜在风险需要进行定义，以利于了解评价结果。其成果就是风险交流和风险管理中所用的风险评估报告。图 10-2 概括了风险评估和风险管理之间的关系。

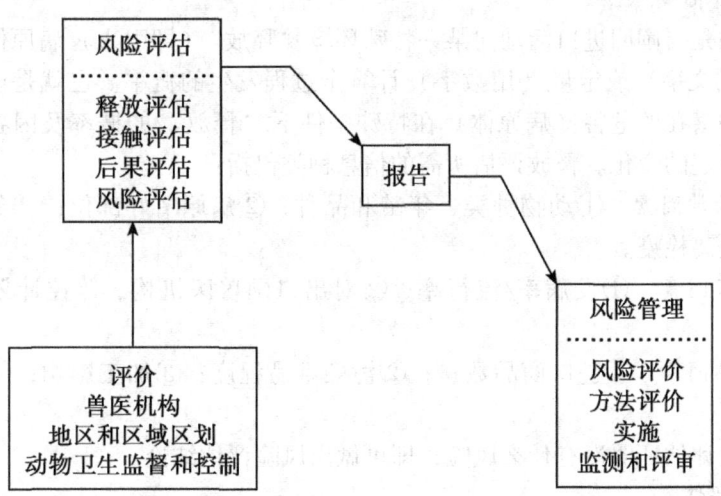

图 10-2 风险评估和风险管理之间的关系

（一）危害确认

危害确认是关键的步骤，必须在风险分析前进行。危害确认是指鉴定因进口商品可能产生不良后果的致病因子。所确认的潜在性危害可能是与进口动物有联系，或商品所携带的并在出口国存在的那些致病因素。因此就有必要确认在进口国是否已存在可能的危害，是不是法定报告疾病，是否实施控制或扑灭计划，并且要确保进口措施不能超过国内贸易限制措施。

危害确认就是分类工作，用于确定生物因子是否有害。如果危害确认不能确定与进口有联系的可能危害，则风险评估就可对此做出结论。

兽医机构，监督和控制计划及区划和区域化体系的评估是评估出口国畜群中是否存在危害物的重要内容。进口国可以决定采取《法典》推荐的适当卫生标准，并在此基础上决定允许进口，这样就无需进行风险评估。

（二）风险评估的原则

（1）风险评估应灵活机动，符合现实生活中的复杂情况。没有任何一种方法可适于所有情况，风险分析必须得能包容各种动物商品、与进口和每种疾病特性有联系的多重危害、检查监测体系接触情况和类型以及资料信息量。

（2）定性和定量风险评估方法都有效。

（3）风险评估应以最现有科技信息为基础，评估应该文件完备，并附有科技文献和其他资料包括专家意见。

（4）各种风险评估方法应一致，并必须透明，以确保公平、合理，决策应一致并易为有关各方理解。

（5）风险评估应列出不确定项、假设及其对最后风险估计的影响。

（6）风险随进口商品量的增加而增大。

（7）风险评估应能修改，以便在有新的信息时可作更新。

（三）风险评估的步骤

1. 释放评估

释放评估是要阐明进口活动向某一特殊环境"释放"（即引入）病原体的生物学途径；定性（用文字）或定量（用数字）计算全过程发生的概率。也就是说，释放评估是要阐明每种潜在的危害（病原体）在特殊条件下"释放"的概率及因各种活动、事件或措施所引起的变化。释放评估所需的信息种类包括：

（1）生物学因素　①动物种类、年龄和品种；②病原嗜好部位；③免疫注射、试验、治疗和隔离检疫。

（2）国家因素　①发病率/流行率；②对出口国兽医机构、监控计划及区划体系评价。

（3）商品因素　①进口商品数量；②污染难易程度；③加工影响；④贮存和运输影响。

如果释放评估证明没有什么风险，即可做出风险评估结论。

2. 接触评估

接触评估是要阐明进口国的动物和人接触到风险源释放的危害（如病原体）的生物途径，定性（用文字）或定量（用数字）计算接触的概率。根据接触的量、时间、频度、期限和途径（如食入、吸入或虫咬）及接触动物和人群数量种类与其他特征等的特定接触条件来计算接触被确定危害的概率。接触评估所需的信息类型包括：

(1) 生物学因素　病原体特性。
(2) 国家因素　①媒介；②人和动物统计数；③习惯和文化风俗；④地理和环境特征。
(3) 商品因素　①进口商品数量；②进口动物或动物产品用途；③处置措施。
如果接触评估证明没有什么风险，就可在这一步得出风险评估结论。

3. 后果评估

后果评估是要阐明接触生物病原体与后果的关系。必须得弄清因果关系，即接触导致不利的卫生或环境后果，并进而引起社会经济后果。后果评估阐明某种接触的潜在后果并计算其可能发生的概率。计算可以是定性的（用文字）也可以是定量的（用数值），后果种类包括：

(1) 直接后果　①动物感染、发病及生产受损；②公共卫生后果。
(2) 间接后果　①监控成本；②补偿成本；③潜在贸易损失；④对环境的不良后果。

4. 风险计算

风险计算是综合释放评估、接触评估和后果评估的结果，制定对付危害引起风险的总体措施。因此，风险计算要考虑从危害确认到产生有害结果的整个风险途径。

（四）风险管理

1. 风险管理的原则

风险管理是成员国为达到合适的保护标准而决定并执行措施的过程，同时要确保对贸易的负面影响要最小。风险管理的目标是确保国家要求减少疾病发生或频率及其后果与根据国际贸易协议进口货物及所尽义务之间的平衡。

风险管理的卫生措施应选择 OIE 规定的国际标准，执行卫生措施应符合标准的宗旨。

2. 风险管理的组成

(1) 风险评价　风险评估中计算风险与国家保护标准的比较。
(2) 方法评价　根据成员国的保护标准，为减少进口引起的风险，确定采取的措施，并评估其效能及可行性的过程。效能是指所选某项措施降低不良生物和经济后果的程度。方法效能的评价是一项反复多次的过程，要与风险评估相结合，然后与可接受的风险水平进行比较。而可行性评价通常着眼于对实施风险管理方法有影响的技术、行动及经济因素。
(3) 实施　指坚持风险管理决策并确保风险管理措施实施的过程。
(4) 监测及审查　审核风险管理措施保证取得预期结果的过程。

（五）风险交流

风险交流是在风险分析期间从可能的受影响或当事方收集信息和意见的过程以及向进出口国家决策者或当事方通报风险评估结果或风险管理措施的过程。这是一个多方面的反复过程，最好在风险分析之初就开始并要自始至终一直进行。风险交流应在每次风险分析之初就开始。

风险交流应该是公开的、互相的、反复的、透明的信息交流并在决定进口之后可继续进行。风险交流参与单位包括出口国的当局及其他当事人，如国内外企业集团、家畜生产及消费集团等。风险评估中假设的和不确定的模式、信息和风险计算也应予以交流。稽查是风险交流的组成部分，以便做出科学的判断，确保获取最有效的资料、信息、方法和假设。

三、兽医机构评价

《法典》规定，在两国进行动物、动物产品、动物遗传材料、生物制品和动物源性饲料贸易时，各个成员国必须承认对方进行或要求对其兽医机构进行评价的权利。主动提议的成员国是动物、动物产品、动物遗传材料、生物制品或饲料的实际或预期进口或出口国，而且评价是风险评估过程的一部分，是用来决定或审查贸易适用的动物卫生措施，这种情况下，提出评价对方兽医机构顺理成章。评价兽医机构应考虑OIE准则。

评价兽医机构应由双方成员国进行。有关双方应就评价标准、所需信息及结果进行磋商。

评价另一成员国兽医机构的某成员国应当书面通知对方兽医机构，通知应明确评价目的及所需信息。评价兽医机构的标准应与有关国家的情况相适应，而且选择标准应该考虑所涉及的贸易类型、各国动物生产体系、国家间动物卫生状态及兽医公共卫生标准差别及其他与总体风险评估有关的因素。

正式收到另一成员国要求评估其兽医机构的信息，且双方达成评价标准后，该成员国应迅速为他国提供所要求的有意义的准确的信息资料。成员国应尽快以书面形式提供评价结果。无论如何，应在得到有关信息后4个月内，向受评价的成员国提供书面评价结果。评价报告应详细列出影响贸易前景的内容。当对方要求时，进行评价的成员国应当详细澄清评价要点。

进行活畜、动物产品、动物遗传材料、生物制品或动物性饲料国际贸易时，有关成员国应按照OIE准则准备并提供其兽医机构的当前信息。成员国可请求OIE总干事安排专家协助进行兽医机构自我评价。两成员国就兽医机构评价标准或评价结果发生争议时，应根据《法典》有关规定的程序处理。

四、地区区划和区域区划

评价动物和/或动物产品出口某国的动物疫情时，过去的习惯是以国家作为整体来考虑的，如果国境内某地存在或怀疑有某种传染病，则视该国为有疫情国家，往往就不再进行风险评估，而采取风险回避政策，这就极大地阻碍了国际贸易，尽管从动物卫生角度考虑不一定总是必要的。气候和地理屏障限制动物疾病比国界更加有效，人口密度、媒介分布、动物流动及管理措施诸因素，在决定国内和国际动物疾病分布中起主要作用。认识动物疾病存在或范围变化的生物学基础，是将地区或区域需要区划概念应用于国际贸易动物卫生法规的第一步，在国际贸易中应用区划原理时就地区边界、法律权限、无疫病期限、监测标准、缓冲地带、检疫程序及其他兽医法规，需要建立国际公认标准。

地区（Zone）是指在国内为控制疾病而划定的某一地区；区域（Region）是为控制疾病而划定的几个国家或相邻国家的某一区域范围。

(一) 地区区划的一般要求

一个国家要建立控制某种动物疾病的区划系统，该病必须是法定报告疾病。不同地区类型的要求因病而异，地区大小、位置及界线取决于疾病及其传播方式和国内疫情。适用某一疾病的地区或区域划分有不同的条件。地区的大小及范围应由兽医行政管理部门确定并通过国家立法实施。地区界线应由有效的自然、人为或法律边界清楚划定。必须要不断监督检查，防止牲畜穿越界线。另外，还必须控制地区内和地区间动物产品、动物遗传材料、生物制品、病料和动物性饲料的通流。

建立地区区划体系的国家，必须要有一套有效的兽医组织和管理机构。还必须设立适当的行政机构，提供法律支持和财政资源，以便根据需要采取各种措施。

兽医机构必须要有供其支配的必要资源，并必须有能力监督检查边界线，维持临床及流行病学调查并进行必要的诊断试验。疾病暴发必须迅速向OIE报告，并提供文字证据，说明疾病监控系统，即使不在全国至少应在不同地区有效运作。

(二) 地区类型

1. 非免疫接种的无疫区

某一国家，即使仍有疫情，也可建立非免疫接种的无疫区。在无疫区内，官方必须了解所有饲养场所的位置。怀疑疾病暴发，兽医当局必须立即进行调查。暴发疾病必须向OIE报告。必要时，无疫区应该设立监测区与国内其他地区及邻国感染区相隔离。无疫区从国内其他地区或从仍有此疫病国家引进牲畜必须按照兽医行政管理部门建立的严格控制制度进行。无疫区不可从感染地区或国家进口动物或动物产品，以防引入疫病。

2. 监测区

根据地理和气候条件及疾病性质，监测区必须有起码的面积，区内不允许免疫接种，动物流通必须控制。监测区必须有先进的疾病监控计划。怀疑疾病暴发必须立即进行调查，如确诊应立即扑灭。因此，有时得修改监测区界线。监测区从仍有疾病的国内其他地区或其他国家进口易感动物时，应按兽医行政管理部门制定的控制程序进行。动物不得免疫接种，应该用适当的试验证明无疫状态。

3. 免疫接种的无疫区（仅适用于某些特定疾病）

在无疫病国家，为防止外来威胁，或在有疫情的国家可谨慎进行免疫接种，建立实施免疫接种无疫区。宣布无疫病必须要有令人信服、深入有效的疾病监测证据支持。怀疑暴发疾病必须立即调查，建立免疫接种的无疫区要求其周围边界实施一段时间后再正式宣布建成。无疫区从仍有疾病的其他地区或国家引进易感动物时，必须按兽医行政管理部门制订的适当控制措施进行。动物必须试验证明感染与否，然后实施免疫接种，并标记永久性可识别的标志后才可进入该无疫病区。无疫病区不应当从感染地区或国家进口可能引进疾病的动物或动物产品，除非实施严格的进口条件。

4. 缓冲区

为保护无疫病国家或地区而对动物进行系统免疫接种的地区。根据地理和气候条件及疾病的性质，缓冲区必须有起码的面积。为方便识别，免疫接种的动物须用专门的永久性标记标识。疫苗必须符合OIE标准，动物流通应受控制。缓冲区必须拥有先进的疾病监控计划，怀疑暴发疾病必须立即调查，若确诊应予立即扑灭。从国内疫病存在地区或国家进口易感牲畜时，必须按照兽医行政管理部门制订的适当控制措施进行，动物必须免疫后才能进入缓冲区。

5. 感染区（疫区）

指有疫病存在的地区。感染区应以监测区与其他无疫病地区隔开，必须严格控制从感染区向无疫病区调运易感动物，有四种方式可供参考：

（1）活畜不得调离疫区；

（2）动物用车辆直接运往位于监测区的专门屠宰场实施急宰；

（3）特别情况下，符合兽医行政管理部门制定的适当控制措施的活畜可进入监测区，进入监测区动物须经适当的试验证实无感染；

（4）从流行病学角度分析，疾病不会发生传播时，活畜可调离感染区。

（三）无疫区的认可

希望获得无疫区认可的国家必须证明其有可靠的疾病控制和监测体系，该疾病为强制性法定报告的疾病，并具有有效的兽医组织。兽医机关必须准确标明地区界线，说明边界控制情况，并要进一步提供已采取措施的有关信息，如动物流通控制、检疫等。符合这些条件的国家可向OIE递交无某种疫病地区的证明材料，要求OIE认可并列入有关报表。

（四）区域区划

动物卫生状况相同及疫病控制相类似的相邻国家或不同国家相邻地区可作为一个区域。该区域必须设有有效的自然、人为或法定边界予以明确界定。该区域对这一特定疫病必须设有共同的防制政策。整个区域必须得有一个统一的有效的流行病学监督体系，在有关各国间应达成官方动物卫生协议。

五、动物卫生监督和监测

兽医机构通过监督数据、监测计划结果及病史资料实现动物疫情报告的功能，与风险分析关系很大。然而，如果根据某一商品进行的风险评估证明风险不大的话，这种功能就不一定是必须的了。

流行病学可为动物卫生监督和监测提供科学依据，全国流行病学系统应包括病原调查或检测，宿主群体特性描述及环境评估，因此，要求基层兽医行政机构予以有效的支持。

监督是指对某一群体进行持续调查、检测疾病发生情况，以达疾病控制的目的。监测旨在通过直接检测疾病在特定畜群及其环境的流行变化的连续计划。

（一）致病因子监督和监测

病原监督和监测包括对动物进行临床或病理检查、病原鉴定及检测动物曾接触病原的免疫学或其他证据。

早期检查临床疾病，检查可疑动物病例是监测病原的最重要方式之一，检查的侧重点是外来病或国内新发生的疾病。

病原检测和疾病流行。完整的流行病学传递系统还要求根据国家动物疾病状态筛选出对动物和动物产品贸易有重大经济影响的A类和B类疾病。根据疾病现状及出口优先的原则，病原筛选工作应包括以下主动及被动的监督方法：①有科学根据的调查；

②在牧场、市场或屠宰场,对动物进行常规采样、检验;③有组织的设立岗哨动物计划,对动物畜群或媒介进行采样,和/或收集兽医活动的诊断结果;④保存生物标本进行追踪检查;⑤分析兽医诊断实验记录。

(二) 宿主群体特性描述

描述宿主群体特性,应侧重于影响疾病发生或与疾病发生有关的国家动物群体的因素,宿主因素包括:①内在因素。如遗传、动物统计数据(年龄、性别、品种分布)和生理状态(未成熟、性成熟但未配、妊娠、衰老);②外在因素。如销售和流通方式、家养/野生动物的相互影响、动物用途(使役、产肉、产乳、产蛋、宠物)及管理因素(饲养方式、预防医疗措施)。综合动物统计数据和病原检测数据是预测疾病可能传播或确定最合适控制措施的关键。

(三) 环境因素评估

环境评估的数据包括物理因素、生物学环境因素及有关行业的经济和结构特点。

1. 物理因素

空气和水质监测资料、地形和土壤分布图及气象资料,在许多国家是由有关政府部门常规收集的,其他资料可从大学、研究机构和私人机构获得。

2. 生物因素

媒介群体分布情况可向无脊椎动物专家索取,媒介活力数据用于描述某种媒介作为某种疾病生物媒体的能力。

3. 相关行业特性

饲料和屠宰工业、生物制品和药品工业以及销售方式的数据有助于确定选择各国采用的预防措施。根据这类信息可估计未来的趋势,动物生产和加工的地域变化,并更加准确地评估疾病风险及区域的定性和划界。还有很多需要的数据可通过政府或非政府渠道获取。

六、兽用生物制品的风险分析

所有动物源性制品,包括兽医用生物制品,都可在某种程度上传播动物疾病,其传播疾病的能力取决于产品的固有特性、来源、处理过程及其可能的用途。生物制品尤其在体内应用时,导致动物感染的可能性最大,具有最大的风险性。体外用的制品有意或意外体内应用时也可将疾病传入畜群,污染其他生物制品,或通过其他途径传播疾病。即使诊断和研究用的生物制品也具有与动物紧密接触的潜在可能性。外来微生物,有些具有高致病性,在无疫病或无感染国家用于研究或诊断应用时,也存在污染其他生物制品的可能性。

进口国兽医行政管理部门应要求对兽医生物制品建立特定的批准和出证程序。对于无法保证达到上述条件的注册机构,应限制其体外应用或在非兽医目的应用方面的供应。

(一) 兽用疫苗的风险分析

兽用疫苗的风险分析必须得建立在质量保证原则基础之上,包括兽用疫苗生产中的质量控制。本建议主要集中在疫苗被传染因子尤其是外来进口疫病污染的风险方面。疾病传入某一国家,其最主要的风险途径是通过进口活畜禽及畜禽产品,通过疫苗进口则很少。然而，如果疫苗生产用的种子毒、毒株、细胞培养物、动物或动物源性成分如胎牛血清被污染，或发生交叉污染时，兽用疫苗在生产过程中也可发生污染。

1. **风险分析的原则**

进口国和出口国应就兽用疫苗相关风险分类系统达成一致，该系统应考虑目前已实施的纯化程序等多种因素。

进口国和出口国应就具体问题和产品方面达成一致的风险分析模型。该风险分析模型应包括科学的风险评估和固定程序，以便做出风险管理建议和交流风险，兽用疫苗的控制应包括定量或定性模型。只要有可能，评估中就应该使用步骤风险分析和事态树模方法，因为这样可以确定。

风险分析应尽量客观和透明。风险生产和应用产品过程中产生风险的关键步骤，并有助于风险的性质。

应用不同方法进行风险分析可能达到同一结果。在采用不同方法的国家，应尽量采用等价概念，并使用有效方法，保证其敏感度有可比性。

2. **生产规范**

首先兽用疫苗具有其本身的特性，在评估和履行质量保证体系时，就应考虑生产环节。由于动物种类和病原种类较多，故产品种类众多，而每种产品的规模化程度就相对较低；因此，通常情况下为分批生产。另外，由于这种生产的特殊性（培养步骤、缺乏最终消毒等），产品需要特别保护，防止污染和交叉污染。在使用致病因子或外来生物致病因子进行生产时，周围环境应予特别保护。在应用对人具有致病性的生物致病因子时，还应对人给予特殊保护。这些因素，以及生物制品的固有变异性，就意味着质量保证体系具有极为重要的作用。因此，应遵照公认的标准化体系，包括生产器材、场所、人员素质以及质量保证等特定要求来组织生产，并接受定期检验，这一点是十分重要的。

必须得由专门的资深检验员实施统一的设施检验系统，以保证产品质量可信。

3. **在进口国申请注册应提交的信息**

制造商或出口国兽医行政管理部门应向进口国提供其正在使用的药典。对于进口国，则必须获取产品质量控制和每批原材料来源方面的资料。兽用疫苗生产过程中的关键环节应予详细说明，以便进行风险分析。风险分析必须注重申请文件中的质量和安全控制部分。实验室安全试验应涉及目标和非目标微生物，以获取足够生物学数据。所有试验程序应与当时的科学技术知识相一致，确保其时效性。

成品制备方法的描述应包括制备工作种子用材料的详细特征、为防止污染而对原始材料进行的处理以及加工各阶段所采取的取样和控制试验。成品及其加工过程中的控制试验，连同这些试验的敏感性，都必须进行风险分析。同时得有每一步控制试验的材料。

4. **兽用疫苗的分类**

为有助于风险分析，各国应建立起兽用疫苗的分类系统，并考虑到其相关标准，如用作有效成分的病原固有特性及其造成的风险等。对于活菌疫苗，其对目标物种、非目标物种及其对人类的安全性应予评估。该重组物质的组织趋向和宿主范围的改变应予特别注意。

5. 免疫监视

出口国和进口国应确保建立可靠的免疫监视系统（出证后监测），以尽早发现疫苗应用后出现的严重问题。免疫监视是兽用疫苗尤其是活苗应用中，全部常规计划中的一个有机部分，是一项进行性的工作。

6. 风险交流

制造商或出口国兽医行政管理部门应向进口国提交支持其申请的可靠数据。兽医行政管理部门间应就风险分析、动物健康状态和接种警戒等方面进行持续性交流。

（二）其他生物制品的风险分析

本节所指的"生物制品"是"除兽用疫苗以外的其他兽医生物制品"。

1. 生物制品的分类

分类为生物制品国际流通中风险分析的一种方法。分类系统应考虑到生物制品的来源、性质及其声明的用途。

通过进行一般性风险分析，以及逐步发展一般性的认证和质量保证措施，可实现持续性的产品供应，而不再需要无休止的风险评估，这种无休止的风险评估常常导致资源浪费，且耗费巨大。分类系统一经建成，风险评估就可与合适的生产和试验参数结合起来。实施一般性风险评估的兽医生物制品的类别包括（不按风险的顺序）：

(1) 合成材料；
(2) 氨基酸、乙醇、酯、糖和维生素；
(3) 化妆品；
(4) 植物提取物及植物源性生化产品；
(5) 微生物发酵产品；
(6) 体外用诊断、分析和免疫化学试剂盒；
(7) 人源性材料；
(8) 治疗药品；
(9) 人源性移植物；
(10) 抗体和免疫球蛋白；
(11) 脱氧核糖核酸（DNA）、核糖核酸（RNA）、限制性酶和其他分子生物学产品；
(12) 细胞株和杂交细胞瘤；
(13) 动物蛋白、激素、酶、白蛋白、组织提取物和含有动物材料的培养基；
(14) 动物血清；
(15) 传统或基因改良的微生物；
(16) 益生素；
(17) 保存的标本，显微镜玻片和血涂片。

根据来源和加工程序，以上所有材料都可携带病原。

2. 申请进口执照时需提交的信息

兽医行政管理部门应遵照《手册》对生物制品进行风险分析。出口国和生产商兽医行政管理部门应准备详细可信的信息，应注明产品生产的材料来源如基质。还要准备下述详细资料：基质和组分材料的生产方法，加工过程每一步的质量保证措施、成品检验方法，以及产品生产必须遵守的原产国的法典。他们还准备攻毒用微生物，其生物型和参考血清，以及其他合适的产品检验方法。

3. 风险分析过程

风险分析应尽可能客观、透明，并按照《法典》1.4 章和《法典》1.3 章认证流程进行。必要情况下，国家和商品因素的评估以及风险降低措施主要应建立在生产厂家数据基础上。这些数据取决于生产各阶段的质量保证，而非单独的成品检验。接触产品情况可受产品批准用途的影响。兽医行政管理部门可限制某些产品应用（如限于某些生物安全机构应用）。

许多生物制品都需要合适的生物控制措施。尤其是进口外来微生物时，应遵照《法典》1.5.6 节进行。

第三节　官方兽医制度简介

一、官方兽医制度概述

世界动物卫生组织明确规定，官方兽医是指由国家兽医行政管理部门授权的兽医，官方兽医行使商品（指动物、动物产品、精液、胚胎/卵、生物制品）的动物健康或公共卫生监督，并在适当条件下，对符合条件的商品签发卫生证书。

官方兽医制度是指在国家兽医行政管理部门授权的官方兽医，对动物及动物产品生产全过程行使监督，控制的一种管理制度，其主要特征为：

一是由国家兽医行政管理部门授权的官方兽医为动物卫生执法主体，官方兽医本人对执法行为负责；二是对官方兽医实行重点管理，即实行国家或省以下垂直管理；三是官方兽医对动物及动物产品生产实施动物卫生措施进行全程的、独立的、公正的、权威的卫生监控，保证动物及动物产品符合卫生要求，并在此基础上签发动物卫生证书，切实降低疾病传播风险，确保食品安全，维护人类及动物健康；四是技术体系支持，官方兽医的行政执法行为必须是国家认可的技术支持体系的监测，检验结论为依据。

官方兽医制度是世界各国普遍实行的一种兽医管理制度，绝大多数国家都实行这种管理制度。

二、官方兽医制度的主要类型

尽管世界多数国家实行官方兽医管理制度，但其做法也不尽相同。官方兽医的称呼也不完全一样，总体来看，官方兽医制度大致可分为三种类型：欧洲和非洲的多数国家特别是欧盟成员国属于一种类型，其官方兽医制度和 OIE 规定的完全一致，是典型的国家垂直管理的官方兽医制度，拉丁美洲国家（如美国、加拿大）属第二种类型，采取的是国家联邦垂直管理和各州共管兽医官方制度，澳洲国家（澳大利亚、新西兰等）属于第三种类型，采取的是非垂直管理的政府兽医制度。

（一）德国—典型的垂直管理官方兽医制度

德国实行的是典型的国家垂直管理的官方兽医制度，即德国最高兽医行政官为首席兽医官，该首席兽医官统一管理全国兽医工作，州和县（市）的兽医官都由国家首席兽医官统一管理，并以县（市）设兽医官为主行使职权，每个县市都设有一个地方首席兽医官和三名兽医官，分别负责食品卫生监督，动物保护（健康）和动物流行病等三个方面的工作，兽医官只与当地政府发生业务联系，而不受地方当局领导。

国家在联邦议会设有联邦兽医专业，联邦动物流行病专业，联邦卫生专业和联邦国际医学专业等4个专业委员会，负责动物卫生方面的立法。

（二）美国—联邦垂直管理与各州垂直管理的兽医官方制度

美国是典型的联邦制国家，地域辽阔，发展不平衡，在动物卫生管理方面既要维护国家的权益，又要维护各州行使职权的相对独立性，所以，其管理方式和欧盟成员国有所不同。美国的官方兽医分为联邦兽医官和州立动物卫生官，二者都属于官方兽医。

美国动植物卫生监督局是联邦最高的兽医行政管理部门，局长为最高兽医行政长官，由农业部副部长兼任，美国动植物卫生监督局总部设有若干高级兽医官和助理兽医官，分别负责全国动物卫生监督，动物及动物产品，进出口监督和紧急疫病扑灭三个方面的工作。此外还在全国设立了（东、中、西）三个区域兽医机构，分管各地地方兽医局，总部的兽医官和驻地方兽医官都属于联邦兽医官。

除动植物卫生监督局驻地方兽医局外，美国每一个州还都设有州的兽医管理机构，属于该州农业部管理，其最高行政首长为州立动物卫生官，下设3~5名州立兽医。

（三）澳大利亚—联邦负责进出口检疫和州垂直管理的政府兽医制度

澳大利亚属英联邦国家，在某种程度上带有英殖民地的遗风，但澳大利亚面积广大，地理环境复杂，人口稀少，与英国有很大的不同，所以在兽医体制上表现为动物及其产品的进出口检疫为联邦垂直管理，动物防疫工作由州垂直管理，这两个体系的兽医都称为政府兽医，所以，澳大利亚将政府兽医分为联邦、州或行政区的政府兽医官。

澳大利亚农牧渔业部下设兽医主管机构和澳大利亚检验检疫局两个兽医管理机构。其联邦兽医机构主要负责动物卫生方面的国际事务，包括进出口检疫、质量认证和贸易条款的签定以及相关政策的制定。

在动物疫病控制方面，联邦兽医机构主要起协调作用，具体事务则由各州独立执行。为澳大利亚设立了一个专门的兽医委员会，该委员会由联邦、各州和行政区的首席兽医官、联邦科学与工业问题代表和新西兰首席兽医官组成，负责协调全国（包括新西兰）的动物卫生工作。在该委员会的协调下，各州立动物卫生工作在州的首席兽医官领导下执行，因此，在动物防疫方面，澳大利亚实行的是州垂直管理下的官方兽医制度。

三、官方兽医制度的特征

在市场经济条件下，商品的流通是相对自由的，动物及动物产品作为一种能够传播疾病的特殊商品也不例外，如果保证动物及动物商品的安全，降低动物疾病的传播风险，保护人类和动物的健康，是全世界关注的问题。实践证明，要保证动物及动物产品的卫生安全，兽医管理工作起着至关重要的作用，官方兽医作为动物卫生的管理者，只要其能够对动物饲养、屠宰、产品流通三个环节进行科学、公正、系统的监督，就可较好的解决这一问题，官方兽医制度就是这样逐渐形成的，其主要特征有：

1. 官方兽医制度在管理体制上属于一种垂直管理制度，官方兽医由国家兽医行政管理部门任命并授权，对国家兽医行政管理部门负责，从而确保兽医卫生执法的公正性

OIE《法典》明确规定，官方兽医是由国家兽医行政管理部门授权任命，而不是由地方兽医主管机关任命，更不是企业的自检兽医。不难看出，官方兽医代表国家行使兽医卫生行政管理职责，其行为应当属于国家公务范畴。官方兽医由国家兽医行政管理部门垂直领导并提供经费支持和保障，故其在行使职权的过程中自然应对国家直接负责。这就可有效地排除地方或企业不正当的干扰，从而可以避免地方当局或生产企业受利益驱动而设置的障碍或地方保护。特别需要指出的是，官方兽医代表的是国家和公众的利益，这种独立于地方或企业之外的执法模式，可确保其执法的公正性。

2. 在"垂直管理"制度下，官方兽医实施的是动物卫生工作的全过程监督，从而确保兽医卫生执法的系统性和完整性

动物及动物产品卫生安全涉及三个必要环节，即动物饲养场防疫、动物屠宰场卫生监督和动物流通（包括国际进出口）过程的卫生安全。

第一环节是动物饲养过程中的疫病防制监督工作。动物饲养过程中的无疫病状态是动物产品安全的第一道屏障，为此，各国兽医当局都制定了重大动物疫病的控制和扑灭计划，在计划实施过程中，诸如动物免疫接种、感染动物扑杀、感染群清群、销毁、感染场地的消毒，等等，都需要官方兽医的有效监督。正是由于官方兽医制度的建立和实施，才避免了在这一环节出问题，可以说，动物饲养场的安全问题，只有实施官方兽医制度才能有效地得以解决。第二环节是动物屠宰过程中的卫生监督工作。动物屠宰卫生监督主要涉及宰前、宰中和宰后的卫生检疫，所有这些工作也只有在代表国家利益的官方兽医监督之下，才可出具科学的结论和公正的结果。

第三环节是动物及动物产品流通过程的卫生监督工作，该过程是第一和第二环节的延续，是对前两个过程的检验和认可。故流通环节动物卫生监督，更应当是一种政府行为，理所当然地需要官方兽医代表国家行使职权。

从以上三个环节可以看出，动物产品整个生产过程，都必须由代表国家和公共利益的官方兽医统一进行监督。如果对此过程任何一个环节予以分割，都将无法保证动物及动物产品的卫生质量。由此可见，只有在实施官方兽医制度的状态下，才可以最大限度地实现动物及动物产品的卫生安全。

官方兽医在监督中发现饲养、屠宰或流通过程存在问题，则有权责令其停止营业，如果企业主对此不服，则可依次通过地方兽医主管、国家首席兽医官等途径举行听证会，在听证会后这些问题依然未解决时，国家首席兽医官有权撤销企业营业证，并可作为原告向法院提出起诉。

3. 官方兽医制度以动物防疫技术和行政支持体系为后盾，确保官方兽医融技术和行政于一体，维护兽医卫生执法的公正性和科学性

任何一种兽医管理制度，都必然依靠国家的动物防疫技术支持体系，否则就难以保证其执法过程中的公正性和科学性。从发达国家实行的官方兽医制度来看，官方兽医是与国家动物防疫技术支持体系密切相连的，其执法权需要国家法律体系予以明确，其执法能力和过程需要国家防疫技术体系给予支持，其执法行为必须与国家防疫计划相结合，从而确保其执法的科学和公正性。也可以说，官方兽医制度是国家动物防疫技术行

政体系支持下的兽医管理制度。

首先，官方兽医的权力需要通过国家立法予以明确，官方兽医管理的不仅仅是动物本身，在某种程度上更是对动物及动物产品管理人即企业主、畜主的管理和监督。因此，国家以其强制力为后盾，这是官方兽医正常行使职权的法律保障。

其次，官方兽医必须经过国家制定的兽医师培训计划，接受法律法规、实验室诊断、流行病学监测、紧急疫病扑灭技术等方面的培训，并经考试合格后，才有资格竞争官方兽医职务。故国家官方兽医培训计划是将官方兽医将技术和行政融于一体的摇篮，这是保障其科学正确执法的知识保障。

再次，官方兽医对动物疫病的诊断必须依赖国家兽医诊断实验室体系，离开国家兽医诊断实验室的检验、诊断、鉴定结果，官方兽医根本无法确定动物疫病的存在与否，也无法签署动物卫生证书。故国家动物疫病诊断实验室体系是官方兽医正确履行职权确保其权威性的技术保障。

最后，官方兽医行使职权必须依赖并服务于国家动物疫病监控和扑灭计划，这是实施官方兽医制度的根本目标之所在，官方兽医只有及时正确地向国家主管部门通报疫情，协助相关部门扑灭动物疫病，防止外来病入侵，并采纳科学的风险评估建议，才可确保动物卫生安全。背离这一点，官方兽医就没有必要存在。也可以说，国家动物疫病监控和扑灭计划是官方兽医行使职权的主要内容。

正是基于上述国家技术行政支持体系，才使官方兽医得以融技术和行政两个方面于一体，保证其执法的权威性、公正性与科学性。

4. 官方兽医权力与责任共存，确保并促使其公正执法

从各国官方兽医制度的实施情况看，各国官方兽医都拥有很大的权力，官方兽医本人即可代表国家签发证书。但从另一个方面讲，如果官方兽医在其执法过程中出现失误，官方兽医同时需承担相应的法律责任。如美国《联邦法典》161章中就明确规定了官方兽医的"行为规范"和具体处罚措施，如兽医师许可证的吊销、撤销以及民事和刑事处罚措施等。这就迫使官方兽医加强自身修养，以维护执法的公正性。

综合以上四个方面的特征，可以看出，由于官方兽医实行国家垂直管理，确保其独立、统一、公正地执法；由于官方兽医对动物及动物产品生产过程实施全过程卫生监控，并由国家技术行政支持体系作后盾，确保其兽医卫生监督执法的权威性和科学性；由于官方兽医个人为执法主体并对自己的行为承担法律责任，可以促使其公正执法。这种管理制度的实践证明，可以最大限度地降低动物疫病传播风险，确保动物及动物产品卫生安全，维护人类和动物健康。

由此可见，官方兽医制度是市场经济条件下一种有效的兽医管理制度。发达国家在动物疫病控制方面的重大成就也足以说明了这一点。如美国在过去80年里已消灭了包括OIE规定的A类动物疫病在内40余种动物疫病；澳大利亚已消灭了60余种动物疫病，甚至消灭了世界上最难控制的结核病和布病，可谓成就巨大；欧盟尽管国家众多，但已基本控制了OIE规定的A类动物疫病。

四、我国实行官方兽医制度的必要性

(一) 有利于国际接轨

目前,世界上绝大多数国家和地区都实行官方兽医制度,并认为这种制度优势在于责任体系以个人为核心确立,可确保动物卫生法律的贯彻落实,OIE 以《法典》的形式向全世界推荐这种制度,实行这种制度可更好地适用国际公约,国际惯例。

(二) 有利于开创兽医工作新局面

实行官方兽医制度必须道德明确统一的国家最主兽医行政管理部门,即农业部为中央兽医行政管理部门,在兽医事务管理中,在全国具有绝对的权威性,特别是在国际贸易中,国家官方兽医管理部门应有权威并确保或监督执行国际动物卫生法典推荐的动物卫生措施,中央政府兽医行政机关,实施官方兽医制度可有效的解决"政出多门"、"多头管理"的弊端,有利于理顺兽医管理体制。

(三) 有利于贯彻落实动物卫生法律规范

实施官方兽医制度,可统一协调的动物卫生工作,减少推诿、扯皮、内耗等现象,有利于动物卫生法律法规的落实,也有利于构建一个完整的动物卫生法律体系。

(四) 有利于造就一支公正、廉洁、高效的兽医相关队伍

目前,我国的兽医管理体制不适应市场经济发展的需要,入世后不利于与国际惯例接轨,在"分段管理"的体制下,由于部门利益的驱动所产生的疫病控制,食品安全监控脱节,出一部法规多一项"大盖帽"等现象,导致管理体系混乱,机构重复,职责不清,整体素质低下,队伍庞大,国家财政不堪重负,地方保护主义使动物卫生法律法规得不到有效贯彻,责任体系不尽合理,执法人员责任低下,"三乱"现象时有发生等,只有实行官方兽医制度,才可以根除以上弊端,建立一支公正、廉洁、高效的兽医执法队伍。

(五) 有利于提高动物产品的卫生质量

SPS 协议所定义的动植物卫生措施扬动植物产品从饲养管理(田间生产)直到形成食品全过程的所有方面的法律、法规、规定、要求、标准和程序,只有实行官方兽医制度才能监控这些措施的实施。强化对动物卫生措施的监控力度,有效控制疫病,提高动物产品质量,从而增强我国动物产品在国际上的竞争力。

思 考 题

一、名词解释

1. 《国际动物卫生法典》
2. 兽医行政管理部门
3. 兽医当局
4. 官方兽医
5. A 类疫病

6. B类疫病
7. 进口风险分析
8. 危害确认
9. 释放评估
10. 接触评估
11. 后果评估
12. 风险交流
13. 官方兽医制度

二、问答题

1. 风险分析的原则。
2. 风险评估的步骤。
3. 地区区划的一般要求。
4. 官方兽医制度的主要类型。
5. 官方兽医制度的特征。
6. 我国实行官方兽医制度的必要性。

第十一章
世界动物卫生组织

第一节 世界动物卫生组织概况

一、世界动物卫生组织（OIE）简介

世界动物卫生组织作为动物卫生的国际组织，它在国际动物卫生法规和标准的制定中发挥着重要的作用。其制定的一系列国际动物卫生准则作为WTO-SPS协议推荐的国际通行标准，对全球的动物卫生工作具有权威性的指导作用。

二、OIE的发展简史

OIE是有关动物卫生的国际组织，是处理国际动物卫生协作事务的政府间组织，成立于1924年。总部设在法国巴黎，官方语言为英语、法语和西班牙语。

OIE的成立是世界控制动物疫病的必然趋势，1872年，欧洲大面积暴发牛瘟，奥地利招集欧洲多个国家在维也纳召开了一个国际会议，协商各国为控制牛瘟应采取统一行动，法国、比利时、德国、英国、意大利、罗马尼亚、俄罗斯、塞尔维亚、瑞士和土耳其参加了会议。这次会议是多个国家为控制动物疫病而发起的一次重要的国际会议。

1920年，由于从亚洲往南美运送病牛，中途卸在安特卫港而引起比利时再次发生牛瘟，并引起欧洲各国的极大关注。1921年5月27日，法国发起了一个邀请所有国家参加的国际动物流行病学大会，与会代表一致认为，应在巴黎建立一个控制动物传染病的国际机构，从而使OIE的建立真正列入了议事日程。

1924年1月25日，来自阿根廷、比利时、巴西、西班牙等28个国家的代表，再次聚会巴黎一致认为根据1921年5月27日国际动物流行病学大会通过的决定，有必要建立世界动物卫生组织，并代表各国政府签署了《关于在巴黎建立世界动物卫生组织的国际协议》（简称《国际协议》），并附带签署了《世界动物卫生组织组织法》（简称《组织法》）。正式宣告了世界动物卫生组织成立。

世界动物卫生组织成立后，一方面不断完善自身机构建设，另一方面又紧紧围绕自身主要任务，不断拓宽疫病服务范围，成员国也由最初的28个国家发展到现在的168个成员。

世界动物卫生组织主要职能是通过通报各成员国疫情，协调各成员动物疫病防控活动，制定动物及动物产品在国际贸易中的动物卫生标准和规则，并被世界认可。世界动物卫生组织将在人类和动物健康方面发挥更重要的作用。

三、OIE 的任务及发展目标

（一）OIE 的性质

OIE 为动物卫生的国际组织，是处理国际动物卫生协作事务的政府间组织。OIE 管理着一个庞大的动物疫情信息系统，负责制定有关动物和产品贸易的卫生标准。

（二）OIE 的主要任务

目前，OIE 的主要任务是：

1. 收集并向各国通报全世界动物疫病的发生发展情况，以及相应的控制措施；
2. 促进并协调各成员国加强对动物疫病监测和控制的研究；
3. 协调各成员国之间动物及动物产品贸易的规定。

（三）OIE 发展目标

为了促进自身的发展，结合目前贸易全球化的总体趋势，并基于以上三方面的任务，OIE 目前的主要发展目标是：

1. 实现动物疫情的透明化

为各国政府兽医机构提供危及人畜安全的动物疫情的发生和发展进程，是 OIE 的首要任务。

2. 实现国际贸易中的动物卫生安全

动物及其产品的国际贸易已成为世界经济发展的一个重要方向。为维持这一方向稳定发展，制定合理的兽医法规，防止人畜共患病传播。以及制定合理的贸易协调机制，解决非公平贸易争端。

3. 提供动物卫生专业知识

OIE 成立之初，国际委员会规定 OIE 的首要目标是在世界范围内促进和协调动物疫病监测和控制研究工作。为实现这一任务，OIE 组建了专业委员会和工作组，并有协作中心和参考实验室予以支持。

第二节 OIE 组织结构

一、国际委员会

国际委员会是 OIE 的最高权力机构，由 OIE 所有代表组成。国际委员会大会每年 5 月在巴黎召开一次，一般持续 5 天左右。国际委员会采取"一国一票"的民主原则。

（一）国际委员会的主要职责

（1）审定通过动物卫生领域，尤其是国际贸易中采用的国际标准；
（2）审定通过重大动物疫病控制方面的决议；
（3）选举 OIE 的管理机构成员，包括 OIE 国际委员会主席、副主席，行政委员会、地区委员会和专业委员会成员；
（4）任命 OIE 总干事；
（5）审查和批准总干事的年度工作和财政报告以及年度财政预算报告。

此外，国际委员会还有权根据需要，建立 OIE 各类分委员会；并有权与其他国际组织建立合作关系，确保实现自身及各自的目标。国际委员会的工作由行政委员会负责筹备。行政委员会由 9 名代表组成，每年 2 月份和 5 月份在国际委员会主席领导下，召开两次会议。在国际委员会大会期间，各成员国代表可参加各自相应的地区委员会，讨论共同关心的问题。

（二）国际委员会全体会议

委员会年度全体会议每年 5 月在 OIE 总部举行。在此会议上，OIE 总干事向各成员国及有关国际组织通知委员会各项会议。具体讨论内容包括两个方面：

1. 专业方面

（1）总干事关于过去一年中 OIE 的科学技术活动报告；

（2）代表团关于议程中的各专题报告；

（3）成员国代表和 OIE 理事会关于过去一年中，国家和区域动物流行病变化的报告；

（4）审查并讨论议程中各种疾病的流行病学报告；

（5）听取地区和专业委员会办事处的报告和会议录；

（6）讨论并表决议程中给各成员国政府及给有关国际组织的各项动议、建议和决议；

（7）准备下次全体会议的临时议程。

2. 行政管理

（1）审查批准 OIE 总干事提交的经行政委员会审查备案的行政报告和财务报告；

（2）审查批准前一段时期的财务及下一时期的预计开支和收入；

（3）表决预算；

（4）进行定期的法定提名并选举；

（5）决定下年度全体会议的日期。

（三）国际委员会的活动

在互相信任的大环境下，OIE 取得了快速发展。1990 年 5 月到 1999 年 5 月间，国际委员会召集成员国代表召开了 10 届全体大会，代表团成员从 1989 年的 81 个扩大到 1999 年的 121 个，出会率则从 1989 年的 71% 上升到 1999 年的 80%。一些国际组织还派遣观察员参加了这些会议。在地区委员会和专业委员会的大力协助下，管理委员会精心安排，国际委员会全体会议讨论积极，促使各成员国代表在许多方面达成了一致。

1. 国际委员会的管理工作

在成员国代表监督下，国际委员会的管理工作主要是对财政预算和资金使用方面进行年度检查。在这项工作中，委员会通过代表投票，赞成各成员国应稳步增加对 OIE 的财政支持力度，以使该组织能够达到其预期的工作目标。

2. 科技活动

科技活动始终是国际委员会的重要工作。1990～1999 年间，国际委员会审查和表决通过了对公共卫生和经济工作极为重要的一些决议。如：牛海绵状脑病、进口风险分析、动物和动物产品的兽药残留、紧急动物疫情的处理等。

二、行政委员会

行政委员会是 OIE 的重要管理机构，主要负责国际委员会工作的筹备工作。OIE《组织通则》和 OIE《组织条例》分别规定了行政委员会的职责和组成。

（一）行政委员会的组成

OIE《通则》和《组织条例》规定，行政委员会共有九人组成，包括 OIE 委员会主席、副主席、前一任主席、二名审计员和委员会根据通则规定选举产生的四名 OIE 成员国代表。主席、副主席和行政委员会成员由委员会选举产生，任期三年。

（二）行政委员会的主要职责

行政委员会主要负责 OIE 的财务管理和总体发展规划等方面的宏观管理工作，是国际委员会和 OIE 中央局的中间机构，其具体职能包括：

1. 在休会期间代表委员会工作；
2. 在年度全体会议之前，与总干事一道审查 OIE 的财务状况，评估此期间的收支情况和储备及财产状况；
3. 在年度全体会议之前，与总干事一道研究下一时期预算草案、收入和支出情况，建议下一时期各成员国应支付的总费用，以确保 OIE 工作正常开展，并将此建议报告提请委员会批准；
4. 研究并批准总干事的财务报告，在全体会议期间提交委员会批准；
5. 主动向委员会提交建议和提案；
6. 向委员会提交总体工作规划，审查批准并制订当前或将来的计划，为委员会下届全体会议安排议程；
7. 在 OIE 目标和财力范围内，授权总干事在必要时采取紧急行动，要求在委员会休会期间采取紧急工作。

（三）行政委员会的具体工作

行政委员会每年至少开两次会议。在过去 10 年间，每年 2 月份和 5 月份都召开一次会议，该委员会为国际委员会选好议题，而后提交给 OIE 总干事和中央局。

1. 成员选举

至于该委员会新成员的选举，则根据 OIE 基本文件的建议，并考虑到成员国提议和地理均衡分布原则。

2. OIE 文件审定

从合法性角度考虑，管理委员会是在 OIE 国际法律专家协助下，来对 OIE 管理文本修订草案和新文本草案进行审查的。

3. OIE 选举工作

维护所有选举工作的顺利进行是行政委员会的一项重要工作。

4. 财政预算管理

从预算角度考虑，行政委员会负责分析各机构的财政需求。同时，还将考虑国际委员会的收入额度只能有合理性增长。

5. OIE 远景目标

行政委员会负责提出 OIE 的远景发展目标。

三、OIE 专业委员会

专业委员会是国际委员会为解决特定问题而建立的，其任务是研究动物疫病流行规律及其控制方案，制定适于各国应用的国际规则，为动物和动物产品的国际自由贸易提供安全保障。

（一）《国际动物卫生法典》委员会

国际动物卫生法典委员会的任务是制定与动物及动物产品国际贸易有关的卫生规则和建议——《国际动物卫生法典》（简称《法典》）。

国际委员会通过的《法典》是开展动物和动物产品国际贸易必须遵循的根本性建议。制定《法典》的最初目的就在于通过规定动物和动物产品贸易时的基本卫生要求，避免动物和人类病原微生物的国际间传播，从而确保这些动物（哺乳动物、禽和蜜蜂）和动物产品进行国际贸易时的卫生安全。

1992 年，OIE 以英、法和西班牙三种文字发行了新版《法典》，1993～1997 年间进行了两次更新，1998 年以后，因每年都有大量的修改性建议，《法典》改为每年一版，同时俄语版本也已发行。

我国于 1999 年组织翻译了 1998 版《国际动物卫生法典》，并将该版《法典》作为我国首期官方兽医培训的教材，为我国兽医界了解国际准则开辟了窗口。以后各新版本将翻译出版。

（二）口蹄疫和其他流行病学委员会

口蹄疫与其他流行病学委员会的任务是评价和鉴定世界范围内重大动物疫病的流行状况，并制定这些疫病的预防与控制方法。

该委员会与世界贸易组织（WTO）SPS 协议相关的两大责任是：

1. 筹备国际委员会以决议方式宣布某国家或地区无特定动物疫病的意向性决定。
2. 制定动物疫病流行病学监测系统。

（三）标准委员会

标准委员会的任务是组织制定动物疫病的诊断方法，以及控制这些疫病的生物制品的标准。

（四）鱼病委员会

鱼病委员会的任务是收集所有鱼、软体动物和甲壳类动物疫病控制方面的信息。该委员会还协调水产品国际贸易中有关规则的制定，特别是在疫病的诊断和控制方面。同时，该委员会还定期组织这类议题的科技会议。

四、地区委员会

根据行政委员会或委员会成员的建议，为在世界某一地区或多个地区促进 OIE 国际委员会目标的实现，国际委员会先后建立了非洲，美洲，亚洲、远东和大洋洲，欧洲和中东四个地区（区域）委员会。

（一）地区委员会的职责

地区委员会是为实现国际委员会的目标，加强该地区成员国兽医机构之间的合作，并解决该地区遇到的特定问题而成立的。其主要职责是：组织召开地区委员会大会，讨论与动物疫病控制有关的技术议题和地区合作事宜。在相关地区，特别是设立地区代办处的地区，协商制定重大动物疫病监测和控制的区域计划。

地区委员会大会讨论的问题对世界某一区域的针对性更强，比国际委员会全体会议的议题更为具体。

（二）地区委员会组成

OIE《通则》规定，每个地区委员会设一个办事处，其组成有一名主任、两名副主任和一名秘书长，他们是根据行政委员会或国际委员会成员的提议，由国际委员会从委员会相关成员中选出，任期三年，办事处的所有成员必须依法再选。

五、OIE 中央局

OIE 中央局位于巴黎，由 OIE 总干事领导，OIE 总干事由国际委员会任命。从职责上讲，中央局是使 OIE 能够贯彻执行已通过决议的技术行政管理机关，下设科学与技术部、行政与财务部、信息与国际贸易部以及出版发行部。

（一）OIE 总部

OIE 总部位于巴黎第 17 区 Prony 路 12 号，总占地面积 702.45m^2。1939 年，OIE 选择了一幢具有典型拿破仑三世风格的私人住宅作为 OIE 总部，并一直延续至今。几十年来，该建筑物为 OIE 中央局提供了良好的工作条件，无数次重大会议如国际委员会大会、专业委员会和工作组会议以及科技年会等都是在这里召开的。

（二）OIE 总干事

按《组织法》、《通则》和《条例》的规定，OIE 总干事经行政委员会提议，根据国际委员会规定的条件，通过无记名投票，由委员会任命，任期 5 年。

根据规定，OIE 总干事的主要职责和任务包括：

1. 征收成员国的财务会费，并就此作报告；

2. 以国际委员会主席的名义召开委员会全体会议和行政委员会会议；以顾问的身份参加委员会会议及行政委员会会议；

3. 每年向行政委员会提交一份 OIE 管理、业绩和行政工作的报告，以及一份包括预算和会计的财务报告，报告经行政委员会认可后提交委员会批准；

4. 根据委员会规定的指令，OIE 总干事召集地区委员会和专业委员会分别同中央局联合筹备和组织的地区和专业会议。OIE 总干事应确保主办国政府要准备接待参加会议的所有代表、报告人、观察员及 OIE 秘书处成员，授予必要的豁免权，以利与会人员按有关会议要求独立开展工作；

5. 负责聘用及解聘中央局各类雇员并向委员会报告这方面的活动；

6. OIE 总干事负责接收成员国派 OIE 新任常驻代表的任命书。

（三）OIE 人力资源

中央局行政工作的首要任务是保证人力资源与工作任务之间的平衡，中央局人员的聘用和辞退工作是由其工作方向规定的。考虑到个人能力和地理分布两方面因素，中央局工作人员尽可能从多个国家选聘，且临时工作人员数量相对减少，首期合同工人员相对增加。

（四）职责任务

OIE 中央局主要从事疫情信息和科技协作方面的工作，是国际委员会的技术行政支持机构。此外，中央局还承担以下几方面的任务：为国际委员会年度大会承担秘书工作、组织各分委会技术会议。不同区域选出的区域代表能够帮助该区域的相关国家贯彻实施某些决议。

（五）财政管理

1. 财政收入

过去 10 年内，随着 OIE 成员国要求服务领域的扩大，OIE 也不得不向各成员国征收或通过其他途径获得更多的财政支持，OIE 财政收入主要有成员国会费和其他来源（投资性收入、出版物销售收入和会议赞助）两个途径。

2. 财政支出

支出预算额的变化实质上反映的是 OIE 业务工作的发展，业务工作的增加，财政支出也相应地在增加。

第三节　OIE 工作组与地区代办处

一、OIE 工作组

（一）OIE 工作组的主要职责

为探讨特定的技术或科学论题，在特定时期内，OIE 设立相关工作组。OIE 目前共有四个工作组，国际委员会于 1993 年对其责任进行了重新委任，其主要职责包括：

1. 在定期召开的 OIE 年会期间，开展其专业领域内相关知识的所有收集、分析、发布和评估工作。

2. 其专业领域内，协助解决成员国遇到的难题，提高成员国兽医机构水平，并向 OIE 总干事通报结果。

（二）工作组分类

1. 动物流行病学工作组

该工作组一直在动物卫生信息系统的改进方面起着主导作用。并在增强 OIE 成员国学术水平、提高疫情收集力量、实现动物卫生报告方式计算机化及实现动物疫情信息自动收发等方面做了大量工作。

2. 兽药认证工作组

过去 10 年来，在兽药认证工作组成员的帮助下，世界各地召开了多次培训班和研讨会。该工作组还与 OIE 兽药协作中心密切合作，对 OIE 成员国提供了大量技术支持，并承担了国际兽药认证技术咨询中心的秘书处工作。

3. 生物工程工作组

生物工程工作组始建于 1989 年。自成立以来，该工作组在动物传染病诊断和控制的生物工程领域，为 OIE 成员国做了大量工作。

4. 野生动物疾病工作组

成立于 1994 年，该工作组自成立起参与一切与野生动物疾病有关的工作，并及时向 OIE 成员国通报疫情信息。

5. 专门工作组

随着经济贸易的快速发展，一旦某一国家发生动物疫情，很可能会导致该病在全球的发生，为此，OIE 认为，仅靠原有工作组和专业委员会还是远远不够的，应当建立专门工作组，协助各专业委员会开展工作。

二、地区代办处

（一）亚太地区代办处

亚太地区代办处的任务主要有五个方面：

1. 改善动物卫生信息系统；
2. 提高东南亚口蹄疫的控制水平；
3. 增强紧急动物疫情的监测能力；
4. 开发标准化兽药制剂；
5. 提高水生动物疫病的监测能力。

地址：East 311, Shin Aoyama Bldg

1-1-1 Minamiaoyama, Minato-Ku, Tokyo 107-0062, JAPAN

电话：(81-3) 5411 0520

传真：(81-3) 5411 0526

（二）美洲代办处

该代办处在流行病学分析和监测、动物卫生认证和实验室研究三个方面工作能力较强，其具体目标是：

1. 协调和改进动物流行病学监测系统；
2. 建立国家风险分析方案；
3. 提高跟踪系统能力；
4. 建立兽医机构的质量认证；
5. 促进动物卫生认证工作；
6. 协调兽药的控制和注册认证；
7. 加强实验室合作；
8. 深入开展水生动物疫病的研究。

地址：Cervil 3101, 1425 Buenos ARGENTINA

电话：(54-1) 803 4877

传真：(54-1) 803 3688

（三）东欧代办处

东欧代办处的主要工作任务是：

1. 改善动物卫生信息系统；
2. 建立标准化动物卫生监测系统；
3. 加大兽医机构对动物疫病的协作控制力度。

地址：Bld Wasil Lewski 110，1527 Sofia，BULGARIA
电话：(359-5) 944 1514
传真：(359-2) 946 2910

（四）中东代办处

和其他代办处一样，中东代办处的主要任务也是加强该地区的流行病学监测。

地址：Ancienne Route de Sara，Kfarchima-B. P. 6220/268 Hazmieh-Beyrouth，LIBAN
电话：(961-5) 430 741
传真：(359-2) 946 2910

（五）东南亚口蹄疫控制协调处

该代办处的长远目标是在东南亚地区永久性消灭口蹄疫，由OIE与一些国家和国际机构协作组建。

地址：c/o Faculty of Veterinary Medicine，Kasetsart University，Bangkok 10903，THAILAND
电话：(66-2) 940 7491
传真：(66-2) 940 6570

第四节　OIE协作中心与参考实验室

一、OIE协作中心

（一）OIE协作中心的主要职责

1. 在其能力范围内，履行技术研究、技术专家、技术标准化和技术传播中心的职责；
2. 提议或发展任何有助于协作中心动物疫病监测和控制的国际规则的程序；
3. 安排专家顾问以便OIE随时调遣；
4. 在其能力范围内，为OIE成员国的工作人员提供科技培训；
5. 代表OIE组织学术会议；
6. 同其他实验室或组织合作开展科技研究；
7. 其权力范围内出版发布对OIE各成员国有用的信息。

（二）与我国有联系的协作中心

OIE协作中心目前已发展到10多个，活动范围涉及疫病诊断和监测、风险分析、流行病学、疫苗评价以及水生动物疫情信息等多个方面。目前和我国联系较为密切是美国的三个中心。

二、OIE参考实验室

（一）OIE参考实验室的主要职责

1. 在其专业技术领域内，行使专家和标准化中心职能；
2. 储存和分配用于诊断和控制A类和B类动物疫病的参考性生物制品和其他试剂；

3. 为来自 OIE 成员国的人员进行科技培训；
4. 代表 OIE 组织科技会议；
5. 与其他实验室或组织进行科学技术合作研究；
6. 公布和传播其技术能力范围内有助于 OIE 成员国的任何信息。

（二）参考实验室及其专家和顾问

OIE 参考实验室工作始于 1991 年，每个实验室都有一名国际水平的专家负责。OIE 参考实验室任命的专家是 OIE 成员国的一个重要信息源。由于参考实验室的专家们经常应邀去各成员国从事咨询工作，故 OIE 有时还聘请其他一些专家顾问。在过去的十年内，这些顾问就帮助 OIE 解决了许多动物卫生问题。

（三）OIE 指定的国际标准血清

国际标准血清所提供的是基础标准，它代表着标准血清，用于比较和标定所有其他血清（次要标准）。次要标准可代表国家标准，或诊断实验室日常使用的工作标准。次要标准虽不是国际标准，但常用于日常的标准试验中。

第五节　OIE 成员国与成员国代表

一、OIE 成员国

随着 OIE 各项工作的开展，特别是其与动物卫生工作有关的国际和地区性组织的业务往来，OIE 的影响力已越来越大。本着自愿加盟的原则，OIE 成员国已由建立之初的 28 个成员国发展到目前的 155 个成员国。

（一）加入 OIE 的程序

某一政府希望加入 OIE 时，必须通过外交途径通知法国外交部，不需与 OIE 直接交涉，也不需要直接与 OIE 签订任何特别协议。

（二）成员国的权利

具有 OIE 成员国资格的国家享有下列权利：
1. 对于世界范围内的动物卫生变化状况，成员可优先直接获得通知。
2. 积极参与制定与动物和动物产品国际贸易相关的卫生标准。
3. 定期地以个人身份会见其他国家首席兽医官。
4. 获得国际知名专家的技术和知识，尤其是那些专家委员会、工作组、专门工作组，OIE 合作中心和参考实验室的专家。
5. 在疫病流行时获得帮助。
6. 应邀参加 OIE 组织的科学会议。
7. 取得所有的 OIE 出版物。

二、成员国代表的权利和义务

（一）代表的权利

OIE 成员国代表享有的主要权利是：

1. 参与 OIE 最高机构即国际委员会的全体会议，并有投票权；
2. 获得由另一些成员国发送到 OIE 的动物卫生信息；
3. 获得科学和技术信息，特别是 OIE 地区委员会、专家委员会、工作组和专门工作组的报告；
4. 参与 OIE 地区代表组织的地区性活动。

（二）代表的主要义务

OIE 成员国代表的主要义务是：
1. 按照已制定的规则，保证 OIE 获得代表所在国家动物卫生方面的信息；
2. 保证其所在国政府将年度会费寄到 OIE。

（三）OIE 代表的任务

1. 在代表自己国家方面的任务

（1）动物卫生信息　OIE 发送有关其国家的最新动物卫生状况信息的义务。

（2）OIE 年度会费的支付　代表必须保证会费定期支付。

（3）国际标准和国内规则　成员国代表应当保证其国家正在执行的动物卫生规定与 OIE 国际委员会采纳的国际标准相一致，因为这种一致性在动物和动物产品的国际贸易中极为重要。

2. 在其所在地区的任务

（1）地区会议　每两年，各成员国都要参加其所在地区的地区委员会组织召开的地区会议。

（2）地区代办处　在某些地区，地区协调员在一定权限内有权代表 OIE 协调同该地区内的国家或国际机构的关系。

（3）专业培训班　各成员国代表及其工作人员经常应邀参加由 OIE 举办的专业培训班，研讨内容涉及兽药、流行病学信息系统、动物卫生标准以及国际贸易等方面的内容。

3. 在国际委员会的任务

（1）成员国代表参与国际委员会的主要工作，审订通过动物卫生领域内的特别是国际贸易有关的国际标准；

（2）审订通过主要动物疫病的控制方法；

（3）选举 OIE 主要机构成员；

（4）任命 OIE 总干事；

（5）检查和批准总干事的年度活动报告和财政报告，以及 OIE 的年度预算。

4. 在世界其他地方的任务

成员国代表可以参加由 OIE 组织的有关全球动物卫生的技术会议或座谈会。这些会议通常由专业委员会、工作组或 OIE 参考实验室组织发起，也可以由其他国际组织或私人团体发起。专业委员会会议期间，OIE 也可发起其他专题讨论会。